基本単位

長さ	メートル	m	熱力学温度	ケルビン	K
質量	キログラム	kg			
時間	秒	s	物質量	モル	mol
電流	アンペア	A	光度	カンデラ	cd

SI接頭語

10^{24}	ヨタ	Y	10^{3}	キロ	k	10^{-9}	ナノ	n
10^{21}	ゼタ	Z	10^{2}	ヘクト	h	10^{-12}	ピコ	p
10^{18}	エクサ	E	10^{1}	デカ	da	10^{-15}	フェムト	f
10^{15}	ペタ	P	10^{-1}	デシ	d	10^{-18}	アト	a
10^{12}	テラ	T	10^{-2}	センチ	c	10^{-21}	セプト	z
10^{9}	ギガ	G	10^{-3}	ミリ	m	10^{-24}	ヨクト	y
10^{6}	メガ	M	10^{-6}	マイクロ	μ			

〔換算例：1 N＝1/9.806 65 kgf〕

	SI		SI以外		
量	単位の名称	記号	単位の名称	記号	SI単位からの換算率
エネルギー，熱量，仕事およびエンタルピー	ジュール (ニュートンメートル)	J (N·m)	エルグ カロリ(国際) 重量キログラムメートル キロワット時 仏馬力時 電子ボルト	erg cal_{IT} kgf·m kW·h PS·h eV	10^{7} 1/4.186 8 1/9.806 65 $1/(3.6\times10^{6})$ $\approx 3.776\,72\times10^{-7}$ $\approx 6.241\,46\times10^{18}$
動力，仕事率，電力および放射束	ワット (ジュール毎秒)	W (J/s)	重量キログラムメートル毎秒 キロカロリ毎時 仏馬力	kgf·m/s kcal/h PS	1/9.806 65 1/1.163 ≈1/735.498 8
粘度，粘性係数	パスカル秒	Pa·s	ポアズ 重量キログラム秒毎平方メートル	P kgf·s/m²	10 1/9.806 65
動粘度，動粘性係数	平方メートル毎秒	m²/s	ストークス	St	10^{4}
温度，温度差	ケルビン	K	セルシウス度，度	℃	〔注(1)参照〕
電流，起磁力	アンペア	A			
電荷，電気量	クーロン	C	(アンペア秒)	(A·s)	1
電圧，起電力	ボルト	V	(ワット毎アンペア)	(W/A)	1
電界の強さ	ボルト毎メートル	V/m			
静電容量	ファラド	F	(クーロン毎ボルト)	(C/V)	1
磁界の強さ	アンペア毎メートル	A/m	エルステッド	Oe	$4\pi/10^{3}$
磁束密度	テスラ	T	ガウス ガンマ	Gs γ	10^{4} 10^{9}
磁束	ウェーバ	Wb	マクスウェル	Mx	10^{8}
電気抵抗	オーム	Ω	(ボルト毎アンペア)	(V/A)	1
コンダクタンス	ジーメンス	S	(アンペア毎ボルト)	(A/V)	1
インダクタンス	ヘンリー	H	ウェーバ毎アンペア	(Wb/A)	1
光束	ルーメン	lm	(カンデラステラジアン)	(cd·sr)	1
輝度	カンデラ毎平方メートル	cd/m²	スチルブ	sb	10^{-4}
照度	ルクス	lx	フォト	ph	10^{-4}
放射能	ベクレル	Bq	キュリー	Ci	$1/(3.7\times10^{10})$
照射線量	クーロン毎キログラム	C/kg	レントゲン	R	$1/(2.58\times10^{-4})$
吸収線量	グレイ	Gy	ラド	rd	10^{2}

〔注〕 (1) TKからθ℃への温度の換算は，$\theta=T-273.15$とするが，温度差の場合には$\Delta T=\Delta\theta$である．ただし，ΔTおよび$\Delta\theta$はそれぞれケルビンおよびセルシウス度で測った温度差を表す．

(2) 丸括弧内に記した単位の名称および記号は，その上あるいは左に記した単位の定義を表す．

JSMEテキストシリーズ

振動学

Mechanical Vibration

日本機械学会

序

「JSME テキストシリーズ」は，大学学部学生のための機械工学への入門から必須科目の修得までに焦点を当て，機械工学の標準的内容をもち，かつ技術者認定制度に対応する教科書の発行を目的に企画されました．

日本機械学会が直接編集する直営出版の形での教科書の発行は，1988 年の出版事業部会の規程改正により出版が可能になってからも，機械工学の各分野を横断した体系的なものとしての出版には至りませんでした．これは多数の類書が存在することや，本会発行のものとしては機械工学便覧，機械実用便覧などが機械系学科において教科書・副読本として代用されていることが原因であったと思われます．しかし，社会のグローバル化にともなう技術者認証システムの重要性が指摘され，そのための国際標準への対応，あるいは大学学部生への専門教育への動機付けの必要性など，学部教育を取り巻く環境の急速な変化に対応して各大学における教育内容の改革が実施され，そのための教科書が求められるようになってきました．

そのような背景の下に，本シリーズは以下の事項を考慮して企画されました．

① 日本機械学会として大学における機械工学教育の標準を示すための教科書とする．

② 機械工学教育のための導入部から機械工学における必須科目まで連続的に学べるように配慮し，大学学部学生の基礎学力の向上に資する．

③ 国際標準の技術者教育認定制度〔日本技術者教育認定機構(JABEE)〕，技術者認証制度〔米国の工学基礎能力検定試験(FE)，技術士一次試験など〕への対応を考慮するとともに，技術英語を各テキストに導入する．

さらに，編集・執筆にあたっては，

① 比較的多くの執筆者の合議制による企画・執筆の採用，

② 各分野の総力を結集した，可能な限り良質で低価格の出版，

③ ページの片側への図・表の配置および 2 色刷りの採用による見やすさの向上，

④ アメリカの FE 試験（工学基礎能力検定試験(Fundamentals of Engineering Examination)）問題集を参考に英語による問題を採用，

⑤ 分野別のテキストとともに内容理解を深めるための演習書の出版，

により，上記事項を実現するようにしました．

本出版分科会として特に注意したことは，編集・校正には万全を尽くし，学会ならではの良質の出版物になるように心がけたことです．具体的には，各分野別出版分科会および執筆者グループを全て集団体制とし，複数人による合議・チェックを実施し，さらにその分野における経験豊富な総合校閲者による最終チェックを行っています．

本シリーズの発行は，関係者一同の献身的な努力によって実現されました． 出版を検討いただいた出版

事業部会・編修理事の方々，出版分科会を構成されました委員の方々，分野別の出版の企画・進行および最終版下作成にあたられた分野別出版分科会委員の方々，とりわけ教科書としての性格上短時間で詳細な形式に合わせた原稿の作成までご協力をお願いいただきました執筆者の方々に改めて深甚なる謝意を表します．また，熱心に出版業務を担当された本会出版グループの関係者各位にお礼申し上げます．

本シリーズが機械系学生の基礎学力向上に役立ち，また多くの大学での講義に採用され技術者教育に貢献できれば，関係者一同の喜びとするところであります．

2002 年 6 月

日本機械学会
JSME テキストシリーズ出版分科会
主　査　宇　高　義　郎

「演習　振動学」刊行に当たって

機械工学を学ぶ上での基礎的な 4 力学といわれる科目のひとつとして機械力学があります．機械力学の分野は範囲が広く，その中で主要な位置を占める振動学を教える大学や高専では，振動学という科目名で講義を行っているところもあり，また，機械力学という科目の中で振動学を講義するところもあります．日本機械学会では，これらの科目を力学分野と位置づけ，「振動学」が JSME テキストシリーズの力学分野の 1 冊として刊行されました．その「振動学」の演習書として，基礎から応用まで幅広い例題，練習問題を取り入れた「演習　振動学」を発刊することになりました。本演習書で取り上げている機械系の振動は，生産工場で稼働している機械はもちろん，携帯電話をはじめとする，家庭における電化製品，移動手段としての乗り物の揺れや地震時の家具等の挙動など，生活している身のまわりで常に生じている現象です．このように重要な位置を占める振動学ですので，学生諸君の熱心な取り組みを期待します．

本演習書は，入門的な演習書として，振動を初めて学ぶ学生にとってわかりやすく執筆しております．最後に，振動学の分野別委員の先生の研究室の学生諸君には，図表をはじめ，編集を手伝ってくれたことを感謝いたします．

2012 年 11 月

JSME テキストシリーズ出版分科会

演習　振動学

主査　高田　一

演習　振動学　執筆者・出版分科会委員

執筆者・委員	高田　一	(横浜国立大学)	第 1 章，第 2 章
執筆者	永井　健一	(群馬大学)	第 3 章，第 9 章
執筆者	吉村　卓也	(首都大学東京)	第 4 章
執筆者	成田　吉弘	(北海道大学)	第 5 章
執筆者	池田　隆	(広島大学)	第 6 章
執筆者・委員	吉沢　正紹	(慶応義塾大学)	第 7 章
執筆者	青木　繁	(東京都立工業高等専門学校)	第 8 章
執筆者	井上　喜雄	(高知工科大学)	第 10 章
委員	木村　康治	(東京工業大学)	

総合校閲者　鈴木　浩平　(首都大学東京)

目次

第 1 章

はじめに

Introduction

1・1　力学とは，振動学とは（what is mechanics? what is vibration？）

身のまわりにあるもので，振動といえば，移動手段としての自動車，電車，船舶，航空機，それに自然現象としての地震，風による旗の振動，持ち物としては，マナーモードでの携帯電話などが挙げられる．これらは，空気の振動である音を発生することが多いが，本教科書での振動は，物体の移動としての振動を取り上げる．例えば，図 1.1 の携帯電話がマナーモードで振動するのは，携帯電話の中にある小さなモータを回転させて，バランスの少し悪い円板，つまり軸を円板の中心に正しく取り付けず回転させ，振動させていることが多い．通常，軸を回転させるときには，円板などの回転物を中心に正しく取り付けて,振動しないように調整するが,振動を起こしたい場合は,逆の発想となる．しかし，中心があまりにずれていると回転による振動が大きく，まわりの部品等を破壊する恐れがある．どの程度，中心からずらせばよいかは，第 6 章の回転軸の振動を学んでほしい．

図 1.1　携帯電話の振動

次の例として，図 1.2 にあるように車の振動が挙げられる．特に，路面が整地されていない場合は，路面の凹凸により，タイヤやサスペンションなどを通じて，車体へ振動が伝達し，ドライバや同乗者が振動を受ける．これは，乗り心地に影響するため，振動の少ない車両の開発が望まれる．また，図 1.3 に見られるように，地震により，建物や橋，機械構造物などが揺れを受け，破壊，損傷することも多いが，機械構造物やプラント設備の揺れは機械工学で取り扱う．地震動は，震源の位置，地盤の硬軟などにより，揺れの大きさや揺れの周期（第 1 章 1．3 参照）は異なる．また，一定の大きさ，周期で振動する訳でなく，あるスペクトル（第 8 章参照）を持っている．

図 1.2　車両の振動

これらの機械が受ける強制振動，振動伝達については，第 3 章および第 4 章で扱う．

このほかに、音や光などの波動は振動の伝搬であり、1.3 節で述べる振動数が存在するが、音や光では、同じ物理的意味をもつ周波数という用語が用いられる．また、心臓の鼓動、昼夜の温度変化、四季、潮汐なども繰り返されるという意味では振動であるが、この本では、機械振動、つまり、物理量としては、注目している質点あるいは物体の特定の点の位置や変位の変化としての振動を扱う．

図 1.3　東北地方太平洋沖地震（2011 年 3 月）

力学(mechanics)の分類

力を扱う学問としての力学を次のように分類する．

静力学(statics)

時間によって系の位置や角度が変化しない状態、つまり静的状態にある力やモーメント、トルクについて扱う力学. 材料力学に代表される.

動力学(dynamics)

時間によって系の位置や角度が変化する状態、つまり動的状態について，力と加速度，モーメント，トルクと角加速度などを扱う力学. 流体力学，機械力学に代表される. ニュートンの運動方程式などを使うことが多い.

振動(vibration)を扱う振動学は，後者の動力学の中にある. 振動とは，ある座標系で測定した物理量が，その平均値や基準値よりも大きい状態と小さい状態とを交互に繰り返す変化である.

1・2　振動の種類（classification of vibration）

振動系へのエネルギーの入力に関して分類すると以下のようになる.

・強制振動(forced vibration)

周期的な外力によって発生する継続的な周期振動.

・自由振動(free vibration)

物体に作用する外力を取り除いた後に起こる振動.

・自励振動(self-excited vibration, self-induced vibration)

非周期的なエネルギーが継続的に供給され, 内部で周期的な力に変換されることにより発生する振動.

・係数励振振動(parametric excitation, parametric vibration)

運動方程式のパラメータとなっている，質量や剛性，あるいは境界条件などが時間変動するときに発生する振動.

【例1・1】　**************************

身のまわりにある携帯電話，自動車，建物で生じている振動は強制振動かあるいは自由振動か. また，それらの振動の振動数について考えよ.

【解1・1】

強制振動はよく見られる現象で，例えば，携帯電話のマナーモードで着信時に電話本体がブルブルと振動するのも，自動車がでこぼこ道を走行するときに車体が振動するのも強制振動である. 走行していなくても，エンジンがかかっていれば，強制振動が起こっている. 建物も地震のときに揺れるのは強制振動である. これに対して，自由振動は強制振動を起こしている外力が取り除かれた後に起きている振動であるので，自動車のエンジンを切ってエンジンが止まったあとに，パネルや車体などが振動している場合は自由振動である. 地震がおさまったあとに建物が揺れている場合も自由振動である.

強制振動の振動数と自由振動の振動数には大きな違いがある．強制振動は周期的な外力によって発生する振動なので，振動数は外力の振動数となる．これに対して，自由振動は強制的に振動させられているわけではないので，その振動系に固有の振動数で振動する．

【例 1・2】　＊＊＊＊＊＊＊＊＊＊＊＊＊＊＊＊＊＊＊＊＊＊＊＊

自励振動の例として，図 1.4 の旗がはためく振動，図 1.5 の窓のブラインドが風により振動する現象を取り上げ，振動するメカニズムについて考えてみよ．

図 1.4　自励振動の例
（風による旗のはためき）

【解 1・2】

旗やブラインドに空気の流れ，つまり風が当たると，この風により旗やブラインドの両側に渦が生じる．渦は両側に同時にできるわけではなく，交互にできるため，渦による圧力変動が両側に起こり，振動が生じる．これは空気の流れ自身が周期的な外力となるわけではなく，旗あるいはブラインドの存在によって渦ができ，それが周期的な力（圧力）に変換されて振動が起こるので自励振動と呼ぶことができる．

図 1.5　自励振動の例
（風によるルーバーの振動）

【例 1・3】　＊＊＊＊＊＊＊＊＊＊＊＊＊＊＊＊＊＊＊＊＊＊＊＊

係数励振振動の例として，図 1.6 のようなブランコを取り上げ，係数励振振動になっていることを示せ．また，ブランコは強制振動，自由振動にもなりうることを示せ．

【解 1・3】

ブランコに乗っているひとが，自分自身で振れを大きくしようとする場合を考えてみる．最も大きく振れている状態から地面に近づくまでの間は膝を曲げて腰を落とした状態で落下し，地面に近い状態からもっとも振れた状態までの間は膝を伸ばして腰を上げた状態で上昇する．そうすると少しずつ揺れが大きくなっていく．これは，振り子のひもの長さをタイミング良く変化させることと同じであり，係数励振振動ということができる．

係数励振振動と自由振動で揺れている場合は，鎖の長さ（より正確には，支点から乗っている人の重心までの距離）で決まる振動数で揺れ，強制振動の場合は，他の人が加えている力の振動数で揺れることになる．

図 1.6　ブランコの振動の例

1・3　振動の用語（vibration technical terms）

・調和振動(harmonic vibration)，単振動(simple harmonic vibration)の一般式

$$y = a\sin(\omega t + \varphi) \tag{1.1}$$

ここで，各変数あるいは定数は次の用語で呼ばれる．

y ：変位

t ：時間

a：振幅(amplitude)

ω：角振動数(angular frequency)または，円振動数(circular frequency)

φ：初期位相(initial phase)（時間$t=0$のときの位相）

このとき，

・周期(period)：1サイクルにかかる時間

$$T=\frac{2\pi}{\omega} \tag{1.2}$$

・振動数(frequency)：単位時間あたりに繰り返されるサイクル数

$$f=\frac{1}{T}=\frac{\omega}{2\pi} \tag{1.3}$$

単位時間が秒のとき，振動数の単位はヘルツ(Hz).

振動学では角振動数(angular frequency)を用いることが多い.

角振動数は振動数の2π倍．単位は(1/s　あるいは　rad/s).

・自由度(degree of freedom)：独立である変数の数

・力の単位

SI単位系：N（ニュートン）

重力単位系：kgf（キログラム重）

工業界での製品のカタログなどで見られる.

・SI単位系と重力単位系の関係

数値として，同じ力を表すのに重力単位系で表す場合は，SI単位系で表す場合よりも数値が重力加速度の値である約9.8倍だけ小さくなる.

例）体重60キロの人が床に及ぼす力

SI単位系：60×9.8＝588N

重力単位系：60kgf

・振動の複素数表示

振動を表す式としては，上述のように$\sin\omega t$で表せることを説明したが，次のように複素数を使ったオイラーの公式(Euler's formula)でわかるように指数関数で表すこともできる．これらは，このテキストでは第4章および第8章で使用されている.

$$e^{i\theta}=\cos\theta+i\sin\theta\cdots \tag{1.4}$$

ここで，iは虚数単位であり，$\theta=\omega t$とすれば，振動は$e^{i\omega t}$で表すことができる．つまり，本来，振動は$\sin\omega t$，位相も考慮すると$\cos\omega t$で表せるが，そのどちらも合わせた$e^{i\omega t}$で表現できる．iという虚数単位が入り，難しいように見えるが，位置（変位）から速度や加速度を求めるときに微分しても関数の形が変わらないため，計算しやすい場合もある.

強制振動を扱う場合は，力を $f_0 e^{i\omega t}$（f_0は力の振幅）で表すと，応答としての解も $x_0 e^{i\omega t}$ で表すことができる．

第 2 章で学ぶ，減衰項がない場合は，力が $\sin\omega t$ なら解も $\sin\omega t$，力が $\cos\omega t$ なら解も $\cos\omega t$ となるので複素表示がそれほど必要になるようには思えないが，減衰項が入ると $\sin\omega t$ と $\cos\omega t$ の両方，あるいは $\sin(\omega t+\varphi)$ のように位相を考えて表すことになる．その場合，複素数で表すと $e^{i\omega t}$ だけで計算できる．

【例 1・4】　＊＊＊＊＊＊＊＊＊＊＊＊＊＊＊＊＊＊＊＊＊＊＊＊＊

1 分間に 3000 回振動する系がある．この角振動数，振動数および周期を求めよ．

【解 1・4】

1 分間に 3000 回ということは，1 秒間では，

$$3000回/分 \div 60秒 = 50回/秒 \tag{1.5}$$

であるので，振動数は $f = 50$ Hz となる．角振動数は

$$\omega = 50\times 2\pi = 100\pi = 314 \quad 1/\mathrm{s} \tag{1.6}$$

となる．周期は

$$T = 1/50 = 0.02\ 秒 \tag{1.7}$$

である．

1・4　本教科書の構成と使用方法（overview and usage of this textbook）

この演習書は，テキスト「振動学」の演習用に執筆されたもので，全 10 章から構成されている．テキスト「振動学」の例題，練習問題に加えて，さらに理解を深めようとする初学者に適した例題，練習問題を厳選している．この演習書の特色は，テキストと同様，以下に述べられる三点にある．

第一の特色は，振動学の基礎となる第 1 章から第 4 章において，一自由度系，二自由度系の振動の理解を深めるための例題，練習問題を厳選している．

第二の特色は，将来，実際に起こりうる振動現象の理解，あるいはさらに振動学をさらに深く研究するのに必要な例題，練習問題を第 5 章から第 9 章において，厳選している．また，第 5 章から第 9 章は各章が完結しており，それぞれの章で基本的な事項を理解しておれば，各章を独立に読むことができる．ある程度振動学を学んだ方々にも，より高度な振動学を学ぶことができるよう問題を配置している．

なお第 5 章から第 9 章では，各分野特有の‘運動方程式の記述方法’，‘記号の使い方’などを，各章毎に必要最低限度に限って独立に用いている．たとえば，質点の運動方程式中の $m\ddot{x}$ の $\ddot{x}$ は加速度であり，この x は座標として記述している．同じ式中にある x であっても kx の x はばねの自然長からの伸びをあらわしており，質量 m の変位を表している．この表現が連続体になると座標として x を用い，連続体の中のある点の変位として u を用いている．

これらの表現は，各章に相当する学問分野の慣例によるものであり，座標と変位との区別を認識していただきたい.

第三の特色は，振動の計測に関する第10章において，産業界で永年に渡り振動測定に携わってきた専門家により測定方法を記述した点にある.
以上に述べた三つの特色を持つ本演習書をテキスト「振動学」とともに使用してもらいたいと願っている.

＝＝＝＝＝　練習問題　＝＝＝＝＝＝＝＝＝＝＝＝＝＝＝＝＝＝＝＝＝＝＝＝＝

【1・1】【例 1・3】で考えたブランコは強制振動，自由振動にもなりうることを示せ.

【1・2】質点が動き得る範囲によっては，1自由度，2自由度，3自由度となる．どのような範囲を動く場合にそのようになるか.

【1・3】エアホッケーのパック（円板）が平面内で動く場合は何自由度になるか．大きさのある物体が空間内を動く場合は何自由度か.

第 2 章

1 自由度系の自由振動

Free Vibration of System with Single Degree of Freedom

2・1　減衰のない 1 自由度系の振動（vibration systems with single degree of freedom without damping）

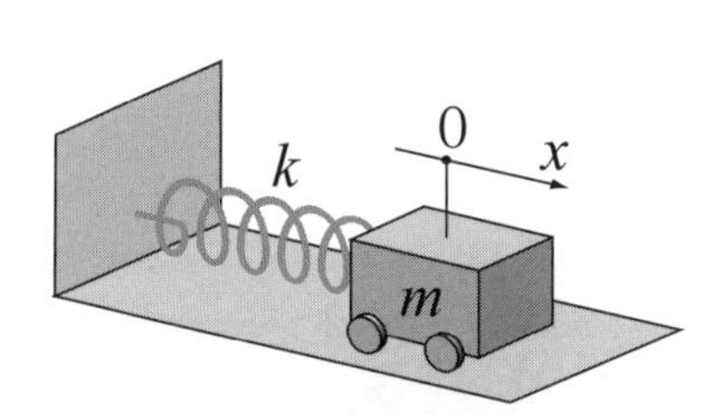

図 2.1　1 自由度振動系のモデル ばね－質量系

・1 自由度系の自由振動(free vibration)の運動方程式

ばね－質量系（図 2.1）：質量 m，ばね定数 k

$$m\ddot{x} + kx = 0 \tag{2.1}$$

ねじり振動系（図 2.2）：慣性モーメント J_G，ねじりのばね定数 k

$$J_P\ddot{\theta} + k\theta = 0 \tag{2.2}$$

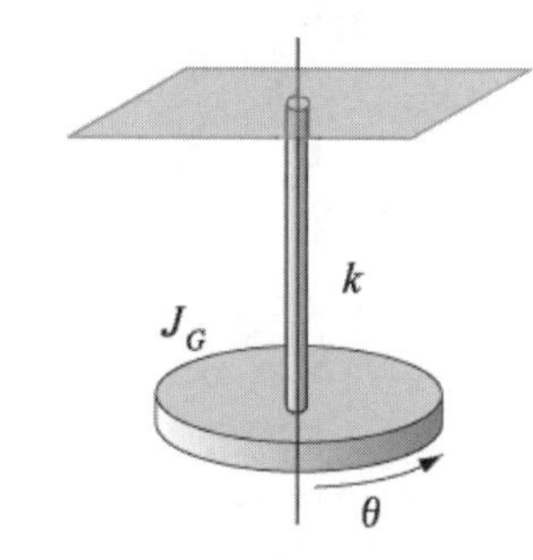

図 2.2　ねじり振動系

実体振り子（図 2.3）：慣性モーメント J_P，支点 P と振り子の重心との距離 h

$$J_P\ddot{\theta} + mgh\sin\theta = 0 \tag{2.3}$$

振れ角 θ が微小のとき，

$$J_P\ddot{\theta} + mgh\theta = 0 \tag{2.4}$$

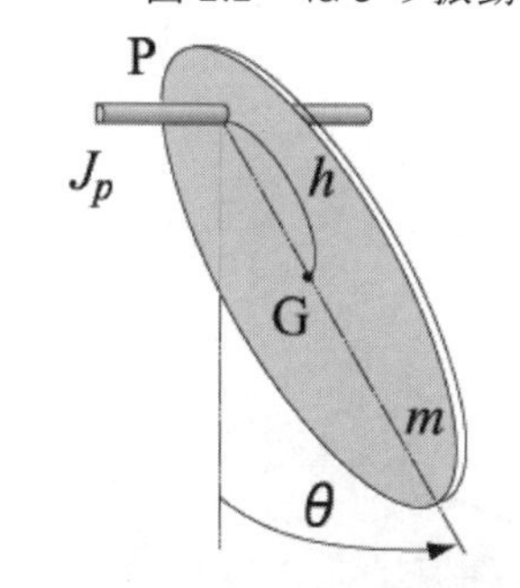

図 2.3　実体振り子の振動

・固有振動数，固有周期

固有角振動数（natural angular frequency）または固有円振動数(natural circular frequency)

$$\omega_n = \sqrt{k/m} \tag{2.5}$$

固有振動数(natural frequency)

$$f_n = \omega_n / 2\pi \tag{2.6}$$

固有周期(natural period)

$$T = 2\pi / \omega_n \tag{2.7}$$

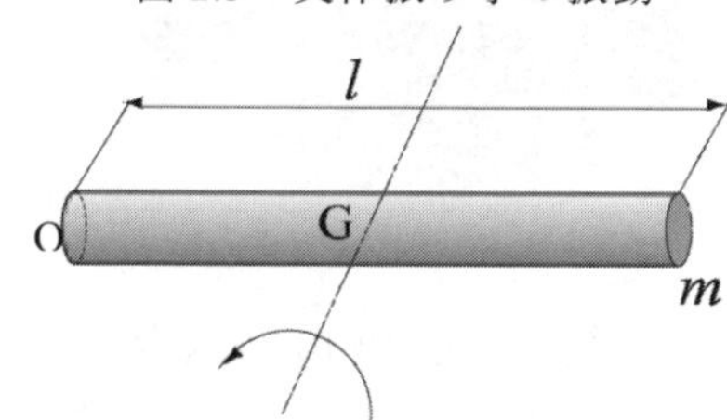

図 2.4　一様な棒（重心まわり）

・慣性モーメント(moment of inertia)

一様な棒　（図 2.4）：質量 m，長さ l

重心 G まわり $J_G = \frac{1}{12}ml^2$ (2.8)

端点 O まわり $J_O = \frac{1}{3}ml^2$ (2.9)

円板（図 2.5）：質量 m，半径 R

中心（重心）O まわり $J_O = \frac{1}{2}mR^2$ (2.10)

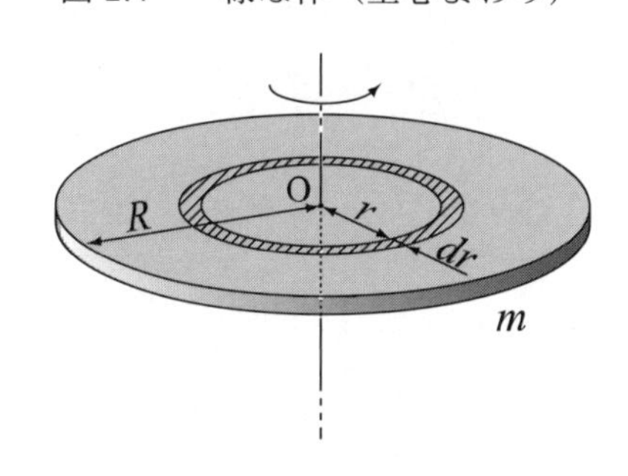

図 2.5　円板

・平行軸の定理(parallel axis theorem)：重心 G を通る軸まわりの慣性モーメントとその軸と距離 h だけ離れた軸（点 P を通る）まわりの慣性モーメントと

の関係は次のようになる．

$$J_P = J_G + mh^2 \tag{2.11}$$

・ラグランジュの運動方程式(Lagrange's equation of motion)

T を運動エネルギー，U をポテンシャルエネルギー，$L = T - U$ とおいて

$$\frac{d}{dt}\left(\frac{\partial L}{\partial \dot{q}}\right) - \frac{\partial L}{\partial q} = 0 \tag{2.12}$$

となる．

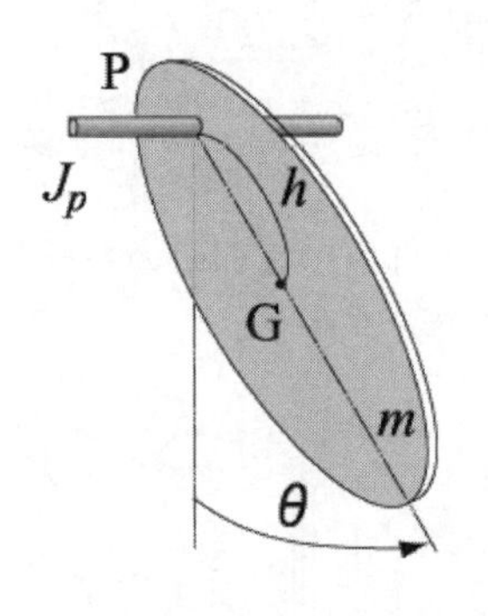

図 2.6　実体振り子

【例 2・1】　＊＊＊＊＊＊＊＊＊＊＊＊＊＊＊＊＊＊＊＊＊＊＊＊＊

図 2.6 のように実体振り子の重心から距離 h の点で支持し，微小振動するときの固有角振動数および周期を求める式を導け．

【解 2・1】

点 P まわりの慣性モーメントを J_P，振れ角を θ とすると，運動方程式は，

$$J_P\ddot{\theta} = -mgh\sin\theta \tag{2.13}$$

となり，微小振動の場合，$\sin\theta = \theta$ と近似できるので，

$$J_P\ddot{\theta} = -mgh\theta \tag{2.14}$$

となる．このとき，固有角振動数および周期は

$$\omega_n = \sqrt{\frac{mgh}{J_P}}, \quad T = 2\pi\sqrt{\frac{J_P}{mgh}} \tag{2.15}$$

となる．

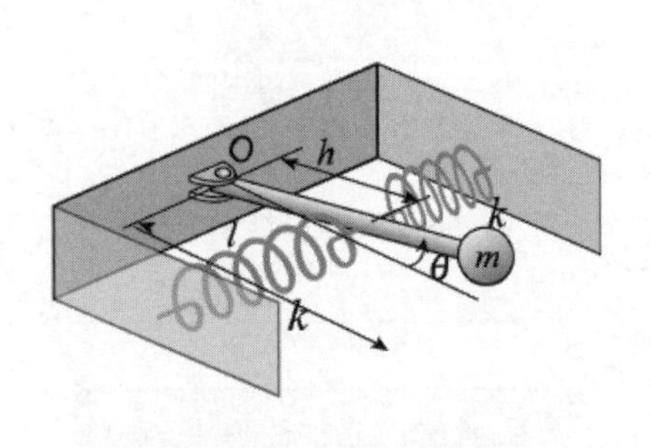

図 2.7　水平面内の振動系

【例 2・2】　＊＊＊＊＊＊＊＊＊＊＊＊＊＊＊＊＊＊＊＊＊＊＊＊＊

図 2.7 のように質量の無視できる長さ l の棒の先に質量 m の質点が取りつけられた振動系がある．この系がばね定数 k のばね 2 個でピン支持の点 O から h の点で，棒に垂直に左右で支持され，水平面内で自由振動するとき，固有角振動数はいくらになるか．振れ角 θ は微小とする．

【解 2・2】

点 O まわりの慣性モーメントは，$J_O = ml^2$ であり，ばね 1 個から受ける点 O まわりのモーメントは，ばねの伸びあるいは縮みが $h\sin\theta \approx h\theta$ より，$k \times h\theta \times h = kh^2\theta$ となる．したがって，この系の運動方程式は，

$$ml^2\ddot{\theta} = -2kh^2\theta \tag{2.16}$$

したがって，固有角振動数は，

$$\omega_n = \sqrt{\frac{2kh^2}{ml^2}} = \frac{h}{l}\sqrt{\frac{2k}{m}} \tag{2.17}$$

となる．

【例2・3】　＊＊＊＊＊＊＊＊＊＊＊＊＊＊＊＊＊＊＊＊＊＊＊＊＊＊

図2.8のような慣性モーメントを持つ滑車と2個の質量からなる系があり，滑車は中央で滑らかに支持されている．ひもが常にぴんと張った状態で振動するとき固有角振動数を求めよ．

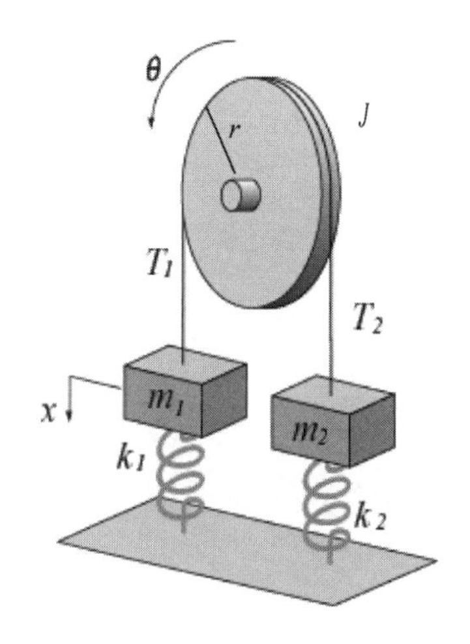

図2.8　1自由度振動系の例

【解2・3】

図のように釣合いの位置を原点として，m_1下方を正とするx座標をとる．また，慣性モーメントをもつ滑車が回転するので，滑車の両側のロープの張力は異なり，張力をそれぞれT_1，T_2とする．このときm_2の変位も上方にxで表せるので，m_1およびm_2の運動方程式は，次のようになる．

$$m_1\ddot{x} = -k_1 x - T_1 \tag{2.18}$$

$$m_2\ddot{x} = T_2 - k_2 x \tag{2.19}$$

ここで，釣合いの位置を原点にとっているので，重力は考慮する必要はない．また，滑車の運動方程式は

$$J\ddot{\theta} = T_1 r - T_2 r \tag{2.20}$$

となり，$x = r\theta$の関係および式(2.18)と(2.19)の両辺にrを乗じて，それらと式(2.20)を加えると

$$(m_1 r^2 + m_2 r^2 + J)\ddot{\theta} = -(k_1 + k_2) r^2 \theta \tag{2.21}$$

となる．ここから，固有角振動数は，

$$\omega_n = \sqrt{\frac{k_1 + k_2}{m_1 + m_2 + \dfrac{J}{r^2}}} \tag{2.22}$$

と求められる．

【例2・4】　＊＊＊＊＊＊＊＊＊＊＊＊＊＊＊＊＊＊＊＊＊＊＊＊＊

図2.9のように，上部は外径d，下部は外径$2d$の横弾性係数Gの質量の無視できる中実棒で，それらの間に慣性モーメントJの円板が支持されるようにねじり振動系を設計する．両方の棒の長さの合計はlで一定である．周期を最大にするには，円板をどの位置に取り付けたらよいか．また，そのときのねじりのばね定数を求めよ．

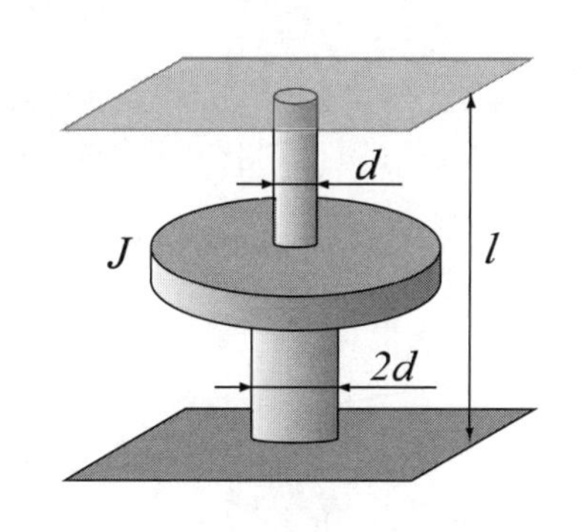

図2.9　1自由度振動系の例

【解2・4】

上部の長さをxとすると，上部の断面極二次モーメントは$I_{p1} = \dfrac{\pi d^4}{32}$で，下部のそれは$I_{p2} = \dfrac{\pi (2d)^4}{32}$であるから，上部および下部のねじりのばね定数

k_1 および k_2 は，それぞれ

$$k_1 = \frac{GI_{p1}}{x} = \frac{\pi G d^4}{32x} \tag{2.23}$$

$$k_2 = \frac{GI_{p2}}{l-x} = \frac{\pi G(2d)^4}{32(l-x)} = \frac{\pi G d^4}{2(l-x)} \tag{2.24}$$

となる．したがって，全体のばね定数 k は，

$$k = \frac{\pi G d^4}{32x} + \frac{\pi G d^4}{2(l-x)} = \frac{\pi G d^4}{32}\left(\frac{1}{x} + \frac{16}{l-x}\right) \tag{2.25}$$

となる．

慣性モーメントが一定であるので，周期が最大になるということは，ばね定数が最小になればよい．ここで，

$$f(x) = \frac{1}{x} + \frac{16}{l-x} = \frac{l+15x}{x(l-x)} \tag{2.26}$$

とおいて極値を求める．

$$f'(x) = \frac{15x^2 + 2lx - l^2}{x^2(l-x)^2} = \frac{(5x-l)(3x+l)}{x^2(l-x)^2} = 0 \tag{2.27}$$

となり，$0 \le x \le l$ の範囲では，$x = \frac{l}{5}$ のとき，最小値をとることがわかる．

したがって，このとき

$$k = \frac{25\pi G d^4}{32l} \tag{2.28}$$

となる．

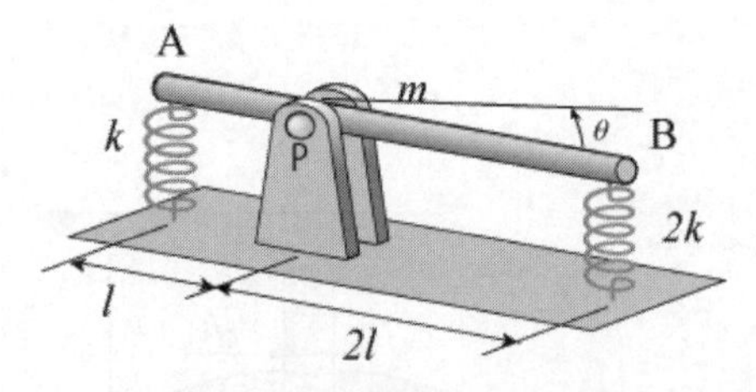

Fig.2.10 Vibration of a bar

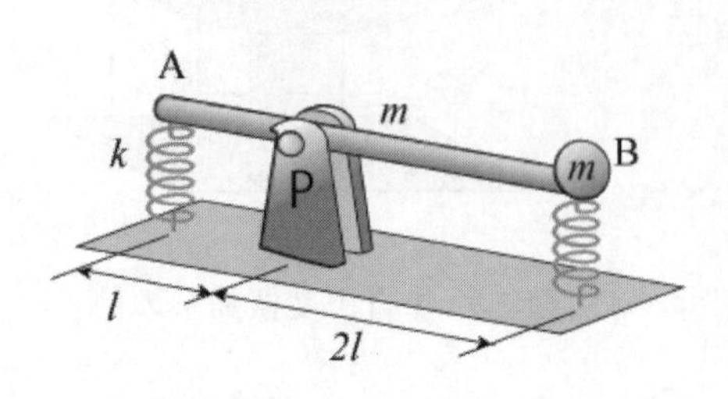

Fig.2.11 Vibration of a bar with a mass

【例 2・6】　＊＊＊＊＊＊＊＊＊＊＊＊＊＊＊＊＊＊＊＊＊＊＊＊

A uniform rigid bar AB of mass m and length $3l$ is supported smoothly by a spring stiffness k spring at the end A and by a spring stiffness $2k$ spring at the end B.

(1) Calculate the moment of inertia J_P of the bar about the point P. And when a bar vibrates, calculate the natural frequency of the system.

(2) At the end B the mass m is added as shown in Fig.2.11. Calculate the moment of inertia J_P of the bar with the mass m about the point P. Determine the spring stiffness of the spring at the end B in order to be the same natural frequency as that in Fig.2.10.

【解 2・6】

(1) The moment of inertia of the bar about the center of gravity is calculated as follows,

$$J_G = \frac{1}{12}m(3l)^2 = \frac{3}{4}ml^2 \tag{2.29}$$

The distance between the point P and the point G is $l/2$, and using the parallel axis theorem,

$$J_p = \frac{3}{4}ml^2 + m\left(\frac{l}{2}\right)^2 = ml^2 \tag{2.30}$$

The equation of motion of the system,

$$\begin{aligned} J_p\ddot{\theta} &= -k \cdot l\theta \cdot l - 2k \cdot 2l\theta \cdot 2l \\ &= -9kl^2\theta \end{aligned} \tag{2.31}$$

$$\therefore ml^2\ddot{\theta} = -9kl^2\theta \tag{2.32}$$

Therefore, the natural frequency of the system is

$$\omega_n = \sqrt{\frac{9kl^2}{ml^2}} = 3\sqrt{\frac{k}{m}} \tag{2.33}$$

(2) The moment of inertia about the point P by the mass m at the end B is $m(2l)^2 = 4ml^2$ and so, the total moment of inertia about the point P is

$$J_p = ml^2 + 4ml^2 = 5ml^2 \tag{2.34}$$

Using the unknown spring stiffness K of the spring at the end B,

$$5ml^2\ddot{\theta} = -k \cdot l\theta \cdot l - K \cdot 2l\theta \cdot 2l \tag{2.35}$$

$$\therefore 5ml^2\ddot{\theta} = -(k+4K)l^2\theta \tag{2.36}$$

In order to be the same natural frequency,

$$\omega_n = \sqrt{\frac{k+4K}{5m}} = 3\sqrt{\frac{k}{m}} \tag{2.37}$$

$$\therefore \quad K = 11k \tag{2.38}$$

【例2・7】　＊＊＊＊＊＊＊＊＊＊＊＊＊＊＊＊＊＊＊＊＊＊＊＊

図2.12のように，質量m，半径rの円筒Aが半径Rの円筒Bの内側をすべらずに微小のころがり振動をする場合の固有角振動数をエネルギー法（レイリー法）により求めよ．$R>r$とする．

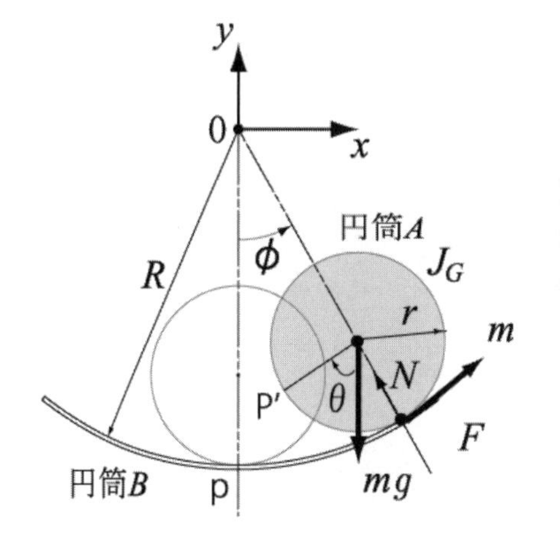

図2.12　ころがり振動のモデル

【解2・7】

この系で考慮すべきエネルギーは，運動エネルギーと位置エネルギーである．ころがり運動を$\phi = \alpha \sin \omega_n t$，$\theta = \beta \sin \omega_n t$とする．円筒Aの点P'が$\phi = 0$のとき，点Pにあるとすると，$R\phi = r(\theta + \phi)$より，$R\alpha = r(\beta + \alpha)$であるので，

$$(R - r)\alpha = r\beta \tag{2.39}$$

の関係がある．

運動エネルギーは円筒Aの重心の並進運動と重心まわりの回転運動の和で表される．並進運動のエネルギーの最大値は円筒Aが平衡点を通過しているときであり，$\dot{\phi}=\alpha\omega_n\cos\omega_n t$ より，重心の速度は，$(R-r)\alpha\omega_n$ となる．したがって，並進運動のエネルギー T_t は，

$$T_t=\frac{1}{2}m(R-r)^2\alpha^2\omega_n^2 \tag{2.40}$$

で表される．また，重心まわりの回転速度は $\dot{\theta}=\beta\omega_n\cos\omega_n t$ で表されるので，回転運動のエネルギーが最大になるのは，円筒Aが平衡点を通過しているときであり,そのときの回転速度は $\beta\omega_n$ となる．

したがって，重心まわりの回転運動のエネルギー T_r は，

$$T_r=\frac{1}{2}J_G(\beta\omega_n)^2 \tag{2.41}$$

となる．

並進運動と回転運動のそれぞれの運動エネルギーを合わせて，全体の運動エネルギー T は，

$$T=\frac{1}{2}m(R-r)^2\alpha^2\omega_n^2+\frac{1}{2}J_G(\beta\omega_n)^2 \tag{2.42}$$

となる．

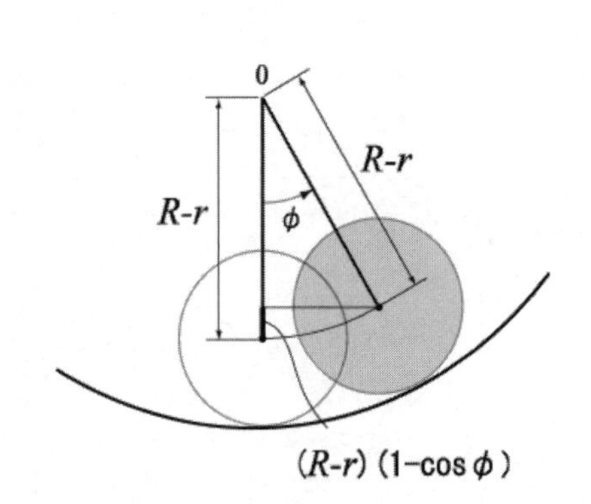

図 2.13　重心の位置の上昇高さ

一方，位置エネルギーは，図 2.13 より $\phi=\alpha$ のとき（$\theta=\beta$ のとき）最大となる．平衡点を基準にとり，そこでの位置エネルギーを 0 とすると，$\phi=\alpha$ のときは，

$$U=mg(R-r)(1-\cos\alpha) \tag{2.43}$$

となる．

振動が微小であるので，条件 $\cos\alpha=1-\frac{1}{2}\alpha^2$ を使って，式(2.43)は，

$$U=\frac{1}{2}mg\alpha^2(R-r) \tag{2.44}$$

となる．

エネルギー法は，運動エネルギーとポテンシャルエネルギー（位置エネルギー）の和が保存されることを利用するのであるから，一方が 0 であるとき，もう一方の値が最大となり和が保存される．式(2.42)の β を式(2.39)を使って α に書き直して，

$$\frac{1}{2}m(R-r)^2\alpha^2\omega_n^2+\frac{1}{2}J_G\frac{(R-r)^2}{r^2}\alpha^2\omega_n^2=\frac{1}{2}mg\alpha^2(R-r) \tag{2.45}$$

したがって，

$$\omega_n=\sqrt{\frac{mgr^2}{(R-r)(J_G+mr^2)}} \tag{2.46}$$

2・2　減衰のある1自由度系の振動（vibration of system with single degree of freedom with damping）

・減衰振動(damped vibration)とは時間とともに振幅が小さくなっていく振動

・減衰のない場合の振動を不減衰振動(undamped vibration)という.

・質点の速度に比例する抵抗力を受ける粘性減衰の場合，粘性減衰といい，比例係数 c を粘性減衰係数(viscous damping coefficient)と呼ぶ.

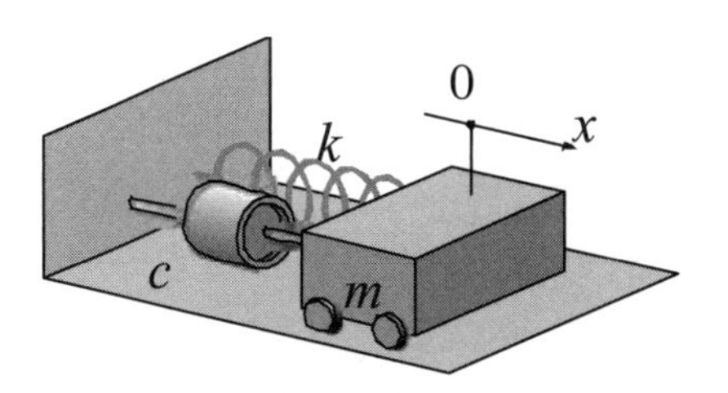

図 2.14　減衰1自由度振動系

・運動方程式は，不減衰振動に減衰項 $-c\dot{x}$ を付け加える．(図 2.14)

$$m\ddot{x} = -kx - c\dot{x} \tag{2.47}$$

あるいは

$$m\ddot{x} + c\dot{x} + kx = 0 \tag{2.48}$$

・$c^2 > 4mk$ のとき，過減衰(overdamping)，振動は起こらない.
　$c^2 = 4mk$ のとき，臨界減衰(critical damping)，振動は起こらない.
　$c^2 < 4mk$ のとき，不足減衰(underdamping)，振動が起こる(図 2.15(a)(b)).

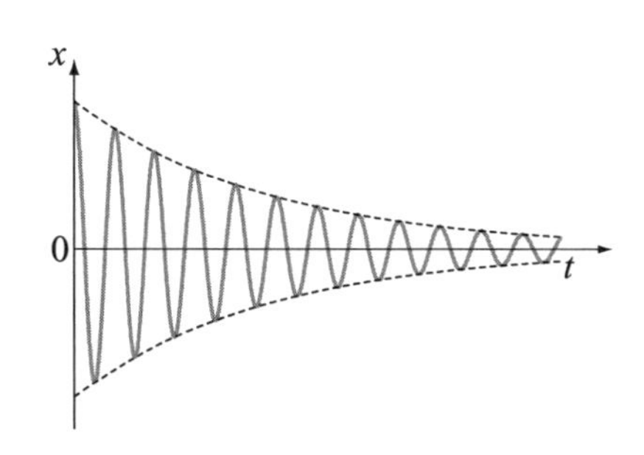

(a)　減衰比 $\zeta = 0.05$ のときの波形

・臨界減衰係数(critical damping coefficient)は，$c = 2\sqrt{mk}$ の値のこと.
c_c と記述する.

・減衰比(damping ratio)とは c と臨界減衰係数 c_c との比，$\zeta = c/c_c$.

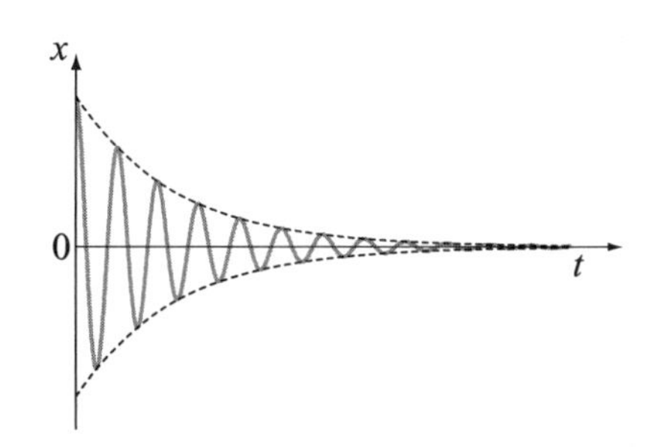

(b)　減衰比 $\zeta = 0.1$ のときの波形

・減衰固有角振動数(damped natural angular frequency)は，

$$\omega_d = \frac{\sqrt{4mk - c^2}}{2m} \tag{2.49}$$

・ω_d と不減衰振動の固有角振動数 ω_n との関係は $\omega_d = \omega_n\sqrt{1-\zeta^2}$ で ω_d が ω_n よりも小さくなる.

・対数減衰率
ある時刻 t_n のときの変位を x_n，一周期後の変位を x_{n+1} とすると

$$\delta = \ln\frac{x_n}{x_{n+1}} = \frac{\pi c}{m\omega_d} = \frac{2\pi\zeta}{\sqrt{1-\zeta^2}} \tag{2.50}$$

となる．この δ を対数減衰率(logarithmic decrement)という.

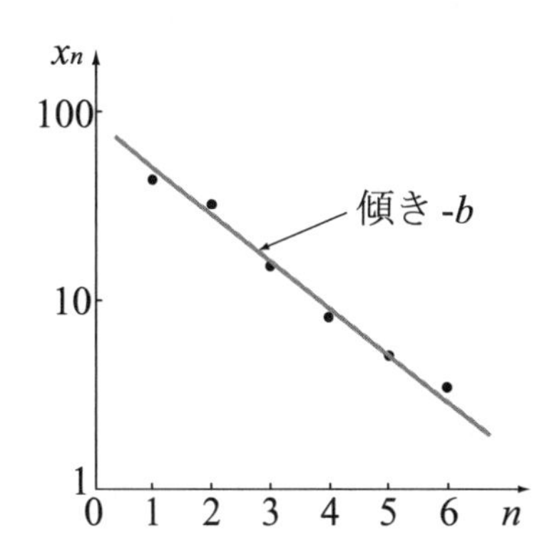

(c)　減衰比を求める一手法

図 2.15　減衰振動

・減衰比が小さいときは，$\delta \cong 2\pi\zeta$ とできる．また片対数グラフに最大変（振幅）x_n をプロットし，その傾き b から減衰比は次のように求めることができる．(図 2.15 (c))

$$\zeta = \frac{2.303}{2\pi}b = 0.366b \tag{2.51}$$

【例 2・8】　＊＊＊＊＊＊＊＊＊＊＊＊＊＊＊＊＊＊＊＊＊＊＊＊

Calculate the natural angular frequency, damped natural angular frequency, critical damping coefficient, damping ratio and natural period for the system shown in Fig.2.16. The mass is 10kg, the spring stiffness is 40N/cm and the damping

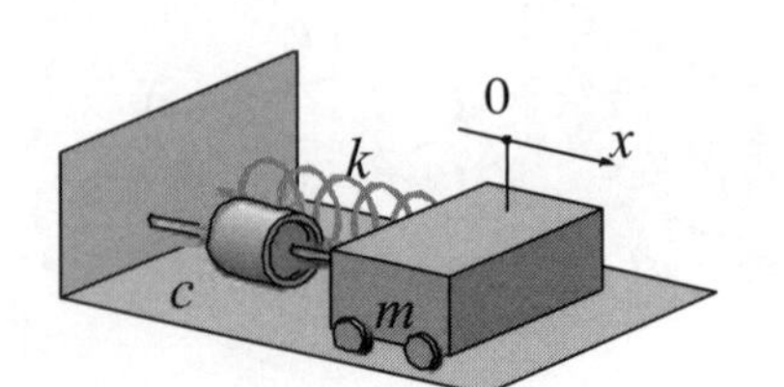

Fig.2.16 damped free vibration

【解 2・8】

The spring stiffness is 40N/cm=4000N/m. The natural angular frequency is

$$\omega_n = \sqrt{\frac{k}{m}} = \sqrt{\frac{4.0\times10^3}{10}} = 20\ \text{rad/s} \tag{2.52}$$

the damped natural angular frequency is

$$\omega_d = \frac{\sqrt{4mk-c^2}}{2m} = \frac{\sqrt{1.6\times10^5-4.0\times10^4}}{20} = 10\sqrt{3} = 17.3\ \text{rad/s} \tag{2.53}$$

the critical damping coefficient is

$$c_c = 2\sqrt{mk} = 2\sqrt{10\times4.0\times10^3} = 400\ \ \text{Ns/m} \tag{2.54}$$

the damping ratio is

$$\zeta = \frac{c}{2\sqrt{mk}} = \frac{200}{2\sqrt{10\times4.0\times10^3}} = 0.5 \tag{2.55}$$

the natural period is

$$T = \frac{2\pi}{\omega_d} = \frac{6.28}{17.3} = 0.363\ \text{s} \tag{2.56}$$

【例 2・9】　＊＊＊＊＊＊＊＊＊＊＊＊＊＊＊＊＊＊＊＊＊＊＊＊

図 2.17 のように一様な棒の一端 P で滑らかに支持された質量 m，長さ l の振り子がある．微小振動させるとき，次の問いに答えよ．

(1)　重力だけで自由振動させるときの固有角振動数を求めよ．

(2)　点 P から a の位置にばねを水平に振動面内に取りつけ，自由振動させるときの固有角振動数を求めよ．

(3)　さらに点 P から x の位置に粘性減衰器を水平に振動面内に取りつけ，自由振動しないようにしたい．x をいくらにしたらよいか．m ＝10kg, l =1m, k =10N/m, c =30Ns/m, a =50cm とする．

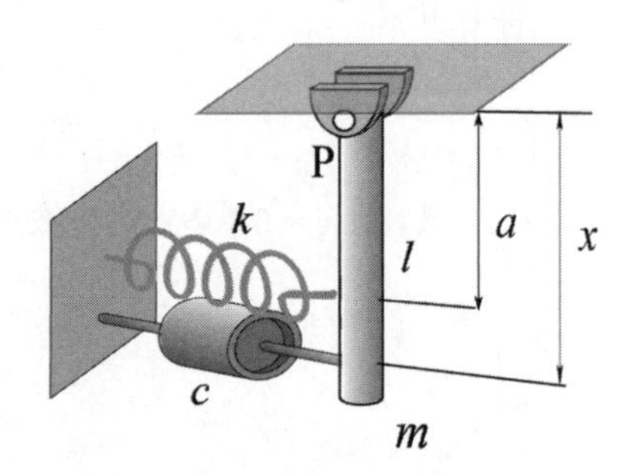

図 2.17　振り子の振動

【解 2・9】

(1)　棒の点 P まわりの慣性モーメントは $J=\frac{1}{3}ml^2$ であり，重心は $\frac{1}{2}l$ のところにあるので，振れ角を θ とすると運動方程式は，

$$\frac{1}{3}ml^2\ddot{\theta} = -\frac{1}{2}mgl\sin\theta \tag{2.57}$$

θ が微小なので，

$$\frac{1}{3}ml^2\ddot{\theta} = -\frac{1}{2}mgl\theta \tag{2.58}$$

となる．

$$\therefore\quad \ddot{\theta}+\frac{3g}{2l}\theta=0 \tag{2.59}$$

$$\therefore\quad \omega_n=\sqrt{\frac{3g}{2l}} \tag{2.60}$$

(2)　ばねによる力は $ka\theta$，点 P まわりのモーメントは $ka\theta a=ka^2\theta$ であるので，それを追加して運動方程式は，

$$\frac{1}{3}ml^2\ddot{\theta}=-\frac{1}{2}mgl\theta-ka^2\theta$$

$$=-\left(\frac{1}{2}mgl+ka^2\right)\theta \tag{2.61}$$

$$\ddot{\theta}=-\frac{3}{2ml^2}(mgl+2ka^2)\theta \tag{2.62}$$

$$\therefore \omega_n=\sqrt{\frac{3(mgl+2ka^2)}{2ml^2}}=\frac{1}{l}\sqrt{\frac{3(mgl+2ka^2)}{2m}} \tag{2.63}$$

(3)　同様に減衰器による力は $cx\dot{\theta}$，点 P まわりのモーメントは $cx\dot{\theta}x$ であるので，それを追加して運動方程式は，

$$\frac{1}{3}ml^2\ddot{\theta}=-\frac{1}{2}mgl\theta-ka^2\theta-cx^2\dot{\theta} \tag{2.64}$$

$$2ml^2\ddot{\theta}+6cx^2\dot{\theta}+(3mgl+6ka^2)\theta=0 \tag{2.65}$$

ここで $\theta=\alpha e^{\lambda t}$ とおくと

$$2ml^2\lambda^2+6cx^2\lambda+(3mgl+6ka^2)=0 \tag{2.66}$$

$$\lambda=\frac{-3cx^2\pm\sqrt{9c^2x^4-2ml^2(3mgl+6ka^2)}}{ml^2} \tag{2.67}$$

ここで，振動しない条件は「根号の中が負にならないこと」であるので，

$$9c^2x^4\geq 2ml^2(3mgl+6ka^2) \tag{2.68}$$

$m=10$, $k=10$, $c=30$, $l=1$, $a=0.5$ を代入して

$$8100x^4\geq 20(30g+15) \tag{2.69}$$

$$x^4\geq 0.763 \tag{2.70}$$

$$x\geq 0.935\quad [m] \tag{2.71}$$

【例 2・10】　＊＊＊＊＊＊＊＊＊＊＊＊＊＊＊＊＊＊＊＊＊＊＊＊

減衰振動において，最大変位（振幅）が一周期ごとに 0.8 倍に減少していく減衰振動系がある．この系の対数減衰率，減衰比を求めよ．減衰比については，減衰が小さいと仮定したときの近似式および厳密な式の両方で減衰比を求め，比較せよ．

【解 2・10】

ある時点での振幅を x_n，一周期後の振幅を x_{n+1} とすると，

$$\frac{x_n}{x_{n+1}}=\frac{1}{0.8}=1.25 \tag{2.72}$$

したがって，対数減衰率は

$$\delta=\ln\frac{x_n}{x_{n+1}}=2.303\log 1.25=0.223 \tag{2.73}$$

また，減衰比は近似式 $\delta=2\pi\zeta$ を使うと，

$$\zeta=\frac{\delta}{2\pi}=0.0355 \tag{2.74}$$

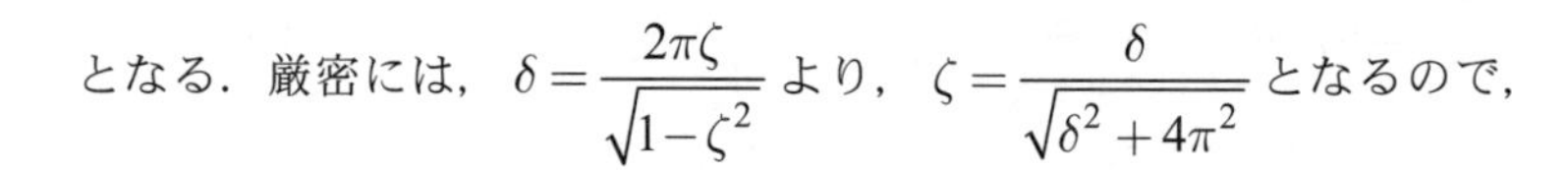

となる．厳密には，$\delta=\dfrac{2\pi\zeta}{\sqrt{1-\zeta^2}}$ より，$\zeta=\dfrac{\delta}{\sqrt{\delta^2+4\pi^2}}$ となるので，

$$\zeta=\frac{0.223}{\sqrt{0.223^2+4\times 3.14^2}}=0.0354 \tag{2.75}$$

となる．両方の値の差は小さいことがわかる．

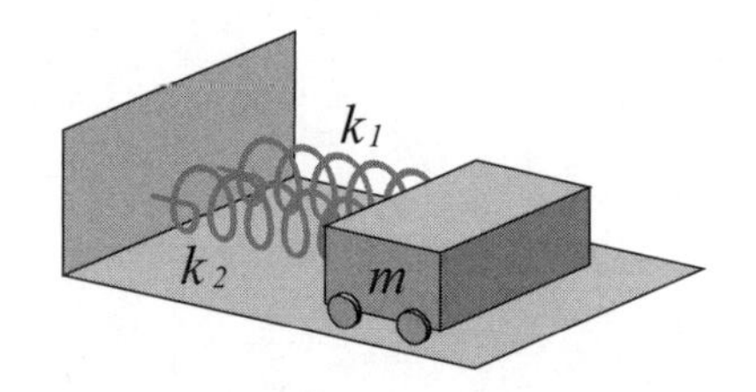

(a)　並列ばね

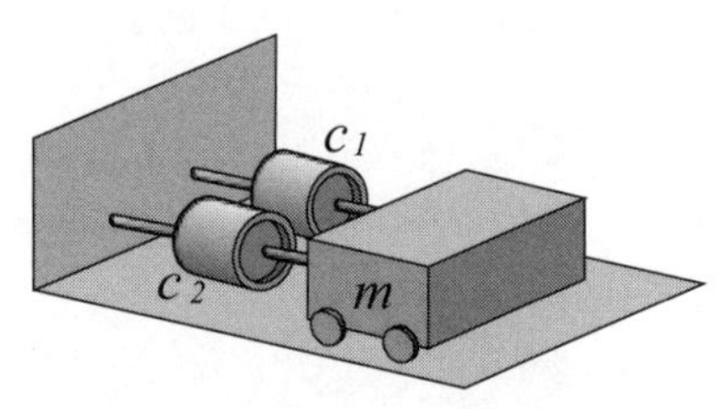

(b)　並列減衰器

図 2.18　並列ばねと並列減衰器

2・3　ばね，減衰器が複数ある場合のばね定数，減衰係数（spring constant and damping coefficient with two or more springs and dampers）

・並列の場合の等価ばね定数(equivalent spring constant)，等価粘性減衰係数(viscous equivalent damping coefficient)

図 2.18 (a)のようにばね定数 k_1 と k_2 の 2 つのばねが並列に取り付けられた場合のばね定数は

$$k=k_1+k_2 \tag{2.76}$$

となる．図 2.18 (b)のように減衰係数 c_1 と c_2 の 2 つの減衰器が並列に取り付けられた場合も同じように

$$c=c_1+c_2 \tag{2.77}$$

となる．

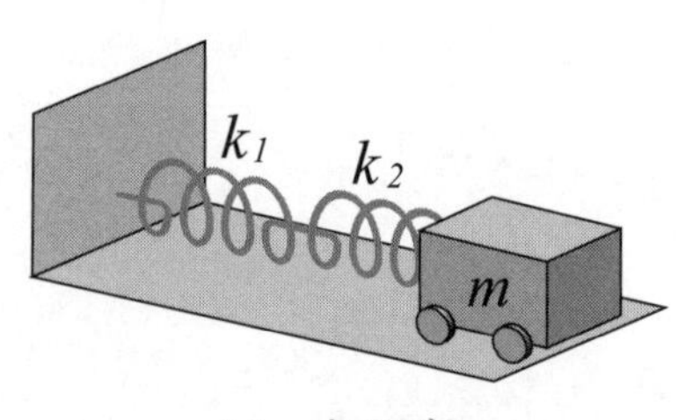

(a)　直列ばね

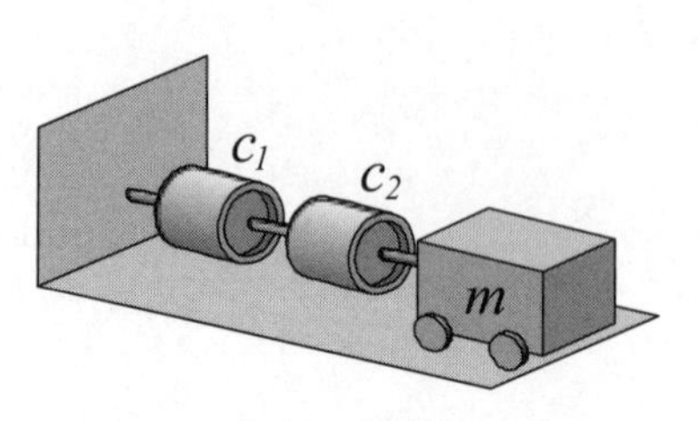

(b)　直列減衰器

図 2.19　直列ばねと直列減衰器

・直列の場合の等価ばね定数(equivalent spring constant)，等価粘性減衰係数(viscous equivalent damping coefficient)

図 2.19 (a)のように 2 つのばねが直列に取り付けられた場合のばね定数は

$$\frac{1}{k}=\frac{1}{k_1}+\frac{1}{k_2} \tag{2.78}$$

となる．

図 2.19(b)の減衰器の場合も同様に

$$\frac{1}{c}=\frac{1}{c_1}+\frac{1}{c_2} \tag{2.79}$$

となる．

【例 2・11】　＊＊＊＊＊＊＊＊＊＊＊＊＊＊＊＊＊＊＊＊＊＊＊

ばね，減衰器が組み合わされた系について，次の問いに答えよ．ここで，可動壁とは，振動方向にだけ自由に動きうる，質量の無視できる壁を意味する．

(1) 図 2.20 のようにばね定数 $k_1 \sim k_5$ のばねが接続された系の等価ばね定数 K を求めよ．

(2) 図2.21のように6個の減衰器が接続された系の等価粘性減衰係数 C を求めよ．

(3) 図2.22のような3個のばねと2個の減衰器が接続された振動系が振動する c の条件を求めよ．また，そのときの減衰固有角振動数を求めよ．

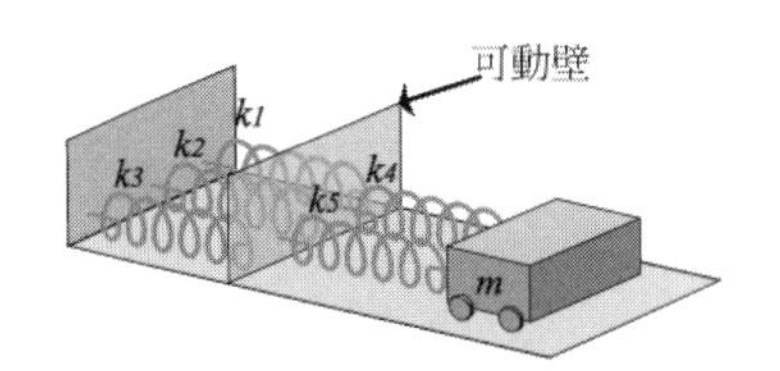

図 2.20　複数のばねの系

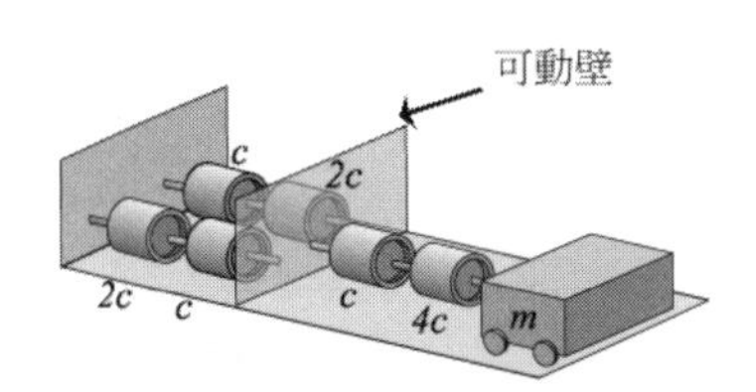

図 2.21　複数の減衰器の系

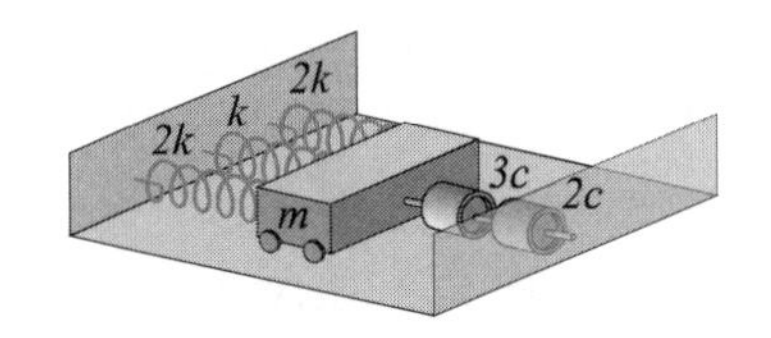

図 2.22　複数のばねと減衰器の系

【解 2・11】

(1) 左側の 3 個のばねの合計のばね定数は $k_1+k_2+k_3$，右側のそれは k_4+k_5 となる．これが直列に接続されているので，この系のばね定数 K は，

$$\frac{1}{K}=\frac{1}{k_1+k_2+k_3}+\frac{1}{k_4+k_5} \tag{2.80}$$

より

$$K=\frac{(k_1+k_2+k_3)(k_4+k_5)}{k_1+k_2+k_3+k_4+k_5} \tag{2.81}$$

となる．

(2) c と $2c$ による粘性減衰係数は $\dfrac{1}{\dfrac{1}{c}+\dfrac{1}{2c}}=\dfrac{2}{3}c$，それが 2 個並列に接されているので左側の粘性減衰係数は $\dfrac{4}{3}c$ となる．右側の c と $4c$ による粘性減衰係数は $\dfrac{1}{\dfrac{1}{c}+\dfrac{1}{4c}}=\dfrac{4}{5}c$ で，

それらが直列に接続されているから，等価粘性減衰係数 C は

$$\frac{1}{C}=\frac{3}{4c}+\frac{5}{4c}=\frac{2}{c} \tag{2.82}$$

したがって

$$C=\frac{c}{2} \tag{2.83}$$

(3) 等価ばね定数は $2k+k+2k=5k$，等価粘性減衰係数は

$\dfrac{1}{\dfrac{1}{3c}+\dfrac{1}{2c}}=\dfrac{6}{5}c$ となる．自由振動の運動方程式は，

$$m\ddot{x}+\frac{6}{5}c\dot{x}+5kx=0 \tag{2.84}$$

であるので，振動する条件は，

$$\left(\frac{6}{5}c\right)^2 - 4m \cdot 5k < 0 \tag{2.85}$$

$$\therefore 9c^2 < 125mk \tag{2.86}$$

$$\therefore c < \frac{5\sqrt{5mk}}{3} \tag{2.87}$$

となる．このとき，減衰固有角振動数は，

$$\omega_d = \frac{\sqrt{4m \cdot 5k - \left(\frac{6}{5}c\right)^2}}{2m} \tag{2.88}$$

$$= \frac{\sqrt{125mk - 9c^2}}{5m} \tag{2.89}$$

で求められる．

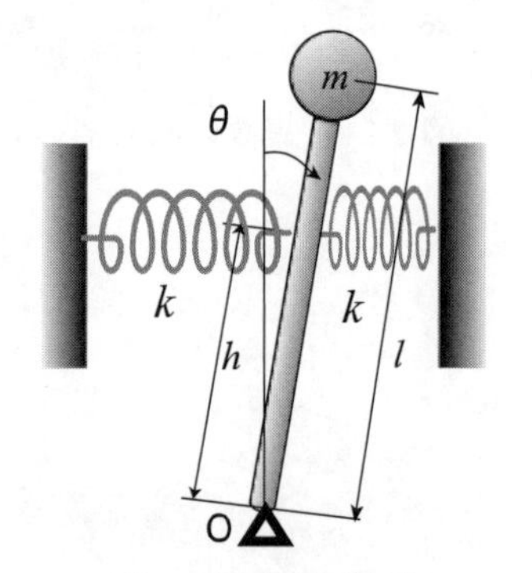

図 2.23　倒立振子

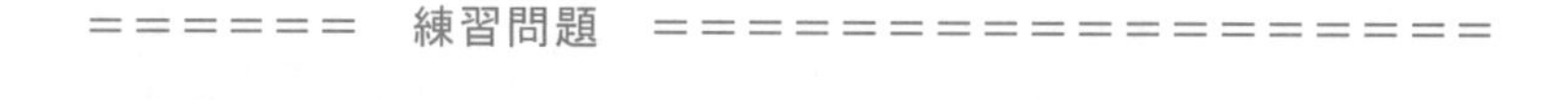

====== 練習問題 ==================

【2・1】　【例 2・1】の実体振り子が長さ l の一様な棒であるとき，振り子の周期を最小にするには，h をいくらにしたらよいか．

【2・2】　【例 2・2】の振動系を鉛直に立て，図 2.23 の倒立振子にする．鉛直面内で自由振動するとき，固有角振動数はいくらになるか．また，振動しない条件も求めよ．傾き角 θ は微小とする．

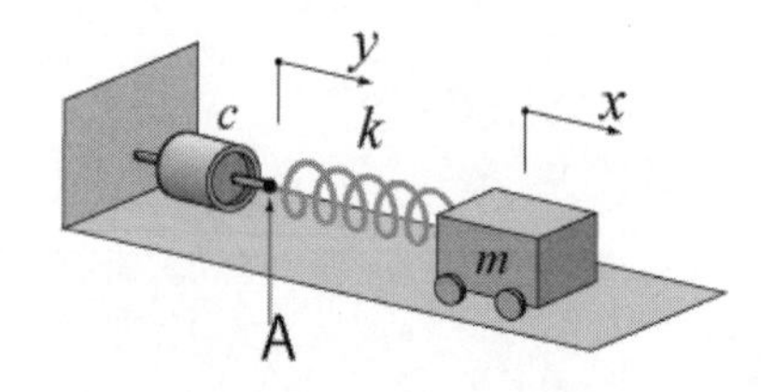

図 2.24　1自由度系の例

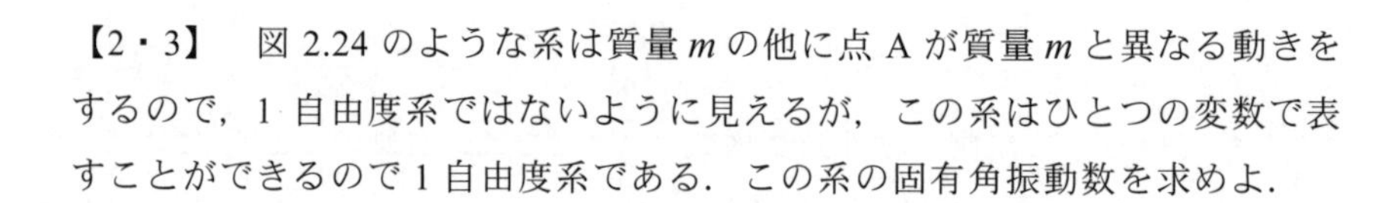

【2・3】　図 2.24 のような系は質量 m の他に点 A が質量 m と異なる動きをするので，1 自由度系ではないように見えるが，この系はひとつの変数で表すことができるので 1 自由度系である．この系の固有角振動数を求めよ．

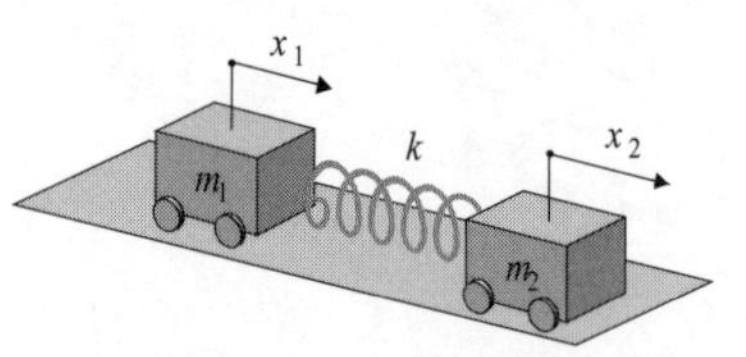

図 2.25　1自由度系の例

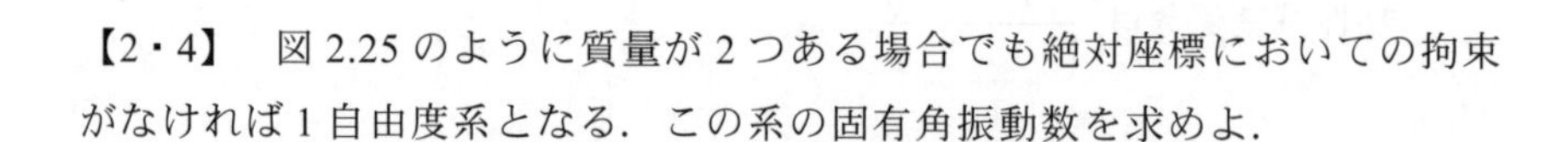

【2・4】　図 2.25 のように質量が 2 つある場合でも絶対座標においての拘束がなければ 1 自由度系となる．この系の固有角振動数を求めよ．

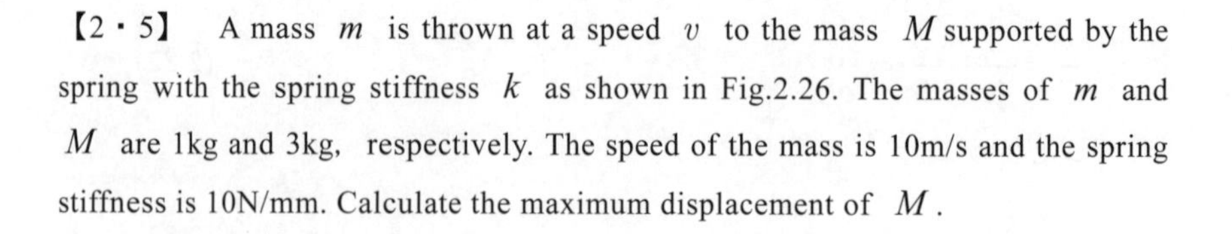

【2・5】　A mass m is thrown at a speed v to the mass M supported by the spring with the spring stiffness k as shown in Fig.2.26. The masses of m and M are 1kg and 3kg, respectively. The speed of the mass is 10m/s and the spring stiffness is 10N/mm. Calculate the maximum displacement of M.

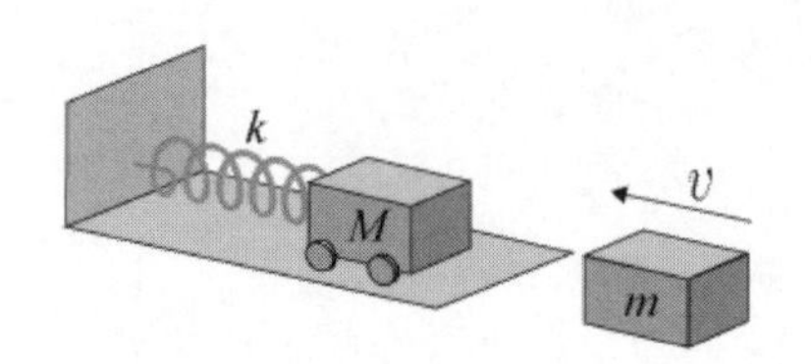

Fig.2.26　Shock absorber

第 3 章

1 自由度系の強制振動

Forced Vibration of System with Single Degree of Freedom

3・1　強制振動と運動方程式（forced vibration and equation of motion）

・強制振動(forced vibration)：変動外力や変動変位による振動系の振動応答

・共振現象(resonance phenomenon)：加振振動数が固有振動数に近づくとき，振動振幅が大きくなる現象

・1 自由度系の強制振動の運動方程式

振動系(図 3.1)：変位 x，質量 m，ばね定数 k，減衰係数 c，変動外力 $f(t)$

$$m\ddot{x} + c\dot{x} + kx = f(t) \tag{3.1}$$

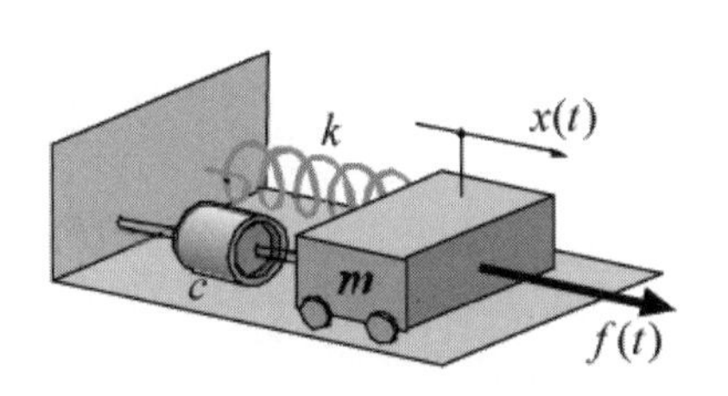

図 3.1　変動外力が作用する 1 自由度の振動系

・変動外力の種類

周期外力(periodic external force)：周期 T を持ち，$f(t+T) = f(t)$ を満たす外力

非周期外力(non-periodic external force)：周期性を持たない外力

・強制振動の運動方程式(微分方程式)の一般解

同次解(homogeneous solution)と，特殊解(particular solution)の和で示される．つまり，式(3.1)の右辺を 0 とおいた同次方程式の解と，右辺の強制振動項 $f(t)$ に対する特殊解の和である．ただし，この解は，微分方程式の変数 $x, \dot{x}, \ddot{x}$ が一次式である線形微分方程式に限る．

・強制振動の応答

変位や速度の初期条件に依存する同次解の応答は，一般に減衰の影響で時間の経過とともに減衰して消滅する．同次解が消滅するまでの，過渡状態での応答を，過渡応答(transient response)という．周期外力が与えられた際，同次解が消滅した後の応答は，特殊解で表され，定常応答(steady-state response)と呼ばれる．

【例 3・1】　＊＊＊＊＊＊＊＊＊＊＊＊＊＊＊＊＊＊＊＊＊＊＊＊＊

図 3.1 に示すように，1 自由度振動系に変動外力 $f(t) = f_0 \cos\omega t$ が作用した場合の運動方程式を導け．なお，ω は加振角振動数で，t は時間である．質量 m の物体には，ばね定数 k のばねと減衰係数 c の減衰器が取り付けられている．

―【例 3・1】のねらい―

振動系を代表的な固有核振動数や減衰比を用いて整理すると，運動方程式の各項に及ぼす諸量の影響が明確になる．あわせて，方程式の解が整理しやすくなる．

次の固有角振動数 ω_n と減衰比 ζ を用い，式を整理せよ．なお，c_c は臨界減衰係数であり，x_s は外力の振幅が静的に作用した際の静的変位を表す．

$$\omega_n = \sqrt{\frac{k}{m}}, \quad \zeta = \frac{c}{c_c}, \quad c_c = 2\sqrt{mk}, \quad x_s = \frac{f_0}{k} \tag{3.2}$$

【解3・1】

(1) 質量 m に作用する力 F は，変動外力，ばねの復元力と減衰力であり，

$$F = f(t) - kx - c\dot{x} \tag{3.3}$$

となる． ニュートンの第二法則 $(F = m\ddot{x})$ に代入すると，

$$f(t) - kx - c\dot{x} = m\ddot{x} \tag{3.4}$$

$$m\ddot{x} + c\dot{x} + kx = f_0 \cos\omega t \tag{3.5}$$

となる．

(2) 上式に式(3.2)を代入すると，

$$\ddot{x} + 2\zeta\omega_n\dot{x} + \omega_n^2 x = x_s\omega_n^2 \cos\omega t \tag{3.6}$$

を得る．

【例3・2】　＊＊＊＊＊＊＊＊＊＊＊＊＊＊＊＊＊＊＊＊＊＊＊＊＊＊

図3.2のように，質量 m の物体，ばね定数 k_1 のばね，ならびに減衰係数 c の減衰器を持つ1自由度振動系の物体にロープを取り付けた．さらに，ロープは，半径 R で慣性モーメント J の滑車を介して，ばね定数 k_2 のばねに連結され，新たな振動系とした．

物体に周期外力 $f(t) = f_0 \cos\omega t$ が作用した場合の，変位 x に関する運動方程式を導け．

$M = m + J/R^2$，$k = k_1 + k_2$ として，つぎの諸量を用いて式を整理せよ．

$$\omega_n = \sqrt{\frac{k}{M}}, \quad \zeta = \frac{c}{c_c}, \quad c_c = 2\sqrt{Mk}, \quad x_s = \frac{f_0}{k} \tag{3.7}$$

ただし，ばねには初期張力を与えることにより，ロープは緩まず，滑車の滑りはないものとする．静的釣合い位置を原点0に選び，変位 x による滑車の回転角を θ とすると，$x = R\theta$ となる．

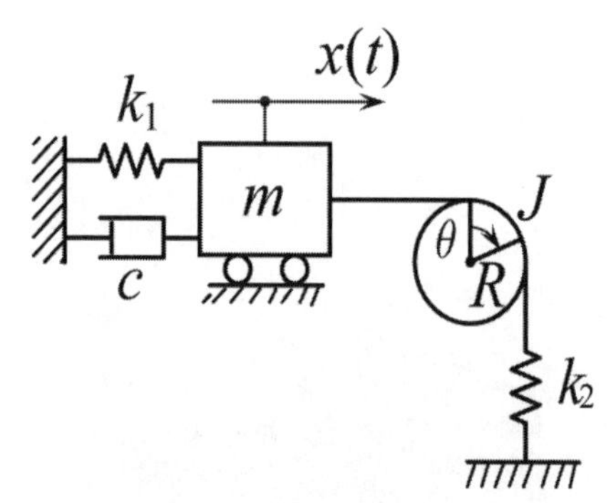

(a)　振動モデル

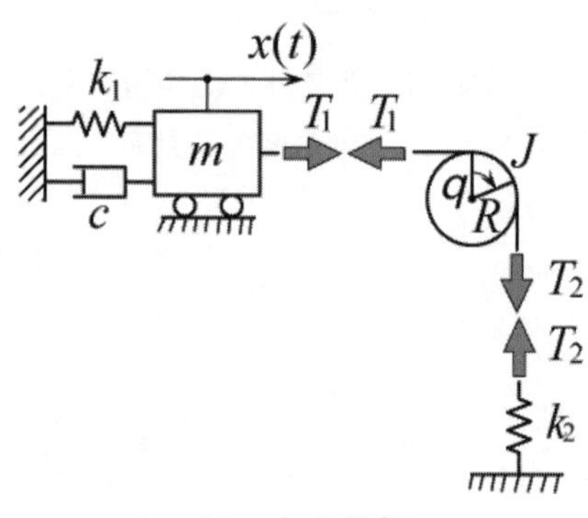

(b)　力の分解

図3.2　変動外力が作用する質量と滑車を含む振動系

－【例3・2】について－

複数の振動系が連結されている問題では，連結部を仮に切断して，切断部での作用と反作用の力に分けて考えよう．

【解3・2】

滑車をまたぐロープの張力をそれぞれ T_1 と T_2 とおく．変位 x が生じた場合の，各要素に作用する力を整理し運動方程式を導く．まず，1自由度振動系，滑車やばねに分離して考えるとつぎの関係が成り立つ．

$$-k_1 x - c\dot{x} + f_0 \cos\omega t + T_1 = m\ddot{x} \tag{3.8}$$

$$(-T_1 + T_2)R = J\frac{\ddot{x}}{R} \tag{3.9}$$

$$-T_2 - k_2 x = 0 \tag{3.10}$$

上式より，次の運動方程式を得る．

$$(m + \frac{J}{R^2})\ddot{x} + c\dot{x} + (k_1 + k_2)x = f_0 \cos\omega t \tag{3.11}$$

上式に式(3.7)を代入すると，

$$\ddot{x} + 2\zeta\omega_n \dot{x} + \omega_n^2 x = x_s \omega_n^2 \cos\omega t \tag{3.12}$$

を得る．

3・2　定常応答と共振特性（steady-state response and characteristics of resonance）

・周期的な力加振を受ける 1 自由度振動系の運動方程式：

$$\ddot{x} + 2\zeta\omega_n \dot{x} + \omega_n^2 x = x_s \omega_n^2 \cos\omega t \tag{3.13}$$

【例 3・3】　＊＊＊＊＊＊＊＊＊＊＊＊＊＊＊＊＊＊＊＊＊＊＊＊＊

(1) 上式で減衰項が十分に小さく，$\zeta \approx 0$ とみなせる場合の定常応答を求めよ．

(2) 加振角振動数 ω が系の固有角振動数 ω_n に対し，以下の状態にある場合の応答の振幅をそれぞれ求めよ．

(a) $\omega = \omega_n / 2$　　(b) $\omega = 0.9\omega_n$　　(c) $\omega = 1.5\omega_n$

【解 3・3】

(1) 減衰比 ζ が十分に小さいので，減衰項を 0 とおくと，運動方程式は，

$$\ddot{x} + \omega_n^2 x = x_s \omega_n^2 \cos\omega t \tag{3.14}$$

となる．運動方程式の左辺には，変位 x とその 2 階微分 $\ddot{x}$ が含まれる．また，周期外力は $\cos\omega t$ を含むため，変位 x は $\cos\omega t$ に同期することが予想される．

そこで，解 x を振幅 C と $\cos\omega t$ で次式のように表現する．

$$x = C\cos\omega t \tag{3.15}$$

とおき，式(3.14)に代入すると，次式が得られる．

$$(-\omega^2 + \omega_n^2)\ C\cos\omega t = x_s \omega_n^2 \cos\omega t \tag{3.16}$$

上式両辺の $\cos\omega t$ の係数を等置して C を求めると，

$$C = \frac{x_s}{1 - \left(\dfrac{\omega}{\omega_n}\right)^2} \tag{3.17}$$

となる．これを式(3.15)に代入すると，定常応答が

$$x = \frac{x_s}{1 - \left(\dfrac{\omega}{\omega_n}\right)^2} \cos\omega t \tag{3.18}$$

のように得られる．

(2) $\omega = \omega_n / 2$ を式(3.17)に代入すると $C = x_s / 0.75 \approx 1.33 x_s$ を得る．

これより，外力の方向と変位の方向が一致する同相(in-phase)の応答となる．$\omega = 0.9\omega_n$ では $C = x_s / 0.19 \approx 5.26x_s$ となり，振幅は急激に増大する．$\omega = \omega_n$ に近づくと，振幅 C は無限大に増大し，共振応答(resonance response)となる．

$\omega = 1.5\omega_n$ の場合には $C = -x_s / 1.25 = -0.8x_s$ と振幅は負となり，外力の方向に対して変位が逆方向となる逆相(anti-phase)の応答が現れる．式(3.18)の定常応答の解は，正の振幅 A と位相角 φ を用いて

$$x = A\cos(\omega t - \varphi) \tag{3.19}$$

のように表せる．ここで，A と φ は次式で示される．

$$A = |C| = \frac{x_s}{\left|1 - \left(\dfrac{\omega}{\omega_n}\right)^2\right|}, \quad \varphi = \begin{cases} 0 & (\omega < \omega_n) \\ \pi & (\omega > \omega_n) \end{cases} \tag{3.20}$$

応答振幅 A を x_s に対する比率 $M_d = A / x_s$ により表す．この M_d を変位に関する振幅倍率(magnification factor of displacement amplitude)という．図 3.3 に，固有角振動数を基準とした加振角振動数の比 ω / ω_n に対して，振幅倍率 M_d と位相角 φ を示す．この関係は周波数応答曲線(frequency response curve)と呼ばれる．

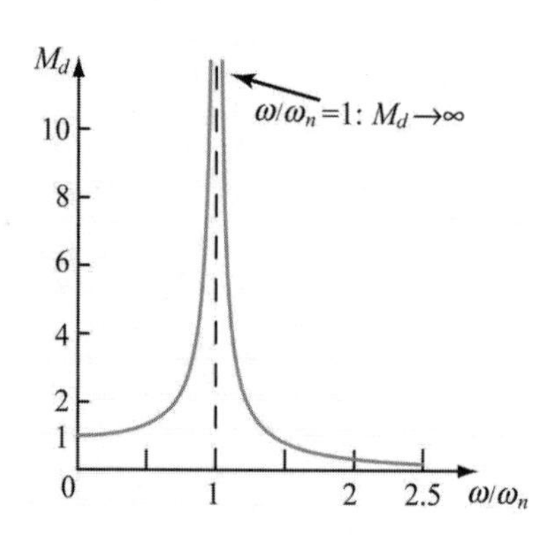

(a)　振幅比

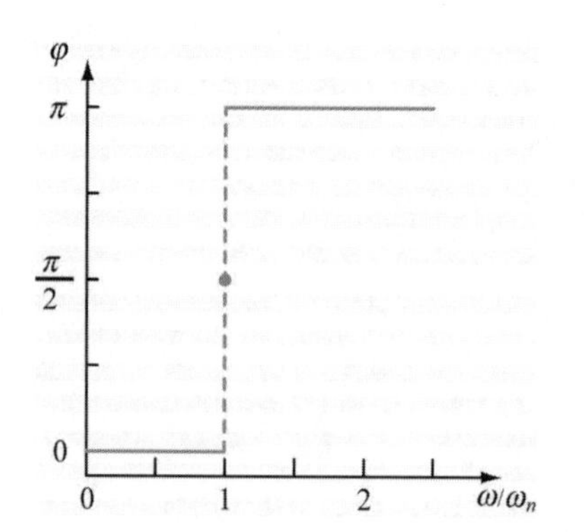

(b)　位相角

図 3.3　周波数応答曲線

(不減衰振動)

【例 3・4】　＊＊＊＊＊＊＊＊＊＊＊＊＊＊＊＊＊＊＊＊＊＊＊＊＊

(1)　減衰を有する 1 自由度ばね－質量系($\zeta > 0$)に，周期外力が作用する際の運動方程式(3.13)に $x = C\cos\omega t$ を代入し，$x = C\cos\omega t$ が定常応答の解となるか否かを調べよ．

(2)　式(3.13)の定常応答の解を，複素表示により求めよ．

【解 3・4】

(1)　解を $x = C\cos\omega t$ とおき式(3.13)に代入すると，次式が得られる．

$$(-\omega^2 + \omega_n^2)C\cos\omega t - 2\zeta\omega\omega_n C\sin\omega t = x_s\omega_n^2\cos\omega t \tag{3.21}$$

上式は，$\cos\omega t$ の項だけではなく $\sin\omega t$ の項をも含む．そのため，定数 C を時間 t に関係なく定めることはできない．つまり，$x = C\cos\omega t$ は式(3.13)の解として不十分である．

そのため，この場合の解は，

$$x = C\cos\omega t + S\sin\omega t \tag{3.22}$$

とおくことが必要である．また，次に示すように，複素表示の解を用いる方法もある．

(2)　式(3.13)の右辺は，複素数 $x_s\omega_n^2 e^{i\omega t}$ の実部である．そこで，式(3.13)において変位 x を複素変数 x^* に，変動外力項を $x_s\omega_n^2 e^{i\omega t}$ に置き換えて，次式を得る．

$$\ddot{x}^* + 2\zeta\omega_n\dot{x}^* + \omega_n^2 x^* = x_s\omega_n^2 e^{i\omega t} \tag{3.23}$$

上式の複素解 x^* を求め，その実部を取ることで，式(3.13)の定常応答の解 x が得られる．複素解 x^* を

$$x^* = A^* e^{i\omega t} \tag{3.24}$$

のように仮定する．ここで，i は虚数単位 ($i^2 = -1$) を示す．A^* は未知の複素振幅であり，x の振幅と位相角の情報をともに含む．式(3.24)を上式に代入し，両辺を ω_n^2 で除すると，

$$A^* \left\{ 1 - \left(\frac{\omega}{\omega_n} \right)^2 + i2\zeta \frac{\omega}{\omega_n} \right\} e^{i\omega t} = x_s e^{i\omega t} \tag{3.25}$$

となる．上式左辺の括弧内の複素数を，実数 B と位相角 φ を用いて極表示すると，

$$A^* B e^{i\varphi} e^{i\omega t} = x_s e^{i\omega t} \tag{3.26}$$

となる．ここで，B，φ は次式で与えられる．

$$B = \sqrt{\left\{ 1 - \left(\frac{\omega}{\omega_n} \right)^2 \right\}^2 + \left(2\zeta \frac{\omega}{\omega_n} \right)^2} \tag{3.27}$$

$$\cos\varphi = \frac{1 - (\omega / \omega_n)^2}{B} \quad , \quad \sin\varphi = \frac{2\zeta\omega / \omega_n}{B} \tag{3.28}$$

式(3.26)より，$A^* = (x_s / B) e^{-i\varphi}$ となる．これを式(3.24)に代入すると，

$$x^* = \frac{x_s}{B} e^{i(\omega t - \varphi)} \tag{3.29}$$

となる．上式の実部を取ることで，定常応答の変位 x が

$$x = A\cos(\omega t - \varphi) \quad , \quad A = \frac{x_s}{B} \tag{3.30}$$

と得られる．ただし，位相角 φ は式(3.28)で示される．図 3.4 に，振幅倍率 $M_d = A / x_s$ と位相角 φ についての周波数応答曲線を示す．

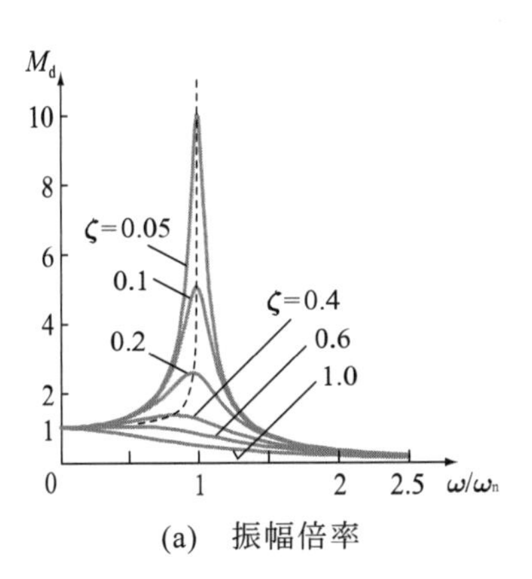

(a)　振幅倍率

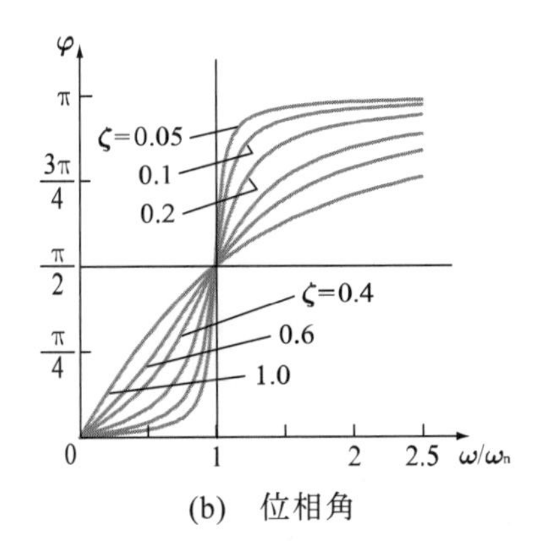

(b)　位相角

図 3.4　変位の周波数応答曲線

【例 3・5】　＊＊＊＊＊＊＊＊＊＊＊＊＊＊＊＊＊＊＊＊＊＊＊＊＊

(1)　式(3.30)で示される変位応答 x において，$\omega = \omega_n$ における振幅 A は x_s の何倍になるか求めよ．なお，$\zeta = 0.03$ とする．

(2)　式(3.30)の振幅 A は，減衰比 ζ が小さい範囲 ($\zeta \ll 1$) では，一般に $\omega / \omega_n \approx 1$ 近傍で極大値を示す．A は，その分母が極小となると，極大値を示す．その際の ω / ω_n を求めよ．

【解 3・5】

(1)　式(3.27)を使って，$\dfrac{A}{x_s} = \dfrac{1}{2\zeta} \approx 16.7$

(2)　$\omega / \omega_n = \eta$ とおいて，A の分母は $B = \sqrt{\left(1 - \eta^2\right)^2 + (2\zeta\eta)^2}$ とおく．B が，最小となる条件は，$dB / d\eta = 0$ である．つまり，

$$\frac{dB}{d\eta} = \frac{-2\eta\left(1 - 2\zeta^2 - \eta^2\right)}{B} = 0$$

$$\eta = \frac{\omega}{\omega_n} = \pm\sqrt{1-2\zeta^2} \text{ または } \eta = \frac{\omega}{\omega_n} = 0$$

これより，$\omega/\omega_n = \sqrt{1-2\zeta^2}$ で，振幅 A は最大値を示す．なお，$\omega = 0$ では極値を示すが $\zeta \ll 1$ では最大値をとらない．

3・3　強制振動における仕事（work in forced vibration）

・強制振動における仕事の授受

式(3.13)に対応する，力の単位を有する運動方程式：

$$m\{x_s\omega_n^2 \cos\omega t - (\ddot{x} + 2\zeta\omega_n\dot{x} + \omega_n^2 x)\} = 0 \tag{3.31}$$

質量の変位が $x = x_0$ から $x = x_1$ まで変化した際の仕事：

$$\int_{x_0}^{x_1} m\{x_s\omega_n^2 \cos\omega t - (\ddot{x} + 2\zeta\omega_n\dot{x} + \omega_n^2 x)\}dx = 0 \tag{3.32}$$

$t = t_0$ で $x = x_0$，$\dot{x} = \dot{x}\big|_{t=t_0}$，$t = t_1$ で $x = x_1$，$\dot{x} = \dot{x}\big|_{t=t_1}$ として，変位に関する積分を時間積分に置き換えると，$dx = (dx/dt)dt$ より，

$$\int_{t_0}^{t_1} m\{x_s\omega_n^2 \cos\omega t - (\ddot{x} + 2\zeta\omega_n\dot{x} + \omega_n^2 x)\}\dot{x}dt = 0 \tag{3.33}$$

となる．定常応答の解は，式(3.30)で示されている．解は周期 $T = 2\pi/\omega$ を持つため，$t_0 = 0$, $t_1 = 2\pi/\omega$ として上式の積分を実行してみる．これより，一周期内での，それぞれの力に応じた仕事の授受が明らかにできる．上式と式(3.30)より，以下の関係が得られる．

・周期外力の仕事(work in periodic external force)

$$\int_0^{2\pi/\omega} m x_s\omega_n^2 \cos\omega t\,\dot{x}dt = \frac{m x_s^2\omega_n^2\pi}{B}\sin\varphi \tag{3.34}$$

ただし，B と位相角 φ はそれぞれ式(3.27)と式(3.28)で与えられる．

・慣性力の仕事(work in inertial force)

$$\int_0^{2\pi/\omega} -m\ddot{x}\dot{x}dt = 0 \tag{3.35}$$

・減衰力の仕事(work in damping force)

$$\int_0^{2\pi/\omega} -2\zeta m\omega_n\dot{x}^2 dt = -\frac{m x_s^2\omega_n^2\pi}{B}\sin\varphi \tag{3.36}$$

・復元力の仕事 (work in restoring force)

$$\int_0^{2\pi/\omega} -m\omega_n^2 x\dot{x}dt = 0 \tag{3.37}$$

慣性力と復元力の仕事は，一周期の間では 0 となる．一方，周期外力の仕事は減衰力の仕事として消費され，全体のエネルギーの収支が 0 となることがわかる．

【例 3・6】 ＊＊＊＊＊＊＊＊＊＊＊＊＊＊＊＊＊＊＊＊＊＊＊＊＊

減衰が作用する強制振動系において，加振角振動数 ω が固有角振動数 ω_n と等しい場合，減衰比 ζ の大きさが増加すると，周期外力による仕事は増加もしくは減少するか調べよ．

【解 3・6】

式(3.27)，式(3.28)と式(3.34)にて，$\omega=\omega_n$ を代入すると，周期外力による仕事は $mx_s^2\omega_n^2\pi/2\zeta$ となる．これより，減衰比 ζ が増加すると，外力による仕事は減少する．

3・4 振動の伝達（transmission of vibration）

・基礎が揺れる機械や，凹凸のある路面を走行する車両などには，周期的な変位(periodic displacement)による強制振動が発生する．

・減衰を有する 1 自由度ばね－質量系のばねと減衰器に周期的な強制変位 $x_0=x_d\cos\omega t$ が作用する（図 3.5）場合の運動方程式：

$$m\ddot{x}+c\dot{x}+kx=kx_0+c\dot{x}_0 \tag{3.38}$$

・上式の解は，式(3.27)の B を用いて次式で与えられる．

$$x=M_t x_d\cos(\omega t-\varphi),\quad M_t=\frac{\sqrt{1+\left(2\zeta\dfrac{\omega}{\omega_n}\right)^2}}{B} \tag{3.39}$$

$$\cos\varphi=\frac{1-(\omega/\omega_n)^2+(2\zeta\omega/\omega_n)^2}{\sqrt{1+\left(2\zeta\dfrac{\omega}{\omega_n}\right)^2}B},$$

$$\sin\varphi=\frac{2\zeta(\omega/\omega_n)^3}{\sqrt{1+\left(2\zeta\dfrac{\omega}{\omega_n}\right)^2}B} \tag{3.40}$$

・上式の M_t は，強制変位加振の振幅 x_d に対する，変位応答の振幅 x の比率を示し，変位の伝達率(transmissibility)と呼ばれる．

変位の伝達率 M_t および位相角 φ を加振角振動数と固有角振動数の比 ω/ω_n に対して，図 3.6 に示す．なお，**【例 3・8】**を参照．

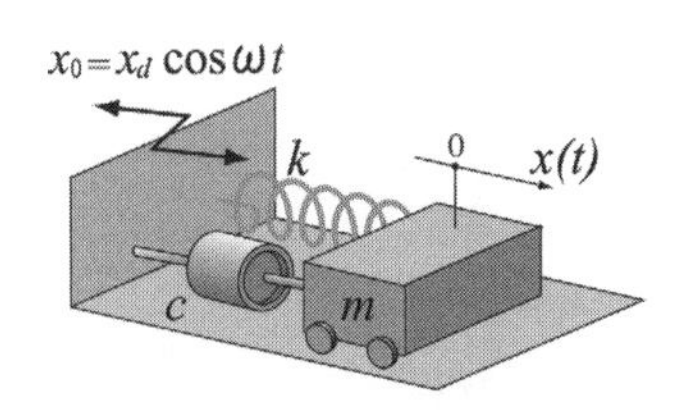

図 3.5 強制変位振動系

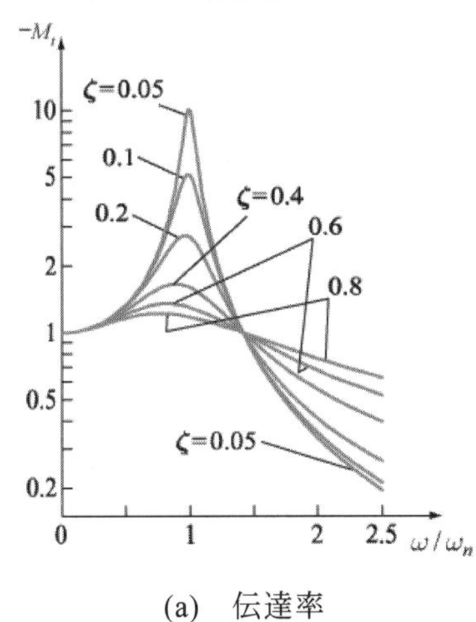

(a) 伝達率

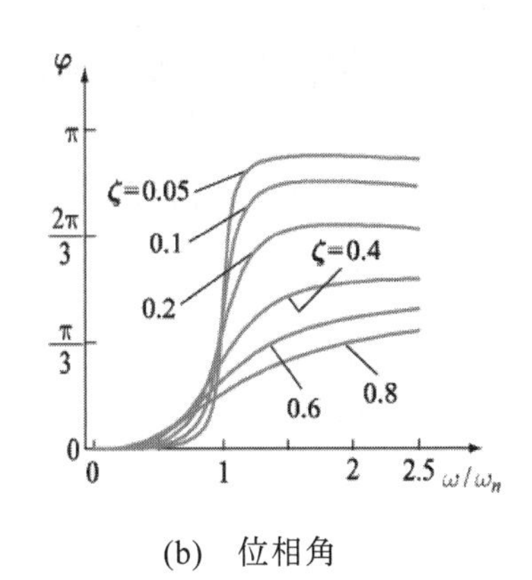

(b) 位相角

図 3.6 変位の伝達率

【例 3・7】 ＊＊＊＊＊＊＊＊＊＊＊＊＊＊＊＊＊＊＊＊＊＊＊＊＊

(1) 図 3.1 に示した振動系において，質量に周期外力 $f(t)=f_0\cos\omega t$ が作用した際，ばねと減衰器が基部（図の壁）に加える力の大きさ f_w を，式(3.30)を用いて求め，以下の諸量を用いて整理せよ

$$\omega_n=\sqrt{\frac{k}{m}},\quad \zeta=\frac{c}{c_c},\quad c_c=2\sqrt{mk},\quad x_s=\frac{f_0}{k} \tag{3.41}$$

(2) 周期外力の振幅に対する，ばねと減衰器が壁を押す力の比率 M_t（力

の伝達率）を求めよ．振動数が $\omega/\omega_n=\sqrt{2}$ の関係を持つとき，力の伝達率を求めよ．

【解 3・7】

(1) ばねと減衰器が基部に加える力は，変位 x と速度 $\dot{x}$ に比例し，$f_w=kx+c\dot{x}$ となる．強制振動における変位の定常解式(3.30)を f_w に代入すると次式を得る．

$$f_w=kx+c\dot{x}=kA\cos(\omega t-\varphi)-cA\omega\sin(\omega t-\varphi) \tag{3.42}$$

上式で振幅 A，位相角 φ は次式で与えられる．

$$A=\frac{x_s}{B},\quad \cos\varphi=\frac{1-(\omega/\omega_n)^2}{B},\quad \sin\varphi=\frac{2\zeta\omega/\omega_n}{B} \tag{3.43}$$

式(3.42)を整理すると次式となる．

$$f_w=M_t f_0\cos(\omega t-\varphi+\theta),\quad M_t=\frac{\sqrt{1+\left(2\zeta\dfrac{\omega}{\omega_n}\right)^2}}{B} \tag{3.44}$$

上式で，位相角 θ は次式で得られる．

$$\cos\theta=\frac{1}{\sqrt{1+\left(2\zeta\dfrac{\omega}{\omega_n}\right)^2}},\quad \sin\theta=\frac{2\zeta\omega/\omega_n}{\sqrt{1+\left(2\zeta\dfrac{\omega}{\omega_n}\right)^2}} \tag{3.45}$$

式(3.44)での M_t は周期外力の振幅 f_0 に対する，ばねと減衰器が壁を押す力 f_w の比率，すなわち，力の伝達率となる．式(3.39)と式(3.44)を比較すると，力の伝達率は，変位の伝達率と同じ式で表せる．

(2) 式(3.44)の M_t の式に，$\omega/\omega_n=\sqrt{2}$ を代入すると次式を得る．

$$M_t=\frac{\sqrt{1+(2\zeta\sqrt{2})^2}}{\sqrt{\left\{1-(\sqrt{2})^2\right\}^2+(2\zeta\sqrt{2})^2}}=1 \tag{3.46}$$

つまり，振動数 $\omega/\omega_n=\sqrt{2}$ の場合，伝達率 M_t は減衰比 ζ の値に関係なく 1 となる．

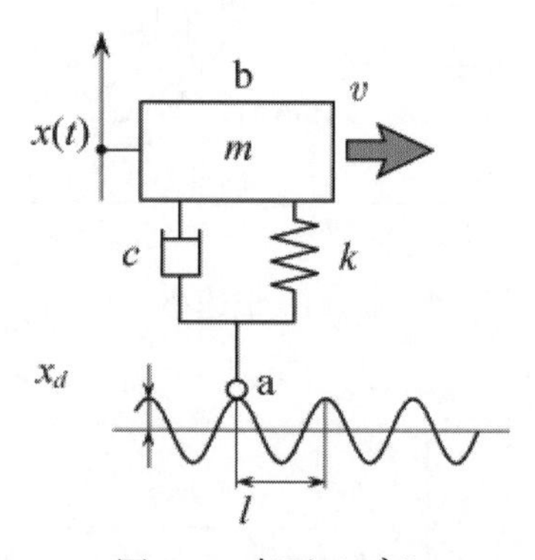

図 3.7　車両モデル

【例 3・8】 ＊＊＊＊＊＊＊＊＊＊＊＊＊＊＊＊＊＊＊＊＊＊＊＊＊

(1) 凹凸のある路面を走行する自動車の上下運動の挙動は，図 3.7 に示す振動モデルで示される．路面が正弦波状の凹凸を持つものとし，タイヤ(点 a)が受ける変動変位 x_0 を示せ．ただし，車両は速度 v で走行し，路面の振幅は x_d で，凹凸の周期長さは l とする．なお，タイヤは $t=0$ で，路面の最高部にあるものとする．この場合の運動方程式を導け．

(2) タイヤ部と車体との相対変位を $x_r=x-x_0$ とし，運動方程式を書き換えよ．さらに，以下の諸量を用いて式を整理せよ．

$$\omega_n=\sqrt{\frac{k}{m}},\quad \zeta=\frac{c}{c_c},\quad c_c=2\sqrt{mk} \tag{3.47}$$

(3) 相対変位 $x_r=x-x_0$ の定常応答の解を複素表示により求めよ．さらに，質量の変位 x の応答を求めよ．

【解3・8】

(1) タイヤが凹凸の1波長を走行する周期Tは$T = l / v$となり，これより，

$$x_0 = x_d \cos\frac{2\pi}{T}t = x_d \cos\omega t \tag{3.48}$$

ただし，$\omega = 2\pi / T = 2\pi v / l$とおいてある．

(2) タイヤ部と車体の相対変位は$x_r = x - x_0$であるから，ばねの復元力は$-k(x - x_0)$，また減衰力は$-c(\dot{x} - \dot{x}_0)$となる．よって質量mの車体に作用する力Fは，

$$F = -k(x - x_0) - c(\dot{x} - \dot{x}_0) \tag{3.49}$$

となる．

ニュートンの第二法則$(F = m\ddot{x})$に代入して整理すると，次式を得る．

$$m\ddot{x} + c\dot{x} + kx = kx_0 + c\dot{x}_0 \tag{3.50}$$

$x = x_r + x_0$を式(3.50)に代入すると，

$$m\ddot{x}_r + c\dot{x}_r + kx_r + m\ddot{x}_0 + c\dot{x}_0 + kx_0 = kx_0 + c\dot{x}_0 \tag{3.51}$$

より，式(3.48)を代入して

$$m\ddot{x}_r + c\dot{x}_r + kx_r = mx_d\omega^2 \cos\omega t \tag{3.52}$$

となる．さらに，式(3.47)を用いて上式を整理すると，次式を得る．

$$\ddot{x}_r + 2\zeta\omega_n\dot{x}_r + \omega_n^2 x_r = x_d\omega^2 \cos\omega t \tag{3.53}$$

(3) **【例 3.4】**と同様の手順でx_rの解を求める．式(3.53)の相対変位x_rを複素数x_r^*に，周期変位による非同次項を$x_d\omega^2 e^{i\omega t}$に置き換えると

$$\ddot{x}_r^* + 2\zeta\omega_n\dot{x}_r^* + \omega_n^2 x_r^* = x_d\omega^2 e^{i\omega t} \tag{3.54}$$

となる．複素解x_r^*を$x_r^* = A_r^* e^{i\omega t}$とおき，式(3.54)に代入し整理すると，次の関係を得る．

$$A_r^* B_r^* e^{i\omega t} = x_d(\omega / \omega_n)^2 e^{i\omega t}$$

$$B_r^* = \left\{1 - \left(\frac{\omega}{\omega_n}\right)^2 + i2\zeta\frac{\omega}{\omega_n}\right\} = Be^{i\varphi_r},$$

$$B = \sqrt{\left\{1 - \left(\frac{\omega}{\omega_n}\right)^2\right\}^2 + \left(2\zeta\frac{\omega}{\omega_n}\right)^2}, \tag{3.55}$$

$$\cos\varphi_r = \frac{1 - (\omega / \omega_n)^2}{B}, \quad \sin\varphi_r = \frac{2\zeta\omega / \omega_n}{B}$$

上式よりA_r^*を求め，x_r^*は

$$x_r^* = \frac{x_d(\omega / \omega_n)^2}{B} e^{i(\omega t - \varphi_r)} \tag{3.56}$$

となる．上式の実部を取ることにより，相対変位x_rが

$$x_r = A_r \cos(\omega t - \varphi_r), \quad A_r = \frac{x_d(\omega/\omega_n)^2}{B} \tag{3.57}$$

と得られる，ただし，相対変位の位相角 φ_r は式(3.55)で示される．車体の変位 x は，次のようになる．

$$\begin{aligned} x &= x_r + x_0 \\ &= A_r \cos(\omega t - \varphi_r) + x_d \cos \omega t \\ &= A \cos(\omega t - \varphi) \end{aligned} \tag{3.58}$$

ここで，変位の振幅 A と位相角 φ は式(3.39)から式(3.40)と同様に，以下に示される．

$$\begin{aligned} A &= \sqrt{(A_r \cos\varphi_r + x_d)^2 + (A_r \sin\varphi_r)^2} \\ &= \frac{x_d \sqrt{1 + \left(2\zeta \dfrac{\omega}{\omega_n}\right)^2}}{B} \end{aligned} \tag{3.59}$$

$$\begin{aligned} \cos\varphi &= \frac{A_r \cos\varphi_r + x_d}{A} \\ &= \frac{1 - (\omega/\omega_n)^2 + (2\zeta\omega/\omega_n)^2}{\sqrt{1 + \left(2\zeta \dfrac{\omega}{\omega_n}\right)^2} B} \end{aligned} \tag{3.60}$$

$$\begin{aligned} \sin\varphi &= \frac{A_r \sin\varphi_r}{A} \\ &= \frac{2\zeta(\omega/\omega_n)^3}{\sqrt{1 + \left(2\zeta \dfrac{\omega}{\omega_n}\right)^2} B} \end{aligned} \tag{3.61}$$

3・5　過渡応答（transient response）

・振動系に衝撃的な外力が加わると，過渡的な応答が現れる．この過渡応答(transient response)は，時間とともに減衰するが，一時的に大振幅となる場合があり，注意が必要である．

・代表的な過渡応答

図 3.1 の減衰を有する 1 自由度のばね－質量系に，衝撃的な外力 $f(t) = f_0 \overline{f}(t)$ が作用した際の運動方程式(f_0 は代表振幅を示す)は

$$\ddot{x} + 2\zeta\omega_n \dot{x} + \omega_n^2 x = x_s \omega_n^2 \overline{f}(t) \tag{3.62}$$

となる．ただし，次の記号を用いている．

$$\omega_n = \sqrt{\frac{k}{m}}, \quad \zeta = \frac{c}{c_c}, \quad c_c = 2\sqrt{mk}, \quad x_s = \frac{f_0}{k} \tag{3.63}$$

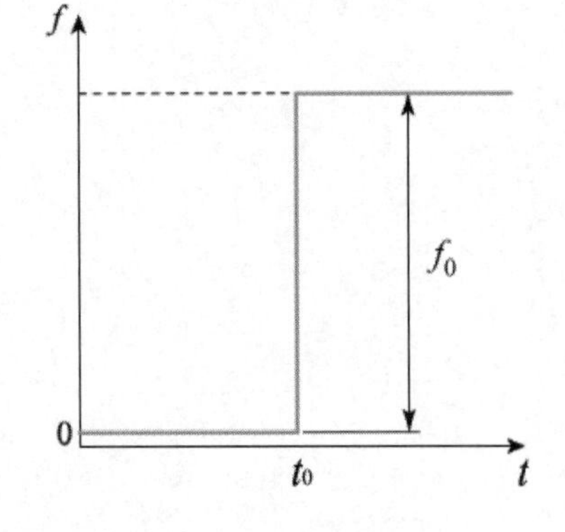

図 3.8　ステップ外力

・ステップ外力による応答(step response)

ステップ外力：図 3.8 に示すように，時刻 t_0 までは外力が 0，時刻 t_0 以降外力が一定値 f_0 となる外力であり，次式で示される．

$$f(t) = f_0 H(t - t_0) \tag{3.64}$$

ここで，$H(t-t_0)$ は次式で示される単位ステップ関数(unit step function)である．

$$H(t-t_0)=\begin{cases}0 & (t<t_0)\\ 1 & (t>t_0)\end{cases} \tag{3.65}$$

ステップ外力に対する応答：静的平衡位置 $x=0$ にある質量に，時刻 $t=0$ より一定力 $f(t)=f_0H(t)$ が作用すると，応答は，減衰比 ζ が小さい $(\zeta<1)$ 場合に，$t>0$ の領域において，

$$x=x_s\left\{1-\frac{1}{\sqrt{1-\zeta^2}}e^{-\zeta\omega_n t}\cos(\omega_d t-\varphi)\right\} \tag{3.66}$$

となる．ただし，

$$\cos\varphi=\sqrt{1-\zeta^2},\qquad \sin\varphi=\zeta,\qquad \omega_d=\sqrt{1-\zeta^2}\,\omega_n \tag{3.67}$$

の関係を満たす．この応答を図 3.9 に示す．

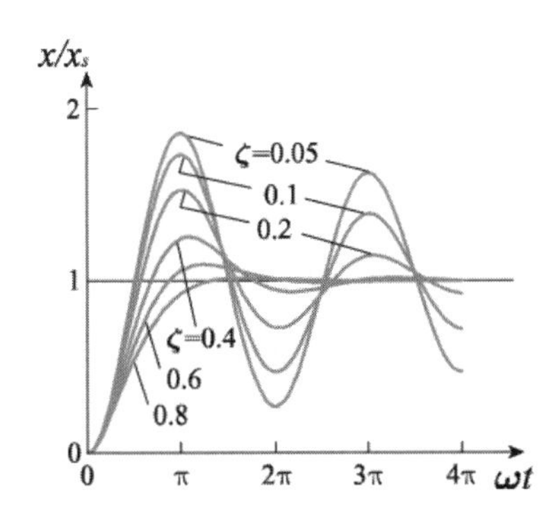

図 3.9　ステップ外力による応答

・衝撃力による応答(response subjected to impulsive force)

衝撃力：図 3.10 に示すように，時刻 $t=0$ に一定力 f_0 が作用し，Δt で消滅する場合の力 $f(t)$ は，2 つのステップ外力の差として，

$$f(t)=f_0\{H(t)-H(t-\Delta t)\} \tag{3.68}$$

と表せる．Δt を微小時間とすると，上式は衝撃力となる．

衝撃力による応答：衝撃力による応答は，$t>0$ の領域において，次のようになる．

$$x=\frac{I}{m\omega_d}e^{-\zeta\omega_n t}\sin\omega_d t \tag{3.69}$$

なお，上式で I は衝撃力 f_0 と微小時間 Δt との積であり，力積(impulse)と呼ばれる．上式の応答は，初期条件として $t=0$ において $x=0$ と，$\dot{x}=I/m$ とした自由振動の解に対応する．力積 I が単位量である場合の応答を単位インパルス応答(unit impulse response)と呼ぶ．衝撃力による応答を図 3.11 に示す．

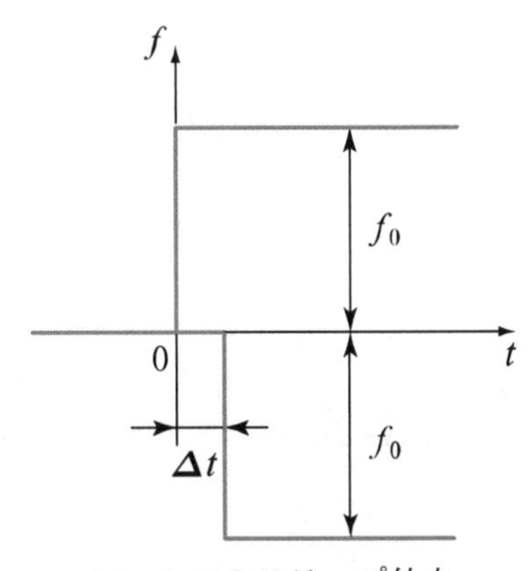

(a)　2 つのステップ外力

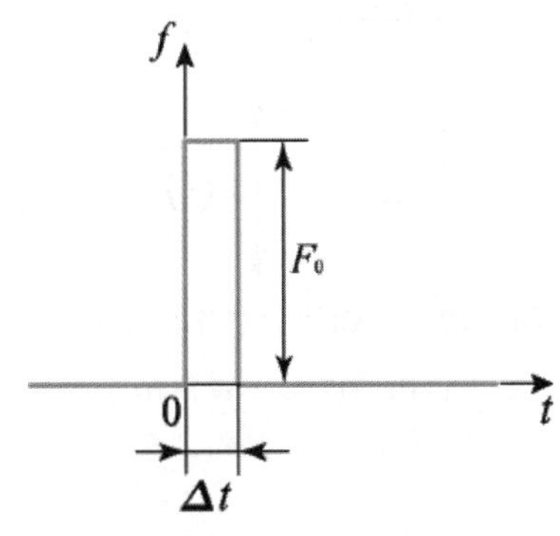

(b)　合成された衝撃力

図 3.10　衝撃力

・過渡応答の解析法

(1)　同次解と特殊解の和に初期条件を考慮する

(2)　フーリエ変換を用いる

(3)　ラプラス変換を用いる

(4)　定数変化法を用いる

以下の例題では，(1)による解析法を示す．

【例 3・9】　

As shown in Fig 3.1, the mass of the vibration system is suddenly subjected to a step force f_0 at the time $t=0$. Following Eq.(3.62), when the damping ratio ζ is smaller than 1, determine the step response of the mass under the initial condition $x=0$ and $\dot{x}=0$ at $t=0$.

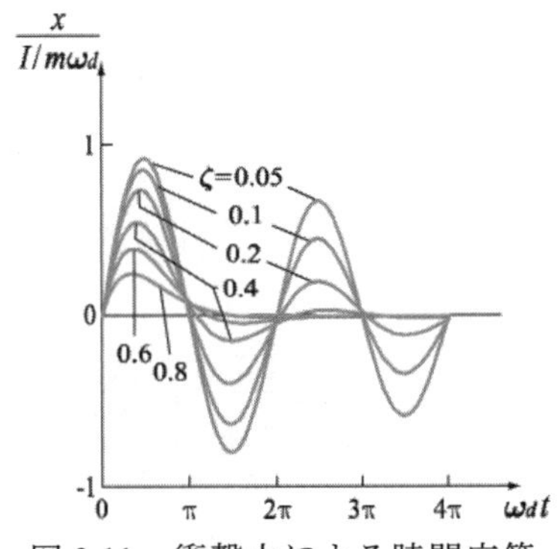

図 3.11　衝撃力による時間応答

【解 3・9】

Substituting the step function $H(t)$ in the function $\bar{f}(t)$ of Eq.(3.62), the equation of motion is obtained as follows.

$$\ddot{x}+2\zeta\omega_n\dot{x}+\omega_n^2 x=x_s\omega_n^2 H(t) \tag{3.70}$$

The particular solution x_p of Eq.(3.70) can be assumed as, after the time $t=0$

$$x_p=x_s \tag{3.71}$$

The homogeneous solution x_h of Eq.(3.70), corresponding to a free vibration, is shown as

$$x_h=e^{-\zeta\omega_n t}(C\cos\omega_d t+S\sin\omega_d t),\qquad \omega_d=\sqrt{1-\zeta^2}\,\omega_n \tag{3.72}$$

where symbols C and S are unknown constants. Thus, the response after $t=0$ is expressed as follows.

$$x=e^{-\zeta\omega_n t}(C\cos\omega_d t+S\sin\omega_d t)+x_s \tag{3.73}$$

The constants C and S are determined with the initial condition, i.e., $x=0,\dot{x}=0$ at $t=0$.

$$C=-x_s,\quad S=-x_s\zeta/\sqrt{1-\zeta^2} \tag{3.74}$$

Thus, the step response of the mass is expressed as follows.

$$x=x_s\left\{1-\frac{1}{\sqrt{1-\zeta^2}}e^{-\zeta\omega_n t}\cos(\omega_d t-\varphi)\right\} \tag{3.75}$$

$$\cos\varphi=\sqrt{1-\zeta^2},\qquad \sin\varphi=\zeta \tag{3.76}$$

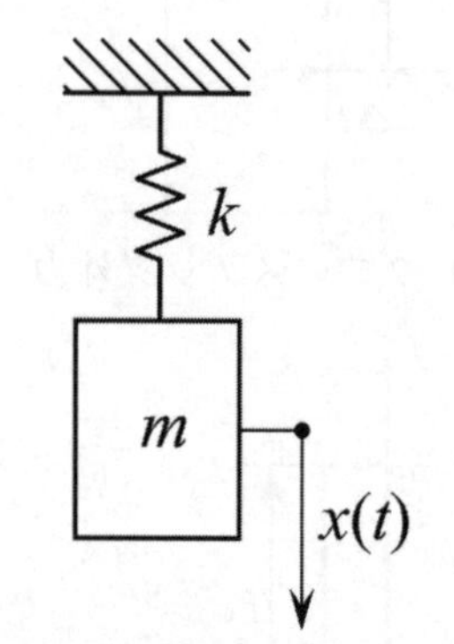

図 3.12　変動外力が作用する
1自由度ばね - 質量系

【例 3・10】　＊＊＊＊＊＊＊＊＊＊＊＊＊＊＊＊＊＊＊＊＊＊＊＊＊

図 3.12 のように，質量 m の物体が，ばね定数 k のばねでつり下げられて静止状態にある．静止状態の物体に原点を定め，変位を x とする．

(1) 系の固有周期 T を求めよ．

(2) 時刻 $t=0$ で，物体にステップ外力 f_0 が作用する場合の応答 x_1 を求めよ．なお，系には減衰が存在しないものとする．

(3) 時刻 $t=0$ から物体に作用したステップ外力 f_0 が，時刻 $t=T$ で消滅したものとする．この場合の物体の応答 x は，時刻 $t=0$ から一定力 f_0 が物体に作用した際のステップ応答 x_1 と，時刻 $t=T$ から逆方向の一定力 $-f_0$ が作用した際のステップ応答 x_2 の重ね合わせにより求めることができる．x_1，x_2 の時間応答と，それらを重ね合わせた $x=x_1+x_2$ の応答を図示せよ．

【解 3・10】

(1) 系の固有周期は $T=2\pi/\omega_n=2\pi\sqrt{m/k}$ となる．

(2) ステップ外力 f_0 による物体の応答は，式(3.75)に $\zeta=0$ を代入し，$t>0$

の領域において，

$$x_1 = x_s(1-\cos\omega_n t) \tag{3.77}$$

となる．

(3) 応答 x_2 は，時刻 $t=T$ 以前では外力が作用しないため，

$$x_2 = 0 \qquad (t<T) \tag{3.78}$$

となる．

時刻 $t=T$ 以降では，ステップ外力 $-f_0$ が作用するため，x_2 は式(3.77)を時間 T だけ遅らせ，正負を反転したステップ応答

$$x_2 = -x_s[1-\cos\omega_n(t-T)] \qquad (t \geq T) \tag{3.79}$$

となる．

系の固有周期が $T=2\pi/\omega_n$ であることを考慮して，応答 x_1，x_2 と $x=x_1+x_2$ を図示すると図 3.13 のようになる．

これより，運動系に力を急激に加え，固有周期 T の後に力を 0 とした場合，系の動きを止めることができる．例えば，荷物をロープでつり下げたクレーンの移動に利用できる．

なお，本問題のように，ある時刻で外力が急激に変化する場合には，時間応答の式が時間領域毎に切り替わることに注意を要す．

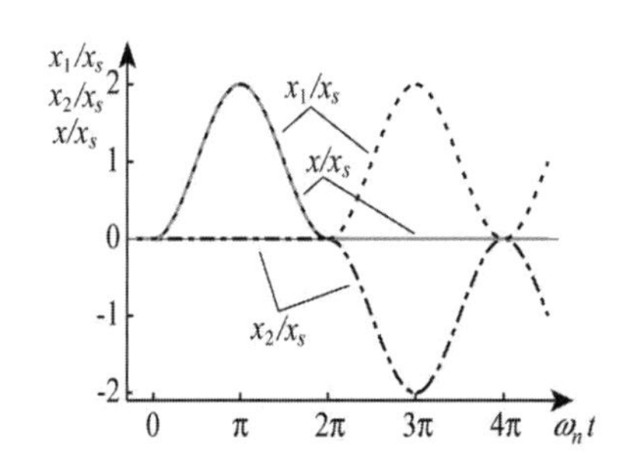

図 3.13　ステップ応答の重ね合わせによる応答の表現

＝＝＝＝＝　練習問題　＝＝＝＝＝＝＝＝＝＝＝＝＝＝＝＝＝＝＝＝＝＝＝＝

【3・1】　周期変動外力 $f(t) = f_0\cos\omega t$ が作用する 1 自由度ばね－質量系の運動方程式を，力の釣合いとして次式で考える．

$$-m\ddot{x} - c\dot{x} - kx + f_0\cos\omega t = 0 \tag{3.80}$$

上式の定常応答の解は次式で示される．

$$x = A\cos(\omega t - \varphi) \tag{3.81}$$

$$B = \sqrt{\left\{1-\left(\frac{\omega}{\omega_n}\right)^2\right\}^2 + \left(2\zeta\frac{\omega}{\omega_n}\right)^2} \tag{3.82}$$

ただし，以下の記号を用いている．

$$\omega_n = \sqrt{\frac{k}{m}} \quad , \quad \zeta = \frac{c}{c_c} \quad , \quad c_c = 2\sqrt{mk} \quad , \quad x_s = \frac{f_0}{k} \tag{3.83}$$

式(3.80)の慣性力 $-m\ddot{x}$ に式 (3.81)を代入して $F_i\cos(\omega t - \varphi_i)$ とした．同様に，減衰力 $-c\dot{x}$ を $F_d\cos(\omega t - \varphi_d)$，ばねの復元力 $-kx$ を $F_r\cos(\omega t - \varphi_r)$ とおいた．このとき，それぞれの力の振幅 F_i, F_d, F_r ならびに，対応する位相角 $\varphi_i, \varphi_d, \varphi_r$ は，それぞれ次式で与えられる．

$$F_i = \frac{\left(\dfrac{\omega}{\omega_n}\right)^2}{B} f_0 \quad , \quad F_d = \frac{2\zeta\dfrac{\omega}{\omega_n}}{B} f_0 \quad , \quad F_r = \frac{1}{B} f_0$$

$$\varphi_i = \varphi \quad , \quad \varphi_d = \varphi + \frac{\pi}{2} \quad , \quad \varphi_r = \varphi + \pi \tag{3.84}$$

上式で，周期外力の振幅を $f_0 = 1.0\,\mathrm{N}$ とし，減衰比を $\zeta = 0.05$ として以下の問に答えよ．

(1) $\omega/\omega_n = 0.01$ の下での，慣性力の振幅 F_i，減衰力の振幅 F_d，復元力の振幅 F_r ならびに，それぞれの位相角 $(\varphi_i, \varphi_d, \varphi_r)$ の概算値を求めよ．また,どの力が周期外力と主に釣合うか調べよ．

(2) $\omega/\omega_n = 1$ の下で，どの力が周期外力と主に釣合うか調べよ．

(3) $\omega/\omega_n = 100$ の下で，どの力が周期外力と主に釣合うか調べよ．

【3・2】　図 3.1 に示した減衰を有する 1 自由度ばね－質量系の振動を考える．質量に周期外力 $f(t) = f_0 \cos\omega t$ を作用させた場合の運動方程式は式(3.5)で示される．$\zeta < 1$ の場合の振動状態において，定常応答に過渡応答が新たに加わる場合の変位 x を求めたい．

(1) 上式の解を $x = x_h + x_p$ とおいて運動方程式の一般解を求めよ．ただし，x_h は過渡応答(同次解)を示し，x_p は定常応答(特殊解)を示す．

(2) $t = 0$ の初期条件とし，$x = 0$ mm と $\dot{x} = 50$ mm/s とした．時間応答 x_h，x_p ならびに x の略図を描け．ただし $\zeta = 0.05$，$x_s = 10$ mm，ω_n =20 rad/s，および ω=35 rad/s とする．

【3・3】　図 3.5 に示すように，減衰を有する 1 自由度振動系のばねの一端に強制変位 $x_0 = x_d \cos\omega t$ が作用する場合を考える．

(1) 式 (3.38)に示す運動方程式に，相対変位 $x_r = x - x_0$ を導入し，x_r についての運動方程式を示せ．ただし，式の整理のため $\omega_n = \sqrt{k/m}$，$\zeta = c/c_c$，$c_c = 2\sqrt{mk}$ を用いよ．

(2) 運動方程式から解 x_r を求めよ．ついで，x_r を $x_r = R\cos(\omega t - \varphi)$ に置き換えて，振幅 R と位相角 φ を求めよ．

(3) $\zeta = 0.05$ において，相対変位の振幅 R と強制変位の振幅 x_d の比 R/x_d が 0.1 となる ω/ω_n を求めよ．

(4) $\omega/\omega_n = 1$ の場合の振幅比 R/x_d を求めよ．また，$(\omega/\omega_n)^2 \gg 1$ の場合の R/x_d の概算値を求めよ．ただし，$0 < \zeta < 1$ とする．

【3・4】　図 3.1 に示した 1 自由度ばね-質量系において，減衰の無い場合を考える．周期外力 $f(t) = f_1 \cos\omega t + f_2 \cos 2\omega t$ が作用している状態で，以下の問いに答えよ．

(1) この系での運動方程式を求めよ．ついで，その方程式を $x_{s1} = f_1/k$，$x_{s2} = f_2/k$，$\omega_n = \sqrt{k/m}$ で整理せよ．

(2) 上で整理した方程式の定常解を求めよ．

(3) 定常解の時刻歴を図示せよ．なお，質量 $m = 0.10$ kg，ばね定数 $k = 1.6$ N/m，$\omega = 0.80$ rad/s，$f_1 = 13$ N，$f_2 = 11$ N とする．

第４章

２自由度系の振動

Vibration of System with Two Degrees of Freedom

4・1　運動方程式（equation of motion）

・多自由度系(multiple-degree-of-freedom system)では系の動き(状態)を表現するのに複数の座標が必要となる．２自由度系(two-degree-of-freedom system)では２つの座標が必要であり，運動方程式は自由度の数だけ立てる．

・2 自由度系の例としては，2 階建ての建物，自動車振動（上下振動およびピッチ振動），二重振子等がある(図 4.1).

・運動方程式の立て方

(1)　力による方法

ニュートンの運動方程式(Newton's equation of motion)

$$m\ddot{x} = (\text{外力}) + (\text{ばねの復元力}) + (\text{減衰器の減衰力}) \tag{4.1}$$

(2)　エネルギーによる方法

ラグランジュの運動方程式(Lagrange's equation of motion)

$$\frac{d}{dt}\left(\frac{\partial L}{\partial \dot{q}_k}\right) - \frac{\partial L}{\partial q_k} = Q_k \quad (k = 1, 2) \tag{4.2}$$

ここに，$L = T - U$ はラグラジアン，T, U はそれぞれ運動エネルギー，ポテンシャルエネルギーを表す．なお，Q_k は一般化力を表す．

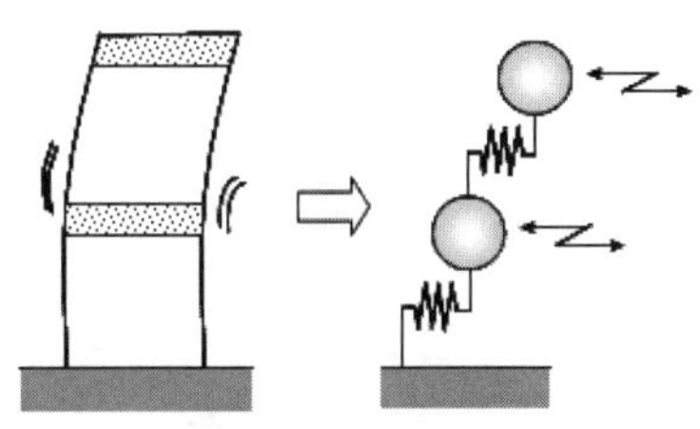

(a)　建物の例（2 階建て）

(b)　自動車の例（上下，ピッチ振動）

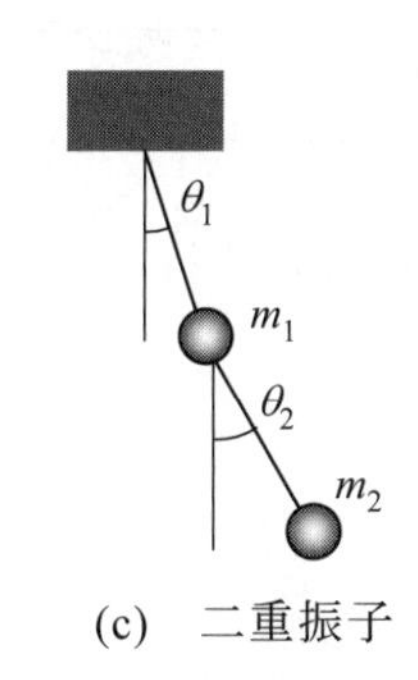

(c)　二重振子

図 4.1　2 自由度振動系の例

【例 4・1】　＊＊＊＊＊＊＊＊＊＊＊＊＊＊＊＊＊＊＊＊＊＊＊＊

図 4.2 のような減衰のある 2 自由度系について，ニュートンの運動方程式を立てよ．

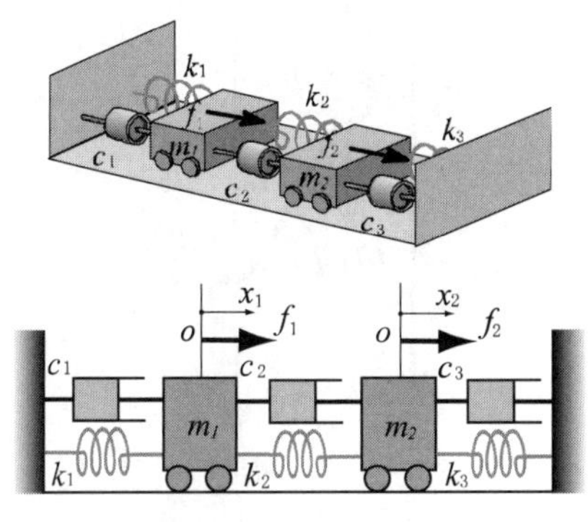

図 4.2 減衰のある 2 自由度系

【解 4・1】

各質点について力の釣合いを考え，運動方程式を立てる．

まず質点 1 には，ばね k_1, k_2 の復元力と減衰器 c_1, c_2 の減衰力，および外力 f_1 が作用する．（図 4.3（a）参照）

$$m_1\ddot{x}_1 = -k_1x_1 - k_2(x_1 - x_2) - c_1\dot{x}_1 - c_2(\dot{x}_1 - \dot{x}_2) + f_1 \tag{4.3}$$

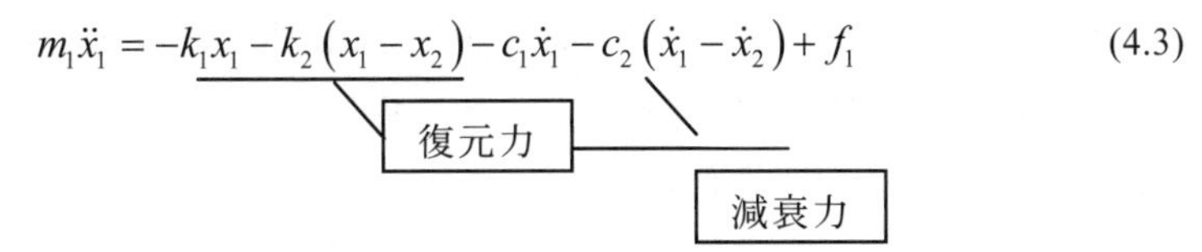

同様に質点 2 には，ばね k_2, k_3 の復元力と減衰器 c_2, c_3 の減衰力，および外力 f_2 が作用する（図 4.3（b）参照）.

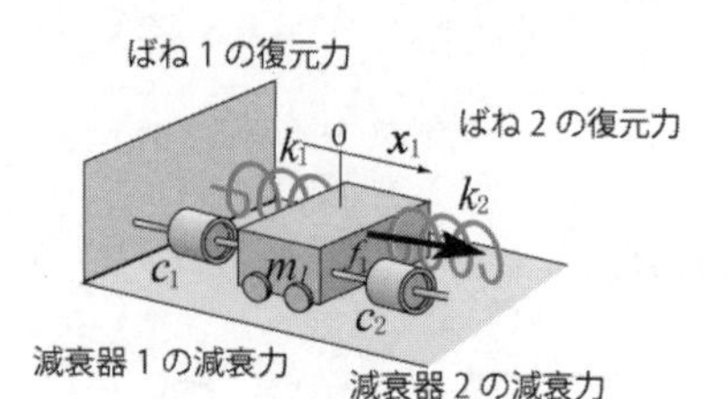

(a)　質点 1 に働く力

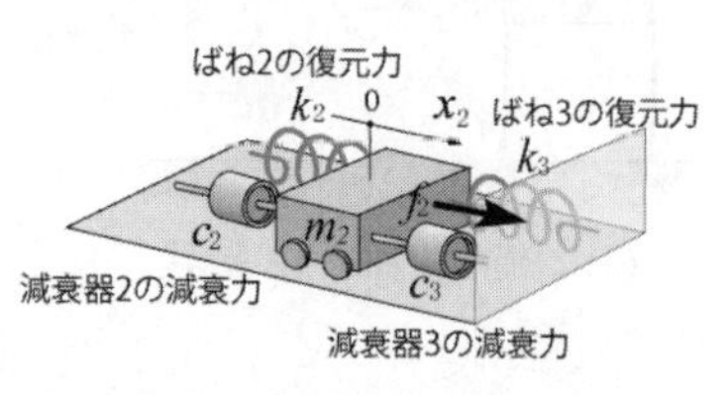

(b)　質点 2 に働く力

図 4.3　それぞれの質点に働く力

$$m_2\ddot{x}_2 = -k_2\left(x_2 - x_1\right) - k_3 x_2 - c_2\left(\dot{x}_2 - \dot{x}_1\right) - c_3\dot{x}_2 + f_2 \tag{4.4}$$

これらの式をまとめると，

$$\begin{aligned} m_1\ddot{x}_1 + (c_1 + c_2)\dot{x}_1 - c_2\dot{x}_2 + (k_1 + k_2)x_1 - k_2 x_2 = f_1 \\ m_2\ddot{x}_2 - c_2\dot{x}_1 + (c_2 + c_3)\dot{x}_2 - k_2 x_1 + (k_2 + k_3)x_2 = f_2 \end{aligned} \tag{4.5}$$

また，行列で表せば，

$$\begin{aligned} &\begin{bmatrix} m_1 & 0 \\ 0 & m_2 \end{bmatrix}\begin{Bmatrix} \ddot{x}_1 \\ \ddot{x}_2 \end{Bmatrix} + \begin{bmatrix} c_1 + c_2 & -c_2 \\ -c_2 & c_2 + c_3 \end{bmatrix}\begin{Bmatrix} \dot{x}_1 \\ \dot{x}_2 \end{Bmatrix} \\ &\qquad + \begin{bmatrix} k_1 + k_2 & -k_2 \\ -k_2 & k_2 + k_3 \end{bmatrix}\begin{Bmatrix} x_1 \\ x_2 \end{Bmatrix} = \begin{Bmatrix} f_1 \\ f_2 \end{Bmatrix} \end{aligned} \tag{4.6}$$

【例 4・2】　＊＊＊＊＊＊＊＊＊＊＊＊＊＊＊＊＊＊＊＊＊＊＊＊＊

図 4.4 のようなばね支持された剛体の運動方程式をラグランジュの方法により立てよ．

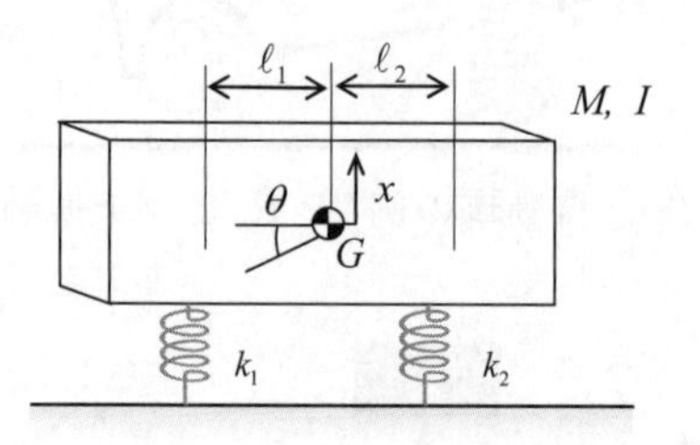
図 4.4　ばね支持された剛体

【解 4・2】

T , U , L をそれぞれ運動エネルギー，ポテンシャルエネルギー，ラグラジアンとすると，

$$T = \frac{1}{2}M\dot{x}^2 + \frac{1}{2}I\dot{\theta}^2 \tag{4.7}$$

$$U = \frac{1}{2}k_1(x - \ell_1\theta)^2 + \frac{1}{2}k_2(x + \ell_2\theta)^2 + Mgx \tag{4.8}$$

ゆえに，

$$\begin{aligned} L &= T - U \\ &= \frac{1}{2}M\dot{x}^2 + \frac{1}{2}I\dot{\theta}^2 - \frac{1}{2}k_1(x - \ell_1\theta)^2 - \frac{1}{2}k_2(x + \ell_2\theta)^2 - Mgx \end{aligned} \tag{4.9}$$

$$\begin{aligned} &\frac{d}{dt}\left(\frac{\partial L}{\partial \dot{x}}\right) - \frac{\partial L}{\partial x} = M\ddot{x} + k_1(x - \ell_1\theta) + k_2(x + \ell_2\theta) + Mg = 0 \\ &\frac{d}{dt}\left(\frac{\partial L}{\partial \dot{\theta}}\right) - \frac{\partial L}{\partial \theta} = I\ddot{\theta} - k_1(x - \ell_1\theta)\ell_1 + k_2(x + \ell_2\theta)\ell_2 = 0 \end{aligned} \tag{4.10}$$

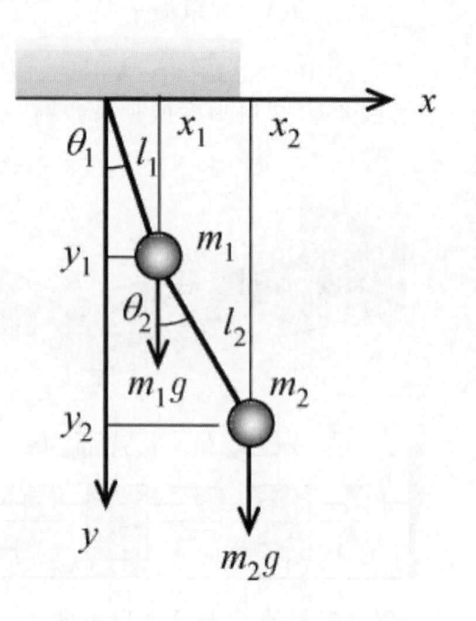
図 4.5　二重振り子

【例 4・3】　＊＊＊＊＊＊＊＊＊＊＊＊＊＊＊＊＊＊＊＊＊＊＊＊＊

図 4.5 のような二重振り子の運動方程式を力による方法を用いて導きなさい．ただし振幅は小さいとする．

【解 4・3】

まず，それぞれの質点に対して， x 方向と y 方向に関する運動方程式を立てる．なお，糸の張力を T_1, T_2 とする．また，振幅が小さいことから， $\sin\theta \cong \theta$, $\cos\theta \cong 1$ が成り立つと仮定する．

質点 1 については，

$$\begin{aligned} m_1\ddot{x}_1 &= -T_1\sin\theta_1 + T_2\sin\theta_2 \cong -T_1\theta_1 + T_2\theta_2 \\ m_1\ddot{y}_1 &= -T_1\cos\theta_1 + T_2\cos\theta_2 + m_1 g \cong -T_1 + T_2 + m_1 g \end{aligned} \tag{4.11}$$

質点 2 については，

$$m_2\ddot{x}_2 = -T_2 \sin\theta_2 \cong -T_2\theta_2$$
$$m_2\ddot{y}_2 = -T_2 \cos\theta_1 + m_2 g \cong -T_2 + m_2 g \tag{4.12}$$

ここで，x_1, x_2, y_1, y_2 を θ_1, θ_2, l_1, l_2 で表せば，

$$x_1 = l_1 \sin\theta_1 \cong l_1\theta_1,\ x_2 = l_1 \sin\theta_1 + l_2 \sin\theta_2 \cong l_1\theta_1 + l_2\theta_2$$
$$y_1 = l_1 \cos\theta_1 = l_1,\quad y_2 = l_1 \cos\theta_1 + l_2 \cos\theta_2 \cong l_1 + l_2 \tag{4.13}$$

これより，

$$\ddot{x}_1 = l_1\ddot{\theta}_1,\ x_2 = l_1\ddot{\theta}_1 + l_2\ddot{\theta}_2,\ \ddot{y}_1 = \ddot{y}_2 = 0 \tag{4.14}$$

これを上式(4.11)，(4.12)に代入する．まず $\ddot{y}_1 = \ddot{y}_2 = 0$ より，張力 T_1, T_2 が次のように求められる．

$$T_1 = (m_1 + m_2)g,\quad T_2 = m_2 g \tag{4.15}$$

また，これを代入することにより，以下の 2 式が得られる．

$$m_1 l_1 \ddot{\theta}_1 + (m_1 + m_2) g\theta_1 - m_2 g\theta_2 = 0 \tag{4.16}$$

$$m_2 l_2 \ddot{\theta}_2 - \frac{m_2}{m_1}(m_1 + m_2) g\theta_1 + \frac{m_2}{m_1}(m_1 + m_2) g\theta_2 = 0 \tag{4.17}$$

【例 4・4】　＊＊＊＊＊＊＊＊＊＊＊＊＊＊＊＊＊＊＊＊＊＊＊＊＊

図 4.6(*a*)のように十分な張力 T で張られた糸に 2 つの質量 m_1, m_2 が取り付けられている．2 つの質量の鉛直方向変位をそれぞれ x_1, x_2 として運動方程式を立てよ．なお重力は無視して良い．

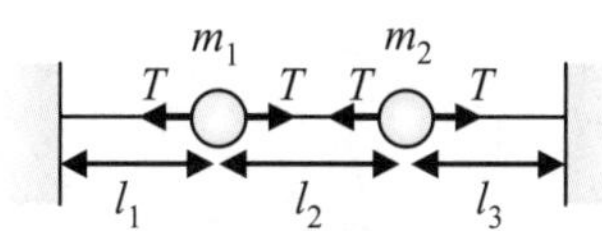

(*a*)　糸で張られた 2 つの質点

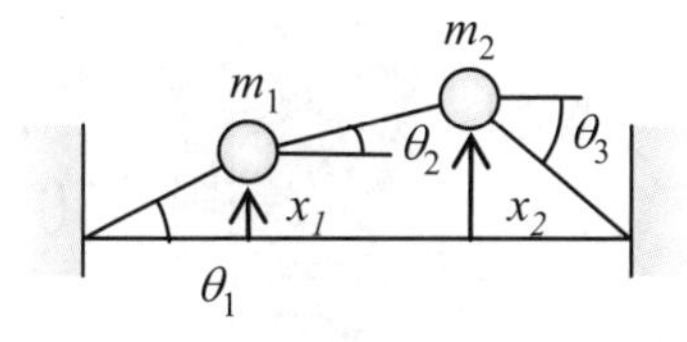

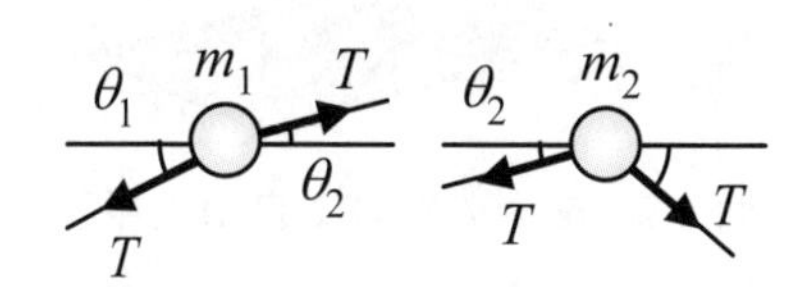

(b)　各質点の力のつり合い

図 4.6　各質点に働く力

【解 4・4】

各質点について力のつり合いを考えたものが，図 4.6(b)である．それぞれの運動方程式は，

$$m_1\ddot{x}_1 = -T\sin\theta_1 + T\sin\theta_2$$
$$m_2\ddot{x}_2 = -T\sin\theta_2 - T\sin\theta_3 \tag{4.18}$$

ここで，$\theta_1, \theta_2, \theta_3$ が大きくないとすれば

$$\sin\theta_1 \cong \frac{x_1}{l_1},\ \sin\theta_2 \cong \frac{x_2 - x_1}{l_2},\ \sin\theta_3 \cong \frac{x_2}{l_3} \tag{4.19}$$

これを式(4.18)に代入すれば，

$$m_1\ddot{x}_1 = -\frac{T}{l_1}x_1 + \frac{T}{l_2}(x_2 - x_1)$$
$$m_2\ddot{x}_2 = -\frac{T}{l_2}(x_2 - x_1) - \frac{T}{l_3}x_2 \tag{4.20}$$

上式を整理して以下の式を得る．

$$
\begin{aligned}
m_1\ddot{x}_1+\left(\frac{T}{l_1}+\frac{T}{l_2}\right)x_1-\frac{T}{l_2}x_2&=0\\
m_2\ddot{x}_2-\frac{T}{l_2}x_1+\left(\frac{T}{l_2}+\frac{T}{l_3}\right)x_2&=0
\end{aligned}
\tag{4.21}
$$

4・2　固有振動数と固有振動モード（natural frequency and natural mode of vibration）

・2自由度振動系には2つの固有振動数(natural frequency)と固有振動モード(natural mode of vibration)がある．これは系の持っている固有な特性であり，モード特性(modal properties)とよばれる．

・2つの固有振動数は，振動数方程式(frequency equation)を解いて得ることができる．

・固有振動モードは，各座標における質点（剛体）の動きの比を表すものであり，絶対量ではない．

【例4・5】　＊＊＊＊＊＊＊＊＊＊＊＊＊＊＊＊＊＊＊＊＊＊＊＊

図4.7のような減衰のない2自由度系について，運動方程式を立て，固有振動数，固有振動モードを求めよ．

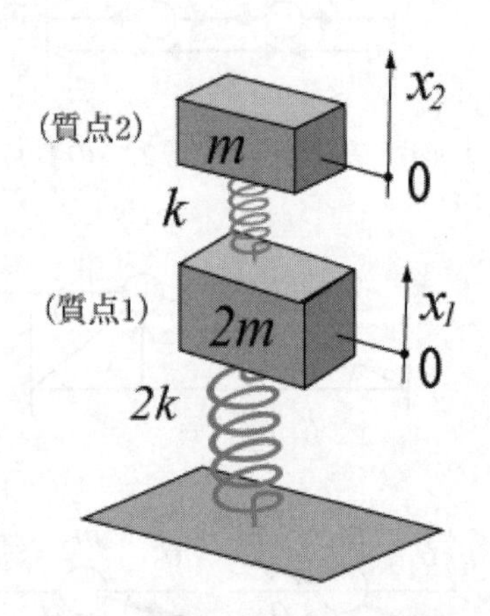

図4.7　減衰の無い2自由度振動系

【解4・5】

各質点について力のつり合いを考え，運動方程式を立てる．

質点1　　$2m\ddot{x}_1=-2kx_1-k\left(x_1-x_2\right)$　　(4.22)

質点2　　$m\ddot{x}_2=-k\left(x_2-x_1\right)$　　(4.23)

上式を整理すると，

$$
\begin{bmatrix}2m & 0\\ 0 & m\end{bmatrix}\begin{Bmatrix}\ddot{x}_1\\ \ddot{x}_2\end{Bmatrix}+\begin{bmatrix}3k & -k\\ -k & k\end{bmatrix}\begin{Bmatrix}x_1\\ x_2\end{Bmatrix}=\begin{Bmatrix}0\\ 0\end{Bmatrix}
\tag{4.24}
$$

$\{x_1 \quad x_2\}^t=\{X_1 \quad X_2\}^t\sin\omega t$（$t$は転置を表す)とおいて上式に代入すると，

$$
\begin{bmatrix}3k-2m\omega^2 & -k\\ -k & k-m\omega^2\end{bmatrix}\begin{Bmatrix}X_1\\ X_2\end{Bmatrix}=\begin{Bmatrix}0\\ 0\end{Bmatrix}
\tag{4.25}
$$

この系が振動するためには，左辺係数行列の行列が特異，すなわち行列式がゼロであることが必要である．これより，振動数方程式が下記のように得られる．

$$
\Delta=(3k-2m\omega^2)(k-m\omega^2)-k^2=0
\tag{4.26}
$$

整理すれば，

$$
\Delta=2m^2\omega^4-5mk\omega^2+2k^2
$$

$$= (2m\omega^2 - k)(m\omega^2 - 2k) = 0 \qquad (4.27)$$

これをω^2について解けば,

$$\omega^2 = \frac{k}{2m}$$

$$\text{または,}\quad \omega^2 = \frac{2k}{m} \qquad (4.28)$$

従って，固有角振動数ω_1，ω_2は,

$$\omega_1 = \sqrt{\frac{k}{2m}},\quad \omega_2 = \sqrt{\frac{2k}{m}} \qquad (4.29)$$

また固有振動モードは，ω_1，ω_2を式(4.25)に代入することにより，求められる.

(i)　$\omega_1{}^2 = \dfrac{k}{2m}$　のとき

$$\begin{bmatrix} 2k & -k \\ -k & \frac{1}{2}k \end{bmatrix} \begin{Bmatrix} X_1 \\ X_2 \end{Bmatrix} = \begin{Bmatrix} 0 \\ 0 \end{Bmatrix} \qquad (4.30)$$

これより

$$\frac{X_2}{X_1} = 2 \qquad (4.31)$$

(ii)　$\omega_2{}^2 = \dfrac{2k}{m}$　のとき

$$\begin{bmatrix} -k & -k \\ -k & -k \end{bmatrix} \begin{Bmatrix} X_1 \\ X_2 \end{Bmatrix} = \begin{Bmatrix} 0 \\ 0 \end{Bmatrix} \qquad (4.32)$$

これより,

$$\frac{X_2}{X_1} = -1 \qquad (4.33)$$

ここで，固有振動モードを図示すると図4.8のようになる．これは，図4.7の振動系の上下方向の変位を左右方向の変位に置き換えて，その比を示したものである．ここでは，固有振動モードの最大変位が1となるように正規化している．（この2つの固有振動モードにおける振動の様子を時間の経過と共に示したのが，図4.9(a)，(b)である.）

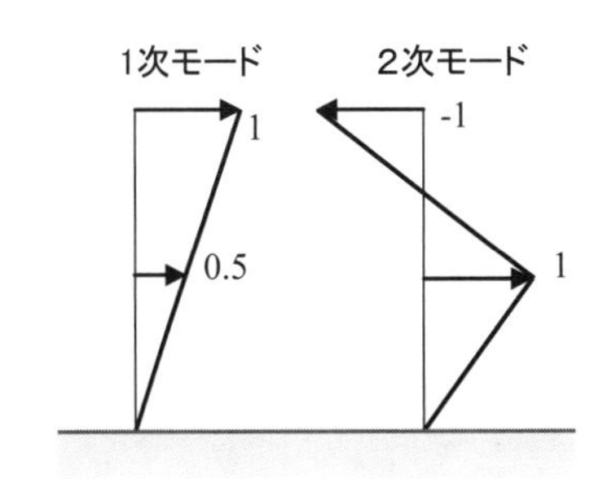

図4.8　2自由度系の固有振動モード

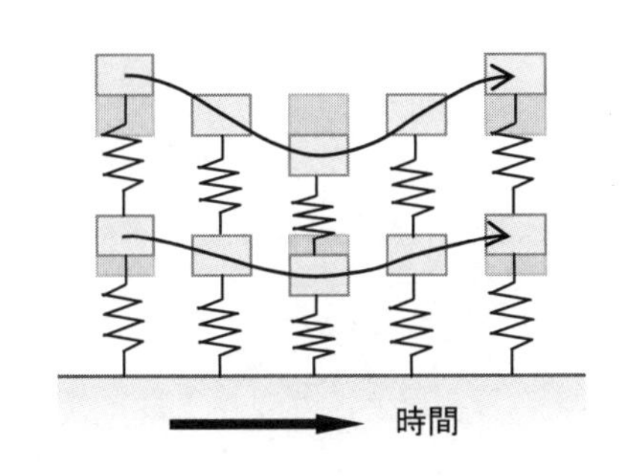

(a)　1次固有振動モード

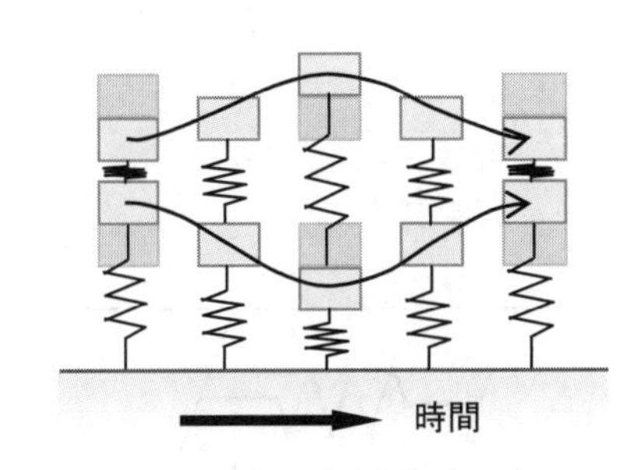

(b)　2次固有振動モード

図4.9 1次と2次の固有振動モード

【例4・6】　＊＊＊＊＊＊＊＊＊＊＊＊＊＊＊＊＊＊＊＊＊＊＊＊＊

図4.10のように，質量m，長さlの等しい2つの単振子が弱いばねkでつながれている.

(1)　角変位θ_1, θ_2が小さいものとして，運動方程式を立てよ.

(2)　二つの固有角振動数，固有振動モードを求めよ.

(3)　初期条件として，$\theta_1(0) = \theta_0$，$\theta_2(0) = 0$，$\dot{\theta}_1(0) = \dot{\theta}_2(0) = 0$を与えたとき，自由振動応答を求めよ.

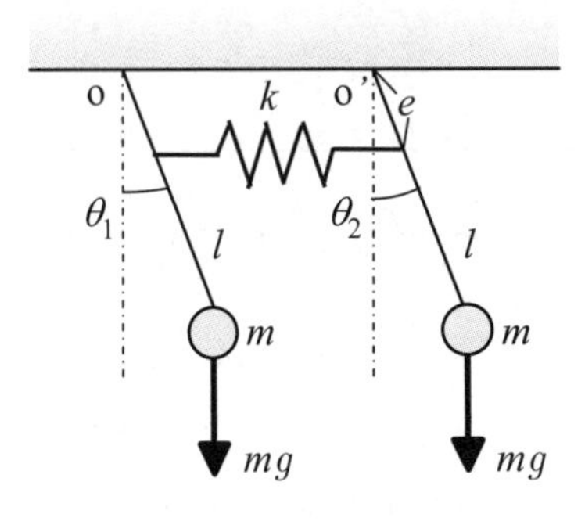

図4.10　2つの単振子

【解 4・6】

(1) 支点O , O' 回りの回転運動方程式を考えると

$$
\begin{aligned}
ml^2\ddot{\theta}_1 &= -mgl\sin\theta_1 - ke^2(\sin\theta_1 - \sin\theta_2) \\
ml^2\ddot{\theta}_2 &= -mgl\sin\theta_2 - ke^2(\sin\theta_2 - \sin\theta_1)
\end{aligned}
\tag{4.34}
$$

角変位 θ_1, θ_2 を微小とすれば，$\sin\theta_1 \cong \theta_1$, $\sin\theta_2 \cong \theta_2$ より次式を得る.

$$
\begin{bmatrix} ml^2 & 0 \\ 0 & ml^2 \end{bmatrix}\begin{Bmatrix} \ddot{\theta}_1 \\ \ddot{\theta}_2 \end{Bmatrix} + \begin{bmatrix} mgl+ke^2 & -ke^2 \\ -ke^2 & mgl+ke^2 \end{bmatrix}\begin{Bmatrix} \theta_1 \\ \theta_2 \end{Bmatrix} = \begin{Bmatrix} 0 \\ 0 \end{Bmatrix}
\tag{4.35}
$$

(2) $\{\theta_1 \quad \theta_2\}^t = \{\Theta_1 \quad \Theta_2\}^t \sin\omega t$ とおいて式(4.35)に代入すると,

$$
\begin{bmatrix} mgl+ke^2-ml^2\omega^2 & -ke^2 \\ -ke^2 & mgl+ke^2-ml^2\omega^2 \end{bmatrix}\begin{Bmatrix} \Theta_1 \\ \Theta_2 \end{Bmatrix} = \begin{Bmatrix} 0 \\ 0 \end{Bmatrix}
\tag{4.36}
$$

左辺の係数行列の行列式Δをゼロとおいて,

$$
\begin{aligned}
\Delta &= (mgl+ke^2-ml^2\omega^2) - ke^4 \\
&= (mgl+ke^2-ml^2\omega^2)(mgl-ml^2\omega^2) = 0
\end{aligned}
\tag{4.37}
$$

これを解いて，固有角振動数が求められる.

(i) $\omega_1 = \sqrt{\dfrac{g}{\ell}}$, $\omega_2 = \sqrt{\dfrac{g}{l} + 2\dfrac{k}{m}\left(\dfrac{e}{l}\right)^2}$ (4.38)

ここで，ω_1 および ω_2 を式(4.36)に代入すれば固有振動モードが得られる.
$\omega = \omega_1$ のとき,

$$
\begin{bmatrix} -ke^2 & -ke^2 \\ -ke^2 & -ke^2 \end{bmatrix}\begin{Bmatrix} \Theta_1 \\ \Theta_2 \end{Bmatrix} = \begin{Bmatrix} 0 \\ 0 \end{Bmatrix}
\tag{4.39}
$$

$$
\therefore \frac{\Theta_2}{\Theta_1} = 1
\tag{4.40}
$$

(ii) $\omega = \omega_2$ のとき,

$$
\begin{bmatrix} -ke^2 & -ke^2 \\ -ke^2 & -ke^2 \end{bmatrix}\begin{Bmatrix} \Theta_1 \\ \Theta_2 \end{Bmatrix} = \begin{Bmatrix} 0 \\ 0 \end{Bmatrix}
\tag{4.41}
$$

$$
\therefore \frac{\Theta_2}{\Theta_1} = -1
\tag{4.42}
$$

すなわち，1次の固有モードでは2つの単振子が同位相で振動し，2次では逆位相で振動する．図4.11にこれらの固有振動モードを図示する.

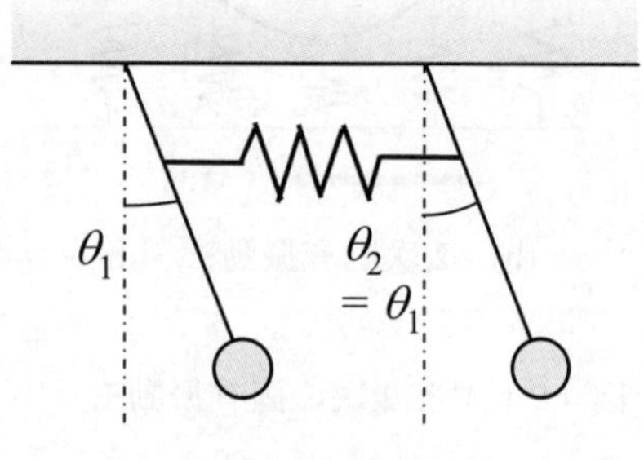

(a) 1次の固有振動モード

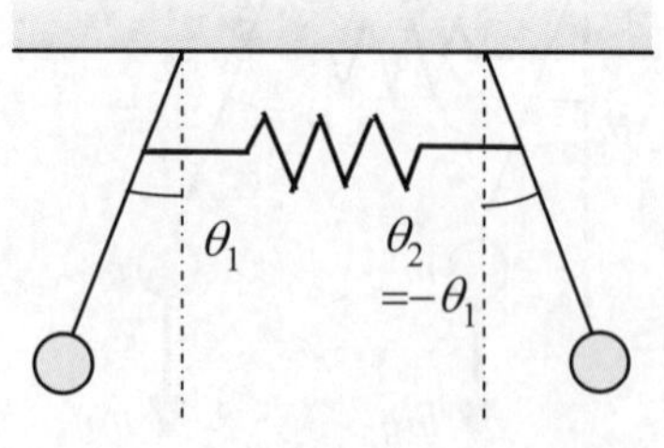

(b) 2次の固有振動モード

図4.11 1次と2次の
固有振動モード

(3) 2つの振動固有モードは，それぞれ,

$$
u_1 = \begin{Bmatrix} 1 \\ 1 \end{Bmatrix} \quad , \quad u_2 = \begin{Bmatrix} 1 \\ -1 \end{Bmatrix}
\tag{4.43}
$$

と表されるので，自由振動解を次のように表すことができる．

$$\begin{Bmatrix} \theta_1 \\ \theta_2 \end{Bmatrix} = \begin{Bmatrix} 1 \\ 1 \end{Bmatrix} (a_1 \cos\omega_1 t + b_1 \sin\omega_1 t) + \begin{Bmatrix} 1 \\ -1 \end{Bmatrix} (a_2 \cos\omega_2 t + b_2 \sin\omega_2 t) \tag{4.44}$$

時間 t で微分すれば，

$$\begin{Bmatrix} \dot{\theta}_1 \\ \dot{\theta}_2 \end{Bmatrix} = \begin{Bmatrix} 1 \\ 1 \end{Bmatrix} (-\omega_1 a_1 \sin\omega_1 t + \omega_1 b_1 \cos\omega_1 t) + \begin{Bmatrix} 1 \\ -1 \end{Bmatrix} (-\omega_2 a_2 \sin\omega_2 t + \omega_2 b_2 \cos\omega_2 t) \tag{4.45}$$

題意の初期条件より，

$$\begin{cases} \theta_1(0) = a_1 + a_2 = \theta_0 \\ \theta_2(0) = a_1 - a_2 = 0 \end{cases} \tag{4.46}$$

$$\begin{cases} \dot{\theta}_1(0) = \omega_1 b_1 + \omega_2 b_2 = 0 \\ \dot{\theta}_2(0) = \omega_1 b_1 - \omega_2 b_2 = 0 \end{cases} \tag{4.47}$$

これらを解いて，

$$\begin{cases} a_1 = a_2 = \dfrac{\theta_0}{2} \\ b_1 = b_2 = 0 \end{cases} \tag{4.48}$$

すなわち，自由振動応答は，

$$\begin{Bmatrix} \theta_1 \\ \theta_2 \end{Bmatrix} = \frac{\theta_0}{2} \begin{Bmatrix} 1 \\ 1 \end{Bmatrix} \cos\omega_1 t + \frac{\theta_0}{2} \begin{Bmatrix} 1 \\ -1 \end{Bmatrix} \cos\omega_2 t \tag{4.49}$$

このように，自由振動解は 2 つの固有振動モードの重ね合わせで表すことができる．

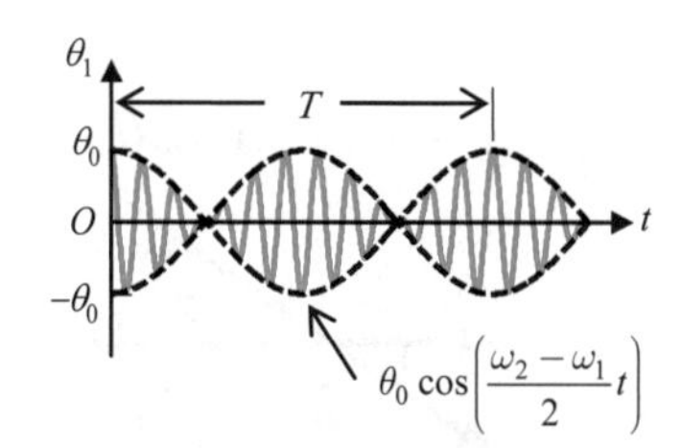

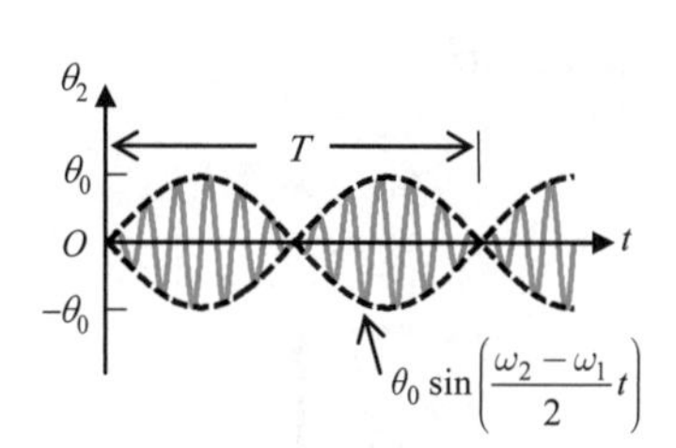

図 4.12　2 つの単振子のうなり振動

ここで，ばねが柔らかい場合，もしくは e が小さい場合には，$ke^2 \ll mg\ell$ が成り立つので，2 つの単振子は弱い連成状態となり，ω_1 と ω_2 の差は小さくなる．三角関数の公式

$$\cos A + \cos B = 2\cos\frac{A+B}{2}\cos\frac{A-B}{2} \tag{4.50}$$

などより，式(4.45)は次のように変形できる．

$$\begin{aligned} \theta_1 &= \theta_0 \cos\left(\frac{\omega_2 + \omega_1}{2} t\right) \cos\left(\frac{\omega_2 - \omega_1}{2} t\right) \\ \theta_2 &= \theta_0 \sin\left(\frac{\omega_2 + \omega_1}{2} t\right) \sin\left(\frac{\omega_2 - \omega_1}{2} t\right) \end{aligned} \tag{4.51}$$

ここで，$\omega_2 + \omega_1 \gg \omega_2 - \omega_1$ であることを考慮すると，この波形は図 4.12 のようになる．この図の点線の曲線は 2 つの単振子の角振幅の包絡線であり,極大値，極小値が交互に変化する‘うなり’を示していることがわかる．

【例 4・7】　* *

図 4.13 のように，質点 m が 2 つのばね k_1, k_2 につながれており，ばね k_2 は x 軸に対して角度 θ だけ傾いた方向に取り付けられている．質点 m の xy 平面上の運動について以下の問に答えよ．

(1)　質点 m が x だけ変位したときの復元力を求めよ．

(2)　質点 m が y だけ変位したときの復元力を求めよ．

(3)　質点 m の xy 平面内の運動方程式を求めよ．

(4)　$k_1 = k_2 = 2k$，$\theta = 45^\circ$ としたとき，この系の固有振動数と固有振動モードを求めよ．

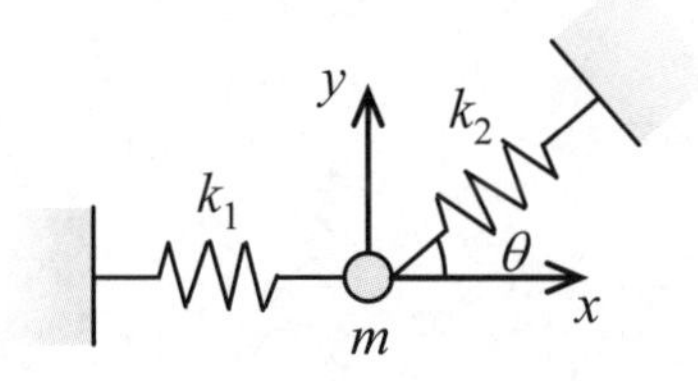

図 4.13　2 次元ばねー質量系

【解 4・7】

(1)　図 4.14(a)のように x だけ変位させたときのばねの復元力を $\boldsymbol{f}(x) = \{f_x \ f_y\}^t$ と表し，ばね 1 による復元力を $\boldsymbol{f}_1(x)$，ばね 2 による復元力を $\boldsymbol{f}_2(x)$ とすれば

$$\boldsymbol{f}_1(x) = \begin{Bmatrix} -k_1 x \\ 0 \end{Bmatrix} \quad , \quad \boldsymbol{f}_2(x) = \begin{Bmatrix} -k_2 x \cos^2\theta \\ -k_2 x \cos\theta \sin\theta \end{Bmatrix} \tag{4.52}$$

$$\therefore \boldsymbol{f}(x) = \boldsymbol{f}_1(x) + \boldsymbol{f}_2(x) = \begin{Bmatrix} -(k_1 + k_2 \cos^2\theta)x \\ -k_2 \cos\theta \sin\theta \cdot x \end{Bmatrix} \tag{4.53}$$

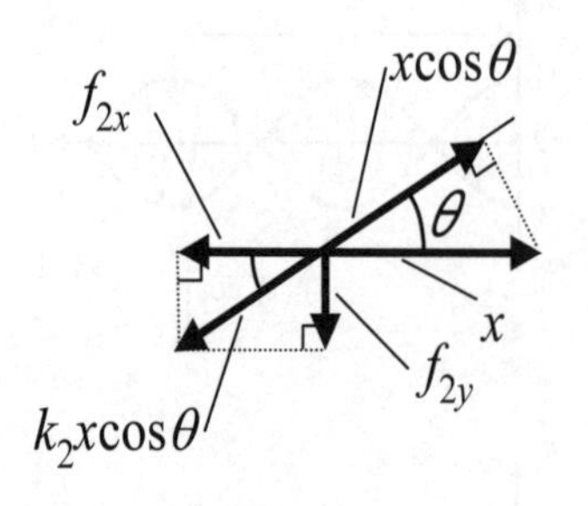

(a)　x 変位

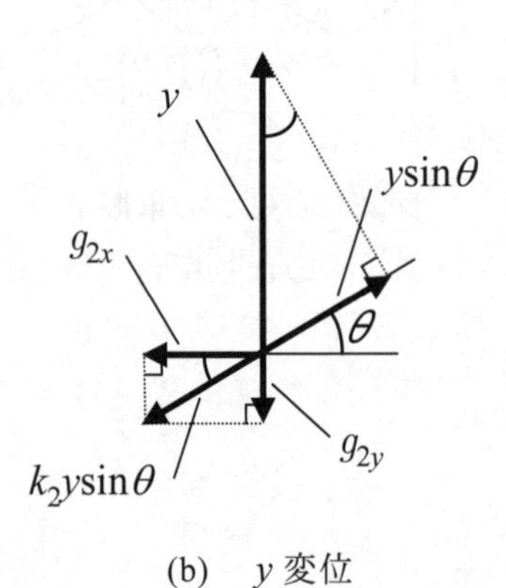

(b)　y 変位

図 4.14　ばね 2 の変位と復元力

(2)　同様に図 4.14(b)のように y だけ変位させたときのばねの復元力を $\boldsymbol{g}(y) = \{g_x \ g_y\}^t$ とすれば，

$$\boldsymbol{g}_1(y) = \begin{Bmatrix} 0 \\ 0 \end{Bmatrix} \quad , \quad \boldsymbol{g}_2(x) = \begin{Bmatrix} -k_2 y \sin\theta \cos\theta \\ -k_2 y \sin^2\theta \end{Bmatrix} \tag{4.54}$$

$$\therefore \boldsymbol{g}(y) = \begin{Bmatrix} -k_2 \sin\theta \cos\theta \cdot y \\ -k_2 \sin^2\theta \cdot y \end{Bmatrix} \tag{4.55}$$

(3)　(2)より，質点を (x, y) だけ変位させたときの 2 つのばねの復元力 $\boldsymbol{F}(x, y)$ は，

$$\boldsymbol{F}(x, y) = \boldsymbol{f}(x) + \boldsymbol{g}(y) = -\begin{bmatrix} k_1 + k_2 \cos^2\theta & k_2 \sin\theta \cos\theta \\ k_2 \sin\theta \cos\theta & k_2 \sin^2\theta \end{bmatrix} \begin{Bmatrix} x \\ y \end{Bmatrix} \tag{4.56}$$

これより，x 方向，y 方向それぞれに関する運動方程式は，

$$\begin{aligned} x\text{方向}：m\ddot{x} &= -(k_1 + k_2 \cos^2\theta)x - k_2 \sin\theta \cos\theta \cdot y \\ y\text{方向}：m\ddot{y} &= -k_2 \sin\theta \cos\theta \cdot x - k_2 \sin^2\theta \cdot y \end{aligned} \tag{4.57}$$

行列で表せば，

$$\begin{bmatrix} m & 0 \\ 0 & m \end{bmatrix}\begin{Bmatrix} \ddot{x} \\ \ddot{y} \end{Bmatrix} + \begin{bmatrix} k_1 + k_2\cos^2\theta & k_2\sin\theta\cos\theta \\ k_2\sin\theta\cos\theta & k_2\sin^2\theta \end{bmatrix}\begin{Bmatrix} x \\ y \end{Bmatrix} = \begin{Bmatrix} 0 \\ 0 \end{Bmatrix} \tag{4.58}$$

(4) 題意より，運動方程式は，

$$\begin{bmatrix} m & 0 \\ 0 & m \end{bmatrix}\begin{Bmatrix} \ddot{x} \\ \ddot{y} \end{Bmatrix} + \begin{bmatrix} 3k & k \\ k & k \end{bmatrix}\begin{Bmatrix} x \\ y \end{Bmatrix} = \begin{Bmatrix} 0 \\ 0 \end{Bmatrix} \tag{4.59}$$

ここで $\{x \quad y\}^t = \{X \quad Y\}^t \sin\omega t$ とおいて上式へ代入すれば，

$$\begin{bmatrix} 3k - m\omega^2 & k \\ k & k - m\omega^2 \end{bmatrix}\begin{Bmatrix} X \\ Y \end{Bmatrix} = \begin{Bmatrix} 0 \\ 0 \end{Bmatrix} \tag{4.60}$$

左辺係数行列の行列式をゼロとおくことにより，

$$m^2\omega^4 - 4mk\omega^2 + 2k^2 = 0 \tag{4.61}$$

上式を ω^2 について解けば，

$$\omega^2 = \frac{k}{m}(2 \pm \sqrt{2}) \tag{4.62}$$

これより，２つの固有角振動数 ω_1，ω_2 が得られる．

$$\omega_{1,2} = \sqrt{(2 \mp \sqrt{2})\frac{k}{m}} \tag{4.63}$$

次に，ω_1，ω_2 を式(4.60)に代入して，固有振動モードを得る．

(i)　$\omega_1 = \sqrt{(2-\sqrt{2})\dfrac{k}{m}}$ のとき，

$$\left(\frac{Y}{X}\right)_1 = -1 - \sqrt{2} \tag{4.64}$$

(ii)　$\omega_2 = \sqrt{\left(2+\sqrt{2}\right)\dfrac{k}{m}}$ のとき，

$$\left(\frac{Y}{X}\right)_2 = -1 + \sqrt{2} \tag{4.65}$$

ここで，２つの固有振動モードの変位方向について考える．

１次固有振動モードでは，

$$\theta_1 = \tan^{-1}\left(\frac{Y}{X}\right)_1 = \tan^{-1}(-1-\sqrt{2})$$
$$= -67.5^\circ \tag{4.66}$$

２次固有振動モードでは，

$$\theta_2 = \tan^{-1}\left(\frac{Y}{X}\right)_2 = \tan^{-1}(-1+\sqrt{2})$$
$$= 22.5^\circ \tag{4.67}$$

このように，２つの固有振動モードの方向は直交しており，２つのばねが等しいときは，振動モードの方向は２つのばねに対してそれぞれ等しい角度をなしていることがわかる．（図 4.15 参照）

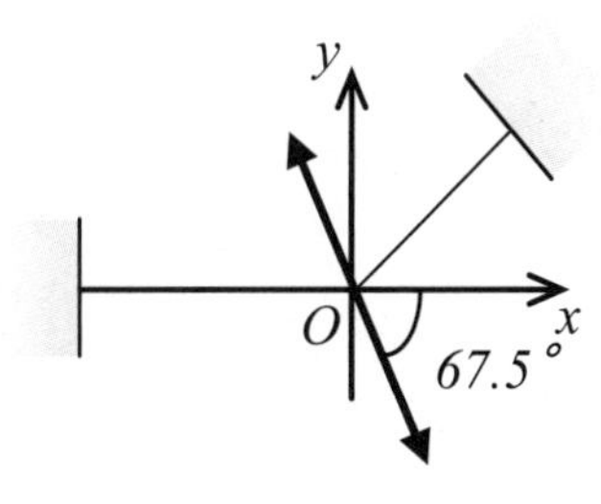

(a)　１次固有振動モードの方向

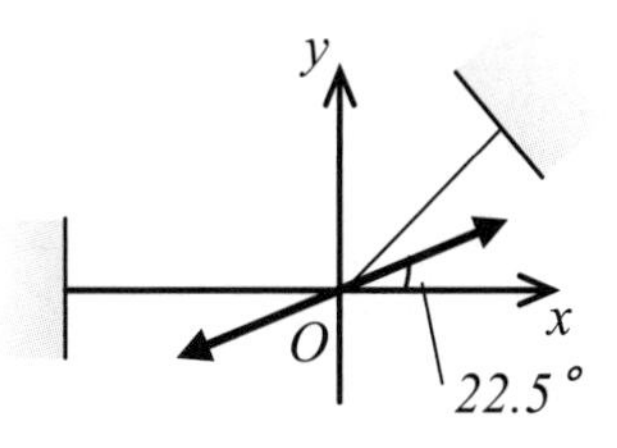

(b)　２次固有振動モードの方向

図 4.15　２次元ばね質点系の固有振動モード

4・3　モード座標とモードの直交性（modal coordinate and modal orthogonality）

・系の任意の応答は，固有振動モードの重ね合わせで表すことができる．この重ね合わせの係数をモード座標(modal coordinate)という．
・固有振動モードは，質量行列，剛性行列に関する直交性(orthogonality)が成り立つ．
・この直交性により，モード座標では系の特性は非連成な運動方程式によって表すことができる．

【例 4・8】　* *

(1)　**【例 4・5】**の系の固有振動モードの直交性を確認せよ．

(2)　この系に適当な初期変位を与えて自由振動をさせるとき，1 次の固有モードのみを励起させるためには，どのような初期条件を与えればよいか．

【解 4・8】

(1)　1 次および 2 次の固有振動モードを以下のようにおく．

$$\boldsymbol{u}_1 = \begin{Bmatrix} 0.5 \\ 1 \end{Bmatrix} \quad , \quad \boldsymbol{u}_2 = \begin{Bmatrix} 1 \\ -1 \end{Bmatrix} \tag{4.68}$$

これより，固有振動モードの直交性は，

$$\boldsymbol{u}_1{}^t \boldsymbol{M} \boldsymbol{u}_2 = \{0.5 \quad 1\} \begin{bmatrix} 2m & 0 \\ 0 & m \end{bmatrix} \begin{Bmatrix} 1 \\ -1 \end{Bmatrix} = 0 \tag{4.69}$$

$$\boldsymbol{u}_1{}^t \boldsymbol{K} \boldsymbol{u}_2 = \{0.5 \quad 1\} \begin{bmatrix} 3k & -k \\ -k & k \end{bmatrix} \begin{Bmatrix} 1 \\ -1 \end{Bmatrix} = 0 \tag{4.70}$$

本例では，

$$\boldsymbol{u}_1^t \boldsymbol{u}_2 = -0.5 \neq 0 \tag{4.71}$$

であり，ベクトルとしての直交性は成り立たないが，質量行列および剛性行列をはさんだ形のモードの直交性が成立している．

(2)　モード座標を q_1，q_2 と表せば，

$$\begin{Bmatrix} x_1 \\ x_2 \end{Bmatrix} = \boldsymbol{u}_1 q_1 + \boldsymbol{u}_2 q_2 = \begin{bmatrix} 0.5 & 1 \\ 1 & -1 \end{bmatrix} \begin{Bmatrix} q_1 \\ q_2 \end{Bmatrix} \tag{4.72}$$

初期変位により 1 次の固有振動モードのみを励起させるためには，$q_1 \neq 0$，$q_2 = 0$ となるような初期条件を与えればよい．（ただし，$\dot{x}_1 = \dot{x}_2 = 0$）

よって $q_1 = 1$，$q_2 = 0$ とすれば，初期条件は以下のように得られる．

$$\begin{Bmatrix} x_1(0) \\ x_2(0) \end{Bmatrix} = \begin{Bmatrix} 0.5 \\ 1 \end{Bmatrix} \tag{4.73}$$

ただしこのとき，$\dot{x}_1 = \dot{x}_2 = 0$ であり，同時に $\dot{q}_1 = \dot{q}_2 = 0$ となる．

4・4　強制振動（forced vibration）

・強制振動(forced vibration)による系の応答は，固有振動モードの強制振動応答の重ね合わせで表すことができる．

・強制振動応答は，加振点により異なった応答を示す．

【例 4・9】　＊＊＊＊＊＊＊＊＊＊＊＊＊＊＊＊＊＊＊＊＊＊＊＊＊

図 4.16 に示される【例 4・5】の 2 自由度振動系について，

(1)　モード質量，モード剛性を求めよ．

(2)　質点 1 に加振力 f を与えるときのモード座標における運動方程式を求めよ．

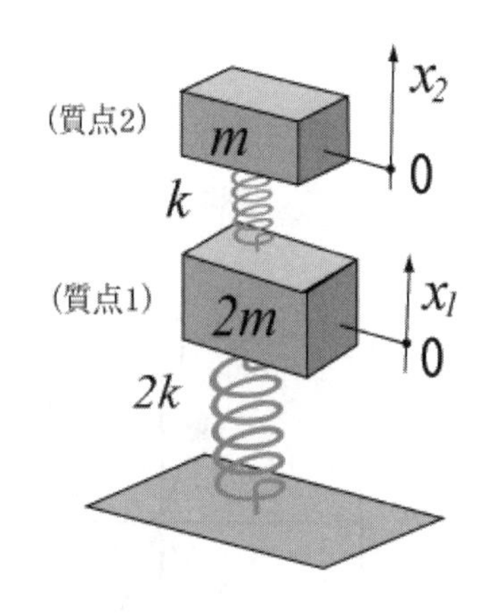

図 4.16　減衰の無い 2 自由度振動系

【解 4・9】

(1)　【例 4・8】と同様に，固有振動モードを $\boldsymbol{u}_1 = \{0.5 \quad 1\}^t$，$\boldsymbol{u}_2 = \{1 \quad -1\}^t$ と表せば，モード質量 $m^{(i)}$ およびモード剛性 $k^{(i)}$ は，

$$m^{(1)} = \boldsymbol{u}_1{}^t \boldsymbol{M} \boldsymbol{u}_1 = \{0.5 \quad 1\}\begin{bmatrix} 2m & 0 \\ 0 & m \end{bmatrix}\begin{Bmatrix} 0.5 \\ 1 \end{Bmatrix} = 1.5m \tag{4.74}$$

$$m^{(2)} = \boldsymbol{u}_2{}^t \boldsymbol{M} \boldsymbol{u}_2 = \{1 \quad -1\}\begin{bmatrix} 2m & 0 \\ 0 & m \end{bmatrix}\begin{Bmatrix} 1 \\ -1 \end{Bmatrix} = 3m \tag{4.75}$$

$$k^{(1)} = \boldsymbol{u}_1{}^t \boldsymbol{K} \boldsymbol{u}_1 = \{0.5 \quad 1\}\begin{bmatrix} 3k & -k \\ -k & k \end{bmatrix}\begin{Bmatrix} 0.5 \\ 1 \end{Bmatrix} = 0.75k \tag{4.76}$$

$$k^{(2)} = \boldsymbol{u}_2{}^t \boldsymbol{K} \boldsymbol{u}_2 = \{1 \quad -1\}\begin{bmatrix} 3k & -k \\ -k & k \end{bmatrix}\begin{Bmatrix} 1 \\ -1 \end{Bmatrix} = 6k \tag{4.77}$$

なお，ここでモード質量とモード剛性に関して，1 自由度系の固有角振動数と同様の関係があることが確認できる．

$$\sqrt{\frac{k^{(1)}}{m^{(1)}}} = \sqrt{\frac{0.75k}{1.5m}} = \sqrt{\frac{k}{2m}} = \omega_1 \tag{4.78}$$

$$\sqrt{\frac{k^{(2)}}{m^{(2)}}} = \sqrt{\frac{6k}{3m}} = \sqrt{\frac{2k}{m}} = \omega_2 \tag{4.79}$$

(2)　i 次のモード座標における運動方程式は，加振力ベクトルを f として

$$m^{(i)}\ddot{q}_i + k^{(i)}q_i = \boldsymbol{u}_i{}^t \boldsymbol{f} \tag{4.80}$$

と表されるので，右辺の外力項を求めると，

$$\boldsymbol{u}_1{}^t \boldsymbol{f} = \{0.5 \quad 1\}\begin{Bmatrix} f \\ 0 \end{Bmatrix} = 0.5f \tag{4.81}$$

$$\boldsymbol{u}_2{}^t \boldsymbol{f} = \{1 \quad -1\}\begin{Bmatrix} f \\ 0 \end{Bmatrix} = f \tag{4.82}$$

これより，

$$1.5m\ddot{q}_1 + 0.75kq_1 = 0.5f \tag{4.83}$$

$$3m\ddot{q}_2 + 6kq_2 = f \tag{4.84}$$

ここで，第1行目を次のように表すこともできる．

$$3m\ddot{q}_1 + 1.5kq_1 = f \tag{4.85}$$

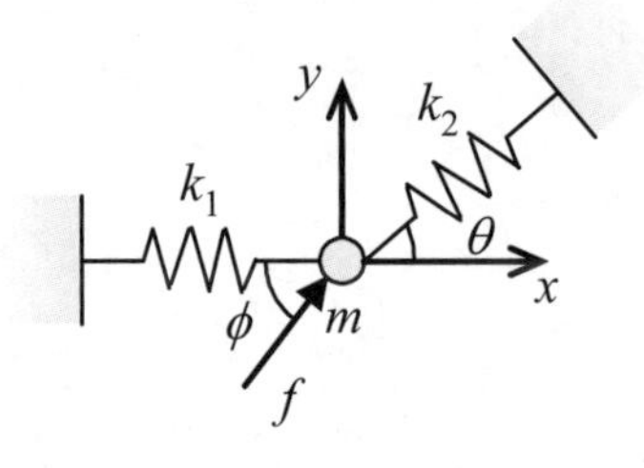

図 4.17　2次元ばね－質点系の強制振動

【例 4・10】　＊＊＊＊＊＊＊＊＊＊＊＊＊＊＊＊＊＊＊＊＊＊＊＊＊

【例 4・7】と同様の図 4.17 に示される2次元ばね－質量系に対して，角度 ϕ の方向に加振力 f を作用させるとき，以下の問いに答えよ．

(1)　1次モードを最大に励起する加振方向．

(2)　1次モードをまったく励起させない加振方向．

【解 4・10】

(1)　1次のモード座標における運動方程式は，1次の固有振動モードを $\boldsymbol{u}_1$，外力ベクトルを $\boldsymbol{f}$ として，以下のように表される．

$$m^{(1)}\ddot{q}_1 + k^{(1)}q_1 = \boldsymbol{u}_1^t \boldsymbol{f} \tag{4.86}$$

このことから，加振力ベクトル $\boldsymbol{f}$ が1次固有振動モードと平行のときに1次モードが最大に励起されることがわかる．すなわち，1次モードを最大に励起する加振方向は，$\phi = -67.5°$ または $\phi = 112.5°$．

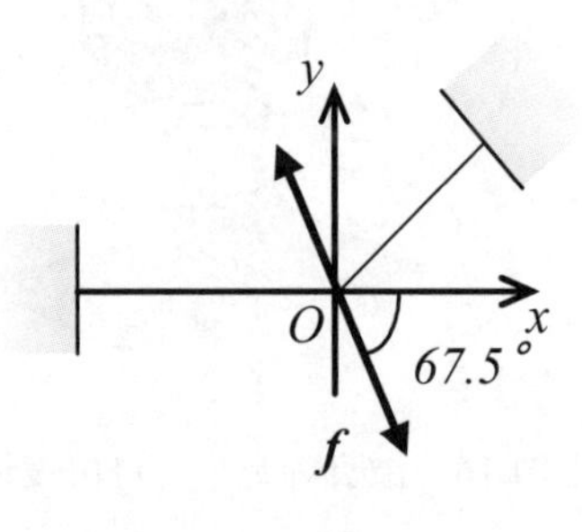

(a)　1次モードを最大に励起する加振方向

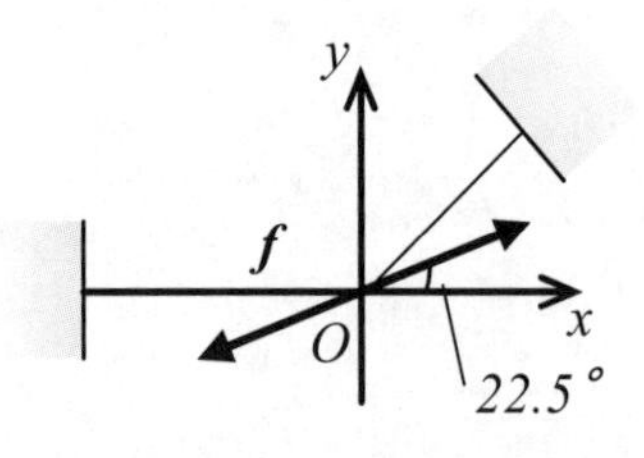

(b)　1次モードをまったく励起させない加振方向

図 4.18　強制加振の方向と応答の関係

(2)　式(4.80)より，1次モードがまったく励起されないのは，1次の固有振動モード $\boldsymbol{u}_1$ と直交する方向に加振したときであることがわかる．これらの関係を図示したのが図 4.18 である．1次モードと2次モードの固有振動モードの方向は直交関係にあるので，1次モードがまったく励起されない加振方向は，2次モードを最大に励起する加振方向に一致している．

＝＝＝＝＝＝　練習問題　＝＝＝＝＝＝＝＝＝＝＝＝＝＝＝＝＝＝

【4・1】　**【例 4・3】**の二重振子の運動方程式をエネルギーによる方法（ラグランジュの運動方程式）を用いて求めよ．

【4・2】　Derive the equation of motion of the two-DOF system shown in Fig.4.19, which is subject to the base excitation.

【4・3】　Describe the equation of motion of the system shown in Fig.4.19 in terms of u_1, u_2 and y where $u_1 = x_1 - y$ and $u_2 = x_2 - y$ are the relative displacements.

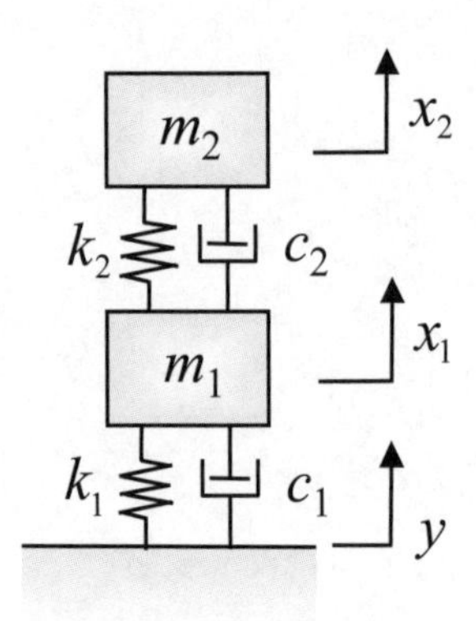

Fig.4.19　Two-DOF system subject to the base excitation

第５章

連続体の振動

Vibration of Continuous Systems

5・1　棒の縦振動，軸のねじり振動，はりの曲げ振動 (Longitudinal vibration of bar, twisting vibration of shaft and bending vibration of beam)

・自由度と連続体(degree of freedom and continuous systems)

振動系の運動状態を厳密に表すため，各質点の位置 $x_1, x_2, ..., x_n$ を原点として運動中の位置(変位)を表す変数 $u_1, u_2, ..., u_n$ を必要とする場合に，この系を，n 自由度を持つ系(多自由度系)と呼び，系は n 個の固有振動数と固有振動モード形を持つ(図 5.1).

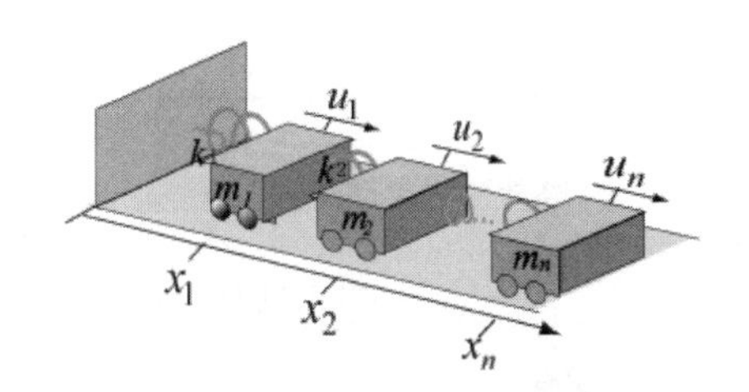

図 5.1　n 自由度系

連続体(continuous systems)は，有限な自由度(degree of freedom)を無限にまで進めた系であり，理論的には無数の固有振動数を持つ(図 5.2). 実際には，無限自由度を近似的に有限に置き換えて解き，多数の固有振動数を得る．これらのうち，最も低い値の固有振動数(基本振動数)から数えて数個の値が工学的に重要となる.

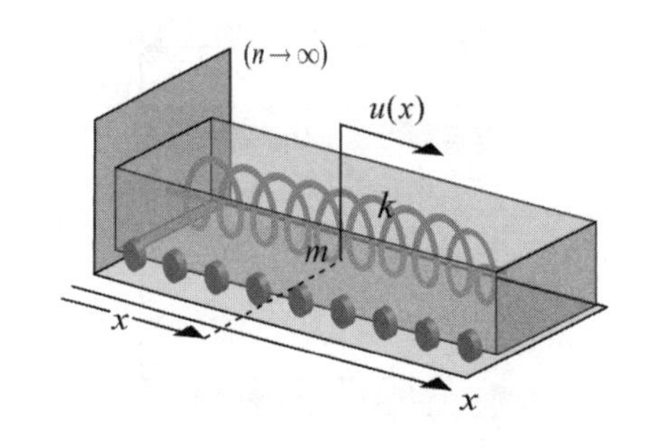

図 5.2　無限度系

・連続体の復元力 (弾性力) (restoring force of continuous systems)

復元力が張力から与えられる弦と膜, 軸方向の伸び剛性から与えられる棒, また曲げ剛性の弾性力から与えられるはり，板，殻などの構造(要素)がある.

・棒，軸，はり(bar, shaft and beam)

これらは同じ棒状の連続体であるが，縦(軸)方向，ねじり方向，横(曲げ)方向の振動を考えるときに慣用的に，それぞれ棒，軸，はりと名称を使い分けることが多い．なお軸方向の圧縮力を受ける場合には，柱ともいう.

・一様な棒の縦自由振動(longitudinal free vibration)

方程式 $$\frac{\partial^2 u}{\partial x^2} - \frac{1}{c^2}\frac{\partial^2 u}{\partial t^2} = 0 \quad \left(c^2 = \frac{E}{\rho}\right) \tag{5.1}$$

(u:縦方向の変位，E: 縦弾性係数(ヤング率)，ρ:密度

一般解 $$u(x,t) = \left(C_1 \sin\frac{\omega}{c}x + C_2 \cos\frac{\omega}{c}x\right)\sin\omega_n t \tag{5.2}$$

C_1, C_2 ：定数，ω_n ：固有角振動数(natural angular frequency)

固有角振動数 $\omega_n = \dfrac{\lambda_n}{L}\sqrt{\dfrac{E}{\rho}}$　rad/s または

固有振動数 $$f_n = \frac{\lambda_n}{2\pi L}\sqrt{\frac{E}{\rho}} \quad \text{Hz} \tag{5.3}$$

ただし，Lは棒の長さ

$$\lambda_n = n\pi \quad (n=1,2,...)$$：自由端-自由端，固定端-固定端

$$\lambda_n = (2n-1)\pi/2 \quad (n=1,2,...)$$：固定端-自由端

・一様な円形軸のねじり自由振動(torsional free vibration)

ねじり振動の方程式は，棒の縦振動の式と同じ形である．

$$\frac{\partial^2\phi}{\partial x^2} - \frac{1}{c^2}\frac{\partial^2\phi}{\partial t^2} = 0 \quad \left(c^2 = \frac{G}{\rho}\right) \tag{5.4}$$

（ϕ:ねじり方向の角度変位，G：せん断(横)弾性係数，ρ：密度)一般解

$$\phi(x,t) = \left(C_1 \sin\frac{\omega}{c}x + C_2 \cos\frac{\omega}{c}x\right)\sin\omega_n t \tag{5.5}$$

（C_1, C_2:係数，ω_n：固有角振動数(natural angular frequency))

固有角振動数 $\omega_n = \dfrac{\lambda_n}{L}\sqrt{\dfrac{G}{\rho}}$

または固有振動数 $f_n = \dfrac{\lambda_n}{2\pi L}\sqrt{\dfrac{G}{\rho}}$ (5.6)

ただし $\lambda_n = n\pi \quad (n=1,2,...)$：自由端-自由端，固定端-固定端

$\lambda_n = (2n-1)\pi/2 \quad (n=1,2,...)$：固定端-自由端

・一様なはりの曲げ振動(bending vibration)の運動方程式

$$EI\frac{\partial^4 w}{\partial x^4} + \rho A\frac{\partial^2 w}{\partial t^2} = 0 \tag{5.7}$$

（w：横方向の変位(たわみ)，I：断面二次モーメント，A：断面積）

ここでEIは曲げ剛性と呼ばれる．

一般解

$$w(x,t) = (C_1\cos\alpha x + C_2\sin\alpha x + C_3\cosh\alpha x + C_4\sinh\alpha x)\sin\omega_n t \tag{5.8}$$

固有角振動数　$\omega_n = \dfrac{\lambda_n^2}{L^2}\sqrt{\dfrac{EI}{\rho A}}$　または

固有振動数　$f_n = \dfrac{\lambda_n^2}{2\pi L^2}\sqrt{\dfrac{EI}{\rho A}}$ (5.9)

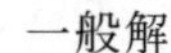

境界条件によりλが異なる(図5.3)．

$\lambda_n = 4.730,\ 7.853,\ 10.996$：自由-自由はり

$\lambda_n = 3.927,\ 7.069,\ 10.210$：支持-自由はり

$\lambda_n = 1.875,\ 4.694,\ 7.855$：固定-自由はり(片持ちはり)

$\lambda_n = \pi,\ 2\pi,\ 3\pi, .., n\pi$：支持-支持はり

$\lambda_n = 3.927,\ 7.069,\ 10.210$：固定-支持はり

$\lambda_n = 4.730,\ 7.853,\ 10.996$：固定-固定はり

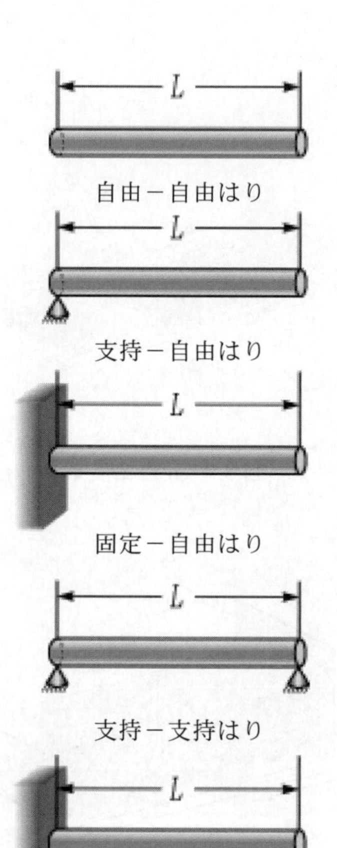

図5.3　境界条件

【例 5・1】　＊＊＊＊＊＊＊＊＊＊＊＊＊＊＊＊＊＊＊＊＊＊＊＊

図 5.4 のような正方形断面(1cm×1cm)と長さ 2m を持つアルミニウム製($E = 70.0\,\mathrm{GPa}, \rho = 2700\,\mathrm{kg/m^3}$)の棒がある．両端自由棒と両端固定棒の 3 次までの縦振動の固有振動数 f_1, f_2, f_3 [Hz]を求めよ．

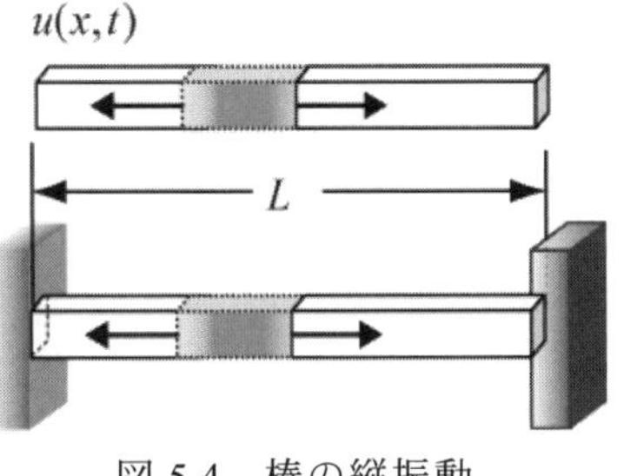

図 5.4　棒の縦振動

【解 5・1】

式(5.3)の定数部分は $C = (\pi / 2\pi L)(E/\rho)^{1/2} = (1/4)(70\times10^9/2700)^{1/2}$，これから $f_1 = C = 1270$, $f_2 = 2\times C = 2550$, $f_3 = 3\times C = 3820\,\mathrm{Hz}$ と高い値になる．このように一様断面の棒の固有振動数は断面積の値に関係しない．

【例 5・2】　＊＊＊＊＊＊＊＊＊＊＊＊＊＊＊＊＊＊＊＊＊＊＊＊

図 5.5 のような円形断面(直径 1cm)で長さ 2m のアルミニウム製($\mathrm{G} = 26.0$ GPa, $\rho = 2700\,\mathrm{kg/m^3}$)の棒がある．両端自由棒と両端固定棒の 3 次までのねじり振動の固有振動数 f_1, f_2, f_3 [Hz]を求めよ．

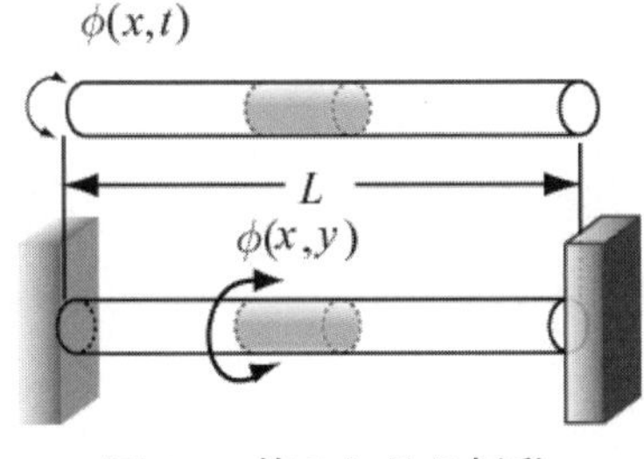

図 5.5　棒のねじり振動

【解 5・2】

式(5.6)を用い $C = (1/2L)(G/\rho)^{1/2} = (1/4)(26\times10^9/2700)^{1/2}$，これから $f_1 = C = 776$, $f_2 = 2C = 1550$, $f_3 = 3C = 2330\,\mathrm{Hz}$ となる．固有振動数の式は，縦振動の E をせん断弾性係数 G に置換えただけであるが，G が E より小さい分($G = E/2(1+\nu)$)だけ，振動数値が低くなる．棒の縦振動と同じく,一様断面の棒のねじり振動では，固有振動数に断面積は関係しない．

【例 5・3】　＊＊＊＊＊＊＊＊＊＊＊＊＊＊＊＊＊＊＊＊＊＊＊＊

(a) 図 5.6 のような長方形断面(高さ 0.5cm,幅 1cm)で長さ 1m の両端支持はりがある．材料がアルミニウム($E = 70$ GPa, $\rho = 2700\,\mathrm{kg/m^3}$)のとき，3 次までの曲げ振動の固有振動数 f_1, f_2, f_3[Hz]を求めよ．

(b) 軟鋼製はり($E = 206$ GPa, $\rho = 7800\,\mathrm{kg/m^3}$)の固有振動数と比較せよ．

(c) (a) のはりで，高さと幅を入れ替えたときの固有振動数を求めよ．

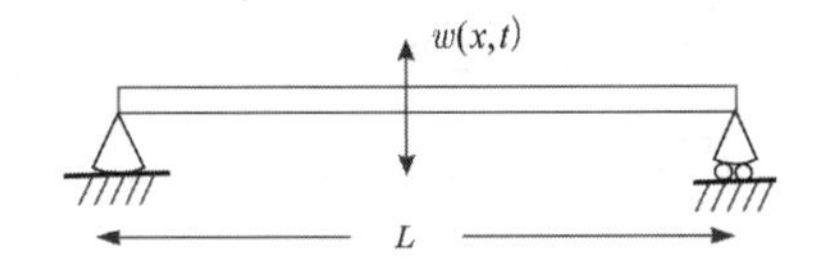

図 5.6　はりの曲げ振動

【解 5・3】

(a) アルミはりでは，式(5.9)から，

$$f_n = \frac{(n\pi)^2}{2\pi L^2}\sqrt{\frac{EI}{\rho A}} = n^2\left(\frac{\pi}{2L^2}\sqrt{\frac{EI}{\rho A}}\right) = n^2\left(\frac{\pi}{2}\sqrt{\frac{70\times10^9\times10^{-2}\times\left(5\times10^{-3}\right)^3}{2700\times5\times10^{-3}\times10^{-2}\times12}}\right) \quad (5.10)$$

したがって $f_1 = 11.5$, $f_2 = 46.2$, $f_3 = 104\,\mathrm{Hz}$

(b) 軟鋼では，

$$f_n = \frac{(n\pi)^2}{2\pi L^2}\sqrt{\frac{EI}{\rho A}} = n^2\left(\frac{\pi}{2L^2}\sqrt{\frac{EI}{\rho A}}\right) = n^2\left(\frac{\pi}{2}\sqrt{\frac{206\times10^9\times10^{-2}\times\left(5\times10^{-3}\right)^3}{7800\times5\times10^{-3}\times10^{-2}\times12}}\right) \quad (5.11)$$

したがって $f_1 = 11.7$, $f_2 = 46.6$, $f_3 = 105$ Hz.

これはアルミはりとほぼ同じである.すなわち軟鋼は，剛性は大きいが慣性力を与える質量も大きいためである.

(c)　高さを 1cm，幅を 0.5cm とした場合は，

$$f_n = \frac{(n\pi)^2}{2\pi L^2}\sqrt{\frac{EI}{\rho A}} = n^2\left(\frac{\pi}{2L^2}\sqrt{\frac{EI}{\rho A}}\right) = n^2\left(\frac{\pi}{2}\sqrt{\frac{70\times10^9\times5\times10^{-3}\times\left(10^{-2}\right)^3}{2700\times5\times10^{-3}\times10^{-2}\times12}}\right) \quad (5.12)$$

したがって $f_1 = 23.1$, $f_2 = 92.4$, $f_3 = 208$ Hz.

このように，棒の縦振動と異なり，はりの曲げ振動では断面形によって決まる断面二次モーメントが曲げ剛性に関わり，断面寸法は固有振動数に大きく影響する．(a) (c)を比較すると，同じ材質であっても，高さと幅を入れ替えるだけで，固有振動数に大きな違いができている.

【例 5・4】　＊＊＊＊＊＊＊＊＊＊＊＊＊＊＊＊＊＊＊＊＊＊＊＊＊

図 5.7 のような円形断面(直径 1cm)で長さ 1m のアルミニウム製($E = 70$ GPa, $\rho = 2700$ kg/m^3)のはりがある．両端固定はりの 3 次までの曲げ振動の固有振動数 f_1, f_2, f_3[Hz]を求めよ．また固定－自由の片持はりの曲げ振動の振動数も求めよ.

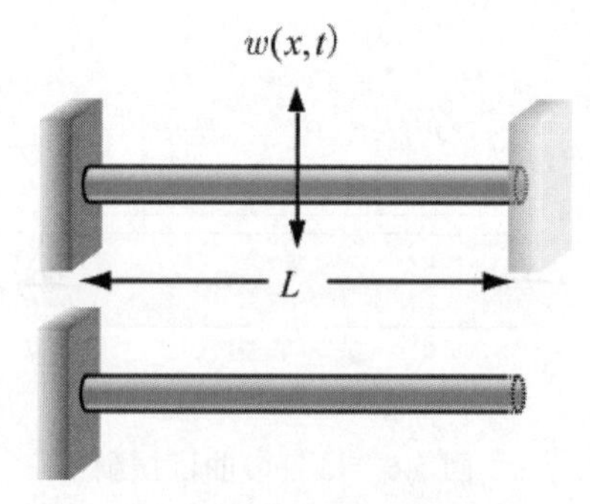

図 5.7　はりの曲げ振動

【解 5・4】

アルミはりでは，式(5.9)から，

$$f_n = \frac{\lambda_n^{\ 2}}{2\pi L^2}\sqrt{\frac{EI}{\rho A}} = \lambda_n^{\ 2}\left(\frac{1}{2\pi L^2}\sqrt{\frac{EI}{\rho A}}\right) = \lambda_n^{\ 2}\left(\frac{1}{2\pi}\sqrt{\frac{70\times10^9\times\pi\times\left(10^{-2}\right)^4}{2700\times\pi\times\left(5\times10^{-3}\right)^2\times64}}\right) \quad (5.13)$$

両端固定はりの $\lambda_2 = 4.730, 7.853, 10.996$ から，
$f_1 = 45.3$, $f_2 = 125$, $f_3 = 245$ Hz

片持はりの $\lambda_n = 1.875$，4.694，7.855 から，
$f_1 = 7.12$, $f_2 = 44.6$, $f_3 = 125$ Hz

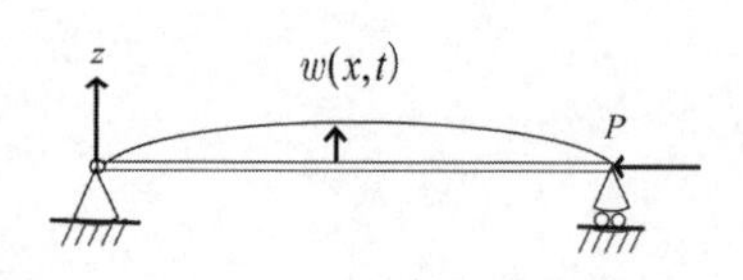

図 5.8　軸力を受ける両端支持はり

【例 5・5】　＊＊＊＊＊＊＊＊＊＊＊＊＊＊＊＊＊＊＊＊＊＊＊＊＊

図 5.8 に示すように，長さ L の両端支持はりが両端で軸力 P が作用している．この場合にはりの運動方程式は，ある仮定の下に

$$EI\frac{\partial^4 w}{\partial x^4}+\rho A\frac{\partial^2 w}{\partial t^2}+P\frac{\partial^2 w}{\partial x^2}=0 \tag{5.14}$$

となる.

これを，$w(x,t)=C\sin\left(\frac{n\pi x}{L}\right)\sin\omega t$ の解を代入して，ω^2 を求めよ.

【解 5・5】

w を方程式に代入すると，この場合にはりの運動方程式は

$$\left\{EI\left(\frac{n\pi}{L}\right)^4-\rho A\omega^2-P\left(\frac{n\pi}{L}\right)^2\right\}\sin\left(\frac{n\pi x}{L}\right)\sin\omega t=0 \tag{5.15}$$

となり，ω^2 は，P と

$$\rho A\omega^2=-P\left(\frac{n\pi}{L}\right)^2+EI\left(\frac{n\pi}{L}\right)^4 \tag{5.16}$$

の関係になる．これから $P=0$ では，$\lambda_n=\pi$，2π，$3\pi,..,n\pi$ の振動数を持つが，軸力が増加するにつれて振動数は減少して，最後には ω^2=0 となる．これが軸力による横方向の力と曲げ剛性による弾性力が釣合いを失う力学的な位置である．この点が，線形座屈と呼ばれる静的な臨界座屈であり，その荷重値の解が

$P_{cr}=EI\left(\frac{\pi}{L}\right)^2$ である.

一度座屈が起きると高い次数は物理的意味がないため，$n=1$ である.

5・2 平板の曲げ振動（Bending vibration of flat plate）

・等方性平板の運動方程式

$$D\left(\frac{\partial^4 w}{\partial x^4}+2\frac{\partial^4 w}{\partial x^2\partial y^2}+\frac{\partial^4 w}{\partial y^4}\right)+\rho h\frac{\partial^2 w}{\partial t^2}=0 \tag{5.17}$$

・平板の曲げ剛性(bending stiffness)

$$D=\frac{Eh^3}{12(1-\nu^2)} \tag{5.18}$$

・全周単純支持長方形板の解

$$w(x,y,t)=A_{mn}\sin\frac{m\pi x}{a}\sin\frac{n\pi y}{b}\sin\omega t \tag{5.19}$$

・全周単純支持長方形板の曲げ振動の固有振動数(natural frequency of bending vibration)

$$\omega_{mn} = \pi^2 \sqrt{\frac{D}{\rho h}} \left[\left(\frac{m}{a} \right)^2 + \left(\frac{n}{b} \right)^2 \right], \quad f_{mn} = \frac{\omega_{mn}}{2\pi} \tag{5.20}$$

・等方性平板の強制振動の方程式(equation of forced vibration)

$$D\left(\frac{\partial^4 w}{\partial x^4} + 2\frac{\partial^4 w}{\partial x^2 \partial y^2} + \frac{\partial^4 w}{\partial y^4} \right) + \rho h \frac{\partial^2 w}{\partial t^2} = P(x,y,t) \tag{5.21}$$

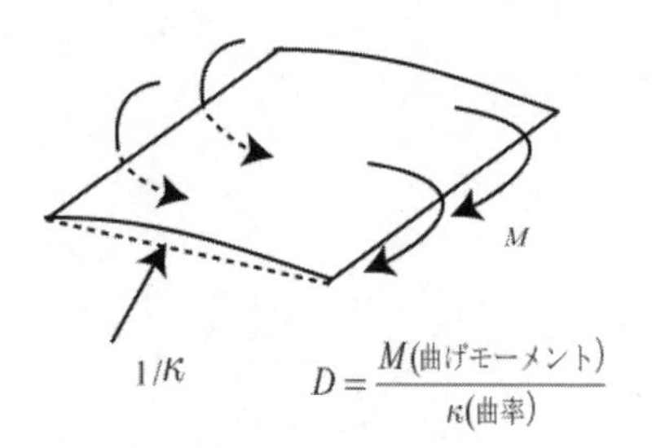

図 5.9　曲げ剛性

【例 5・6】　＊＊＊＊＊＊＊＊＊＊＊＊＊＊＊＊＊＊＊＊＊＊＊＊＊

図 5.9 のような厚さ 1mm,5mm,1cm の軟鋼($E = 206$ GPa , $\nu = 0.3$ kg/m^3)の平板がある．それぞれの曲げ剛性を求めて，値を比較せよ．

【解 5・6】

式(5.18)から，

$$C = \frac{E}{12(1-\nu^2)} = \frac{206 \times 10^9}{12(1-0.3^2)} = 18.86 \times 10^9 \tag{5.22}$$

したがって，厚さ 1mm,5mm,1cm は $h^3 = 10^{-9}$, 75×10^{-9}, 10^{-6} m^3 から，

$D = 18.9$, 1415, 18900 Nm と大きく値が異なることがわかる．

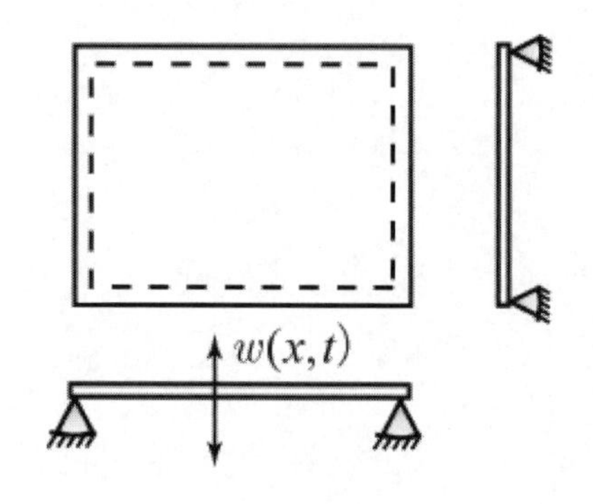

図 5.10　単純支持長方形板の曲げ振動

【例 5・7】　＊＊＊＊＊＊＊＊＊＊＊＊＊＊＊＊＊＊＊＊＊＊＊＊＊

図 5.10 のような辺長 1m×2m で厚さ 1cm の軟鋼($E = 206$ GPa, $\nu = 0.3$, $\rho = 7800$ kg/m^3)の周辺で単純支持された長方形平板がある．固有振動数 f_1, f_2, f_3 を求めよ．

【解 5・7】

式(5.20)の定数部分は，

$$C = \pi^2 \left(\frac{D}{\rho h} \right)^{1/2} = \pi^2 \left(\frac{1}{\rho h} \frac{Eh^3}{12(1-\nu^2)} \right)^{1/2} = 76.74 \tag{5.23}$$

これから，$\omega_{11} = 192$， $\omega_{12} = 307$， $\omega_{21} = 652$， $\omega_{22} = 768$ rad/s

すなわち $f_1 = 30.5$， $f_2 = 48.9$， $f_3 = 104$ Hz となる．

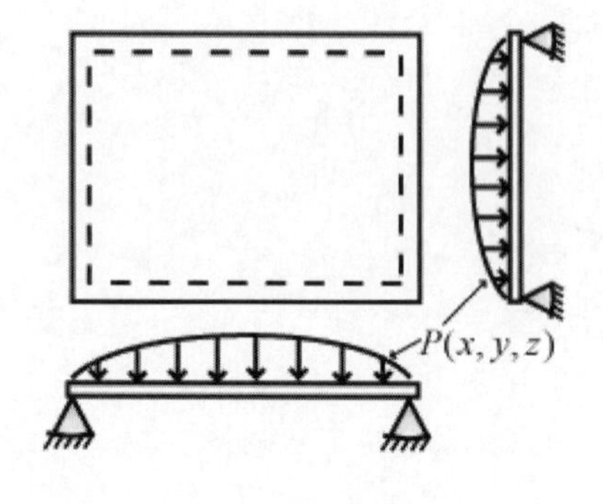

図 5.11　正弦波形の振動外力を受ける単純支持長方形板の曲げ振動応答例

【例 5・8】　＊＊＊＊＊＊＊＊＊＊＊＊＊＊＊＊＊＊＊＊＊＊＊＊＊

図 5.11 のような外力 $P(x,y,t) = P_0 \sin\frac{\pi x}{a} \sin\frac{\pi y}{b} \sin\omega t$ を受ける長方形板の応答変位を求めよ．ここで ω は，強制外力の角振動数を表す．

【解 5・8】

運動方程式は，式(5.21)から

$$D\left(\frac{\partial^4 w}{\partial x^4}+2\frac{\partial^4 w}{\partial x^2 \partial y^2}+\frac{\partial^4 w}{\partial y^4}\right)+\rho h\frac{\partial^2 w}{\partial t^2}=P_0 \sin\frac{\pi x}{a}\sin\frac{\pi y}{b}\sin\omega t \qquad (5.24)$$

周期的な外力を受け，応答変位がその振動数に支配されると，その変位は

$$w(x,y,t)=A_{mn}\sin\frac{m\pi x}{a}\sin\frac{n\pi x}{b}\sin\omega t$$

となる．これを式(5.24)に代入すると

$$w(x,y,t)=\frac{P_0}{D\pi^2\left\{\left(\frac{m}{a}\right)^2+\left(\frac{n}{b}\right)^2\right\}^2-\rho h\omega^2}\sin\frac{\pi x}{a}\sin\frac{\pi y}{b}\sin\omega t \qquad (5.25)$$

となる．より一般的な分布荷重は，それをフーリエ級数に展開して，$m=1,2,\cdots$，$n=1,2,\cdots$ に対応する係数 A_{mn} を求めて重ね合わせることで解を得る

5・3　エネルギーによる解法（Solution techniques by using energy）

・はりの曲げ振動(bending vibration of beam)のエネルギー式

ひずみエネルギー　$$U=\frac{E}{2}\int_0^L I\left(\frac{\partial^2 w}{\partial x^2}\right)^2 dx \qquad (5.26)$$

運動エネルギー　$$T=\frac{\rho A}{2}\int_0^L \left(\frac{\partial w}{\partial t}\right)^2 dx \qquad (5.27)$$

$$U_{\max}-T_{\max}=\frac{E}{2}\int_0^L I\left(\frac{d^2 W}{dx^2}\right)^2 dx-\omega^2\frac{\rho A}{2}\int_0^L W^2 dx=0 \qquad (5.28)$$

ただし $\omega(x,t)=W(x)\sin\omega t$

・レイリー近似による振動数解

式(5.28)から，振動数について解くと

$$\omega^2=\frac{E}{2}\int_0^L I\left(\frac{d^2 W}{dx^2}\right)^2 dx \Big/ \frac{\rho A}{2}\int_0^L W^2 dx \qquad (5.29)$$

・平板の曲げ振動(bending vibration of flat plate)のエネルギー式

ひずみエネルギー

$$U=\frac{D}{2}\int_A\left[\left(\frac{\partial^2 w}{\partial x^2}+\frac{\partial^2 w}{\partial y^2}\right)^2-2(1-\nu)\left\{\frac{\partial^2 w}{\partial x^2}\frac{\partial^2 w}{\partial y^2}-\left(\frac{\partial^2 w}{\partial x\partial y}\right)^2\right\}\right]dA \tag{5.30}$$

運動エネルギー

$$T=\frac{\rho h}{2}\int_A\left(\frac{\partial w}{\partial t}\right)^2 dA \tag{5.31}$$

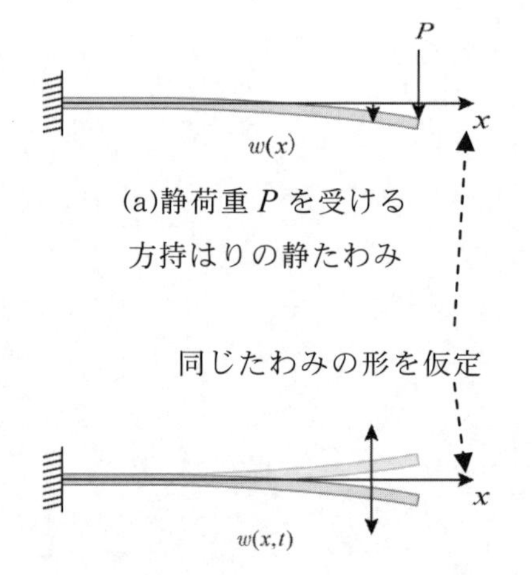

(a)静荷重 P を受ける
方持はりの静たわみ

(b)片持ちはりの基本振動

図 5.12 はりの静たわみと基本振動

【例 5・9】　＊＊＊＊＊＊＊＊＊＊＊＊＊＊＊＊＊＊＊＊＊＊＊＊＊

図 5.12 のような片持はり(固定-自由)が自由端に集中荷重を受ける場合のたわみ形 $W(x)=x^3-3Lx^2$ を利用して，基本振動数の近似解を求めよ.

【解 5・9】

$T_{\max}$ は，$$T_{\max}=\frac{\rho A\omega^2}{2}\int_0^L\left(x^3-3Lx^2\right)^2dx=\frac{1}{2}\left(\frac{33}{35}\right)\rho AL^7 \tag{5.32}$$

$U_{\max}$ は，$$U_{\max}=\frac{EI}{2}\int_0^L 36(x-L)^2dx=6EIL^3 \tag{5.33}$$

これから

$$\omega^2=\frac{420}{33}\left(\frac{EI}{\rho AL^4}\right),\quad \omega=3.568\left(\frac{EI}{\rho AL^4}\right)^{1/2} \tag{5.34}$$

これを厳密解の係数$(1.875)^2=3.516$ と 1.5%の差異となる.

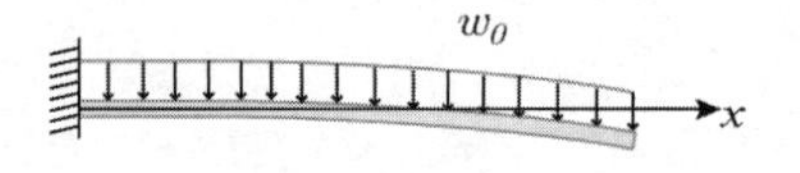

図 5.13 等分布荷重 w_0 を受ける
方持はりの静たわみ

【例 5・10】　＊＊＊＊＊＊＊＊＊＊＊＊＊＊＊＊＊＊＊＊＊＊＊＊＊

図 5.13 のようにさらなる解の精度改善を期待して，片持はりが全長にわたり等分布荷重を受ける場合のたわみ形 $W(x)=x^4-4L^3x+3L^4$ を利用して，基本振動数の近似解を求めよ.

【解 5・10】

$T_{\max}$ は，$$T_{\max}=\frac{\rho A\omega^2}{2}\int_0^L\left(x^4-4L^3x+3L^4\right)^2dx=\frac{1}{2}\left(\frac{104}{45}\right)\rho AL^7\omega^2 \tag{5.35}$$

$U_{\max}$ は，$$U_{\max}=\frac{EI}{2}\int_0^L 144x^4dx=\frac{72}{5}EIL^3 \tag{5.36}$$

これから

$$\omega^2=\frac{162}{13}\left(\frac{EI}{\rho AL^4}\right),\quad \omega=3.530\left(\frac{EI}{\rho AL^4}\right)^{1/2} \tag{5.37}$$

これを厳密解の係数$(1.875)^2=3.516$ と 0.4%の差異となり，ほぼ厳密な解に近いことがわかる.

－レイリー法とリッツ法－

【例 5・10】に示すように，レイリー法では振幅を近似する関数の次数により解の精度が異なる．複数の高次関数を重ね合わせると，さらに精度向上が期待される．これがリッツ法であり，振幅を幾何学的な境界条件を満足させた基底関数と未定係数の積和に仮定する．この関数を代入した二つのエネルギーから作られる汎関数を，未定係数に関して極小化して，固有振動数と固有振動モードを求める.

======== 練習問題 ==

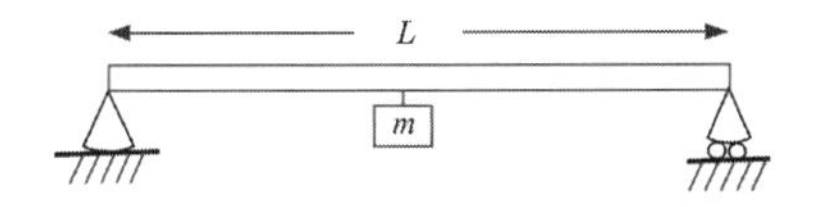

図 5.14 中央に集中質量を持つ両端支持はり

【5・1】　図 5.14 に示す両端支持はり(長さ $L = 1\mathrm{m}$,はりの質量は無視する)の中央に，質量 $m = 50\mathrm{kg}$ の機械が取り付けられている．この振動系を 1 自由度系に置き換えて，その固有振動数を求めよ．はりの断面は正方形(一辺 1cm)，材料は軟鋼($E = 206\mathrm{GPa}$)と仮定する．1 自由度に近似する場合のばね剛性を，両端支持はりの中央に作用する集中荷重 P と $w(L/2)$ の関係 $w(L/2) = PL^3/48EI$ から求めなさい．

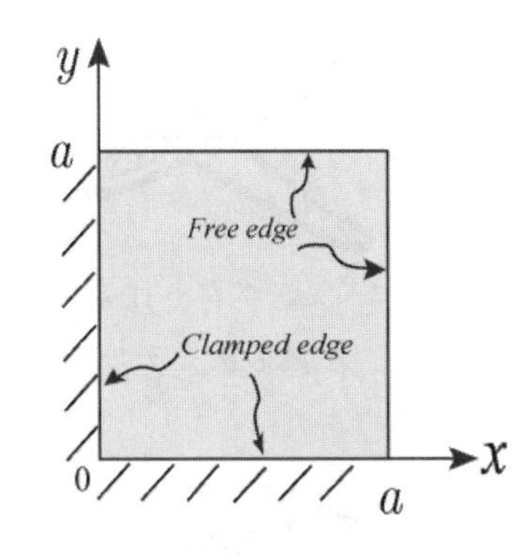

Fig.5.15 square plate clamped at two adjacent edges

【5・2】　Using a Rayleigh method, find an approximate frequency solution $\lambda = \omega a^2\sqrt{\rho h/D}$ for a square plate shown in Fig.5.15. This plate is clamped at two adjacent edges ($x = 0$ and $y = 0$) and is totally free at the remaining edges ($x = a$ and $y = a$) Assume a solution in the form.

$W(x, y) = (x^3 - 3ax^2)(y^3 - 3ay^2)$

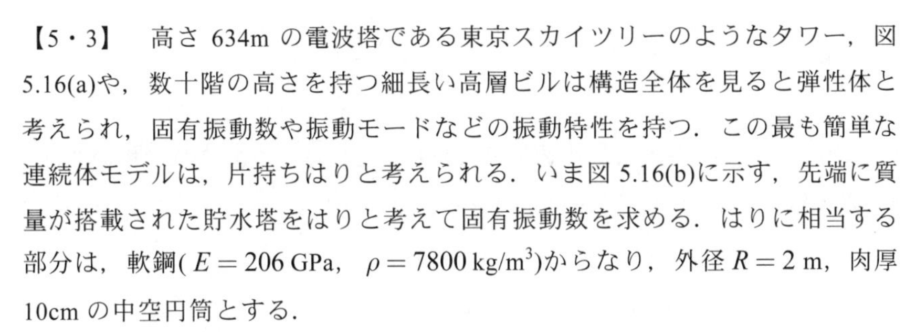

【5・3】　高さ 634m の電波塔である東京スカイツリーのようなタワー，図 5.16(a)や，数十階の高さを持つ細長い高層ビルは構造全体を見ると弾性体と考えられ，固有振動数や振動モードなどの振動特性を持つ．この最も簡単な連続体モデルは，片持ちはりと考えられる．いま図 5.16(b)に示す，先端に質量が搭載された貯水塔をはりと考えて固有振動数を求める．はりに相当する部分は，軟鋼($E = 206\ \mathrm{GPa}$, $\rho = 7800\ \mathrm{kg/m^3}$)からなり，外径 $R = 2\ \mathrm{m}$，肉厚 10cm の中空円筒とする．

(1)　先端の質量を無視した場合に，その基本振動数を【例 5・9】の方法により求めよ．

(2)　先端の質量 500kg の容器に 4 トンの水が貯水されている．この水容器をはり先端に付加された質点と考えて，貯水塔の基本振動数を求めよ．なお振動系の運動エネルギーは，質点とはりの運動エネルギーの和と考えてよい．

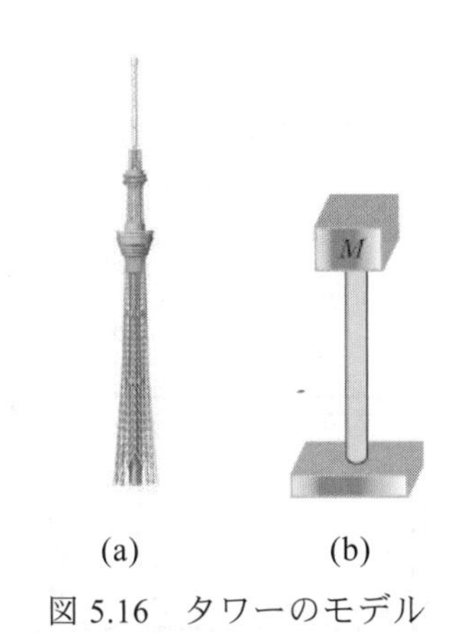

(a)　　(b)

図 5.16　タワーのモデル

【5・4】　航空機は，おもに主翼により生じる揚力により飛翔する．主翼は一枚の板ではなく，必要な翼型を実現するリブと翼長方向の剛性を確保するウェブを内部に持ち，表面を外皮で覆う構造である．この複雑な構造を詳細に解析するためには，図 5.17 のように有限要素法(FEM)が用いられる．これを図 5.18 のように，方向によって曲げ剛性が異なる材料異方性板にモデル化する．そして振幅を $w(x,y)$ とすると，等方性板のひずみエネルギー式(5.21)の代わりに，

$$U = \frac{1}{2}\int_A \left[D_x\left(\frac{\partial^2 w}{\partial x^2}\right)^2 + 2D_{xy}\frac{\partial^2 w}{\partial x^2}\frac{\partial^2 w}{\partial y^2} + D_y\left(\frac{\partial^2 w}{\partial y^2}\right)^2 + 4D_k\left(\frac{\partial^2 w}{\partial x \partial y}\right)^2 \right] dA$$

が用いられる．ここで D は各種の曲率に対する曲げ剛性であり，例えば D_x は

図 5.17　主翼の FEM 解析例

x 方向の曲げ剛性である．また平均的な質量を ρ，寸法が $a\times b\times h$ により与えられるとき，運動エネルギーは $T_{\max}=\dfrac{\rho h\omega^2}{2}\int_A W^2 dA$ である．

(1) 基本次の振動たわみ形を，$W(x,y)=\left(x^3-3ax^2\right)/a^2$ と仮定すると，$\Omega=\omega a^2\sqrt{\rho h/D_x}$ を求めよ．

(2) x 軸まわりのねじり振動のたわみ形を，$W(x,y)=\left(x^3-3ax^2\right)y/a^3$ として，Ω を求めよ．

図 5.18　アスペクト比の大きい主翼の板モデル

【5・5】　自動車のルーフやボンネットには，様々な曲面を持つパネルが利用され，魅力的なスタイルを提供している．こうした曲率を持つパネルの振動特性は，複雑な形状の場合は，図 5.19 のように有限要素法により解析される．しかし上から見て長方形状を持ち，曲がり方が極端ではない偏平なパネルについては，偏平シェルの理論が適用できる．いま図 5.20 のように，平面寸法が a, b 厚さが h, x と y 方向の曲率半径が R_x, R_y で与えられる長方形状偏平パネルを考える．これが全周に沿って単純支持される場合の固有振動数は

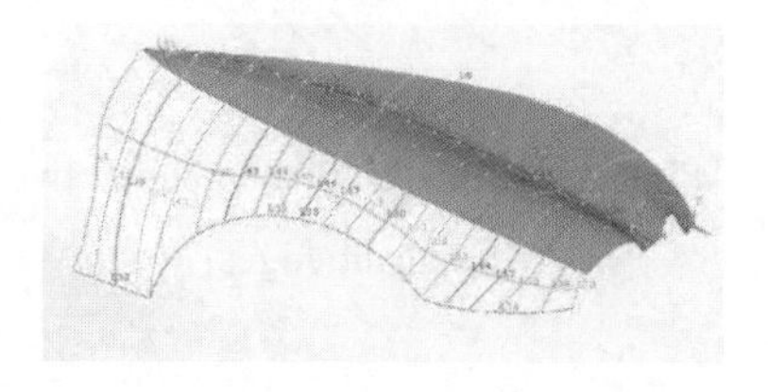

図 5.19　自動車パネル FEM 分割例

$$\Omega^2=\omega^2\left(\frac{D}{\rho h a^4}\right)=L_{33}+\frac{2L_{12}L_{13}L_{23}-L_{13}{}^2L_{22}-L_{11}L_{23}{}^2}{L_{11}L_{22}-L_{12}^2}$$

により与えられる．ただし面内の慣性は無視している．ここで D は板の曲げ剛性式(5.18)，ρ は密度，L は以下のように定義される．

$$L_{11}=AM^2+GN^2,\quad L_{12}=(A\nu+G)MN,$$
$$L_{13}=-AM\beta(1+\nu\gamma),\quad L_{22}=GM^2+AN^2,$$
$$L_{23}=-AN\beta(\nu+\gamma),$$
$$L_{33}=\left(M^2+N^2\right)^2+A\beta\left(1+2\nu\gamma+\gamma^2\right)$$

ただし，$A=12\delta^2$，$G=6(1-\nu)\delta^2$，$M=m\pi$，$N=\alpha n\pi$，および，辺長比 $\alpha=a/b$，代表曲率比 $\beta=a/R_x$，2 方向曲率比 $\gamma=R_x/R_y$，肉厚比 $\delta=a/h$，m と n はそれぞれ振動モードにおける x と y 方向の半波数である．いま $a=b$，$h/a=0.01$，$\nu=0.3$ とする．

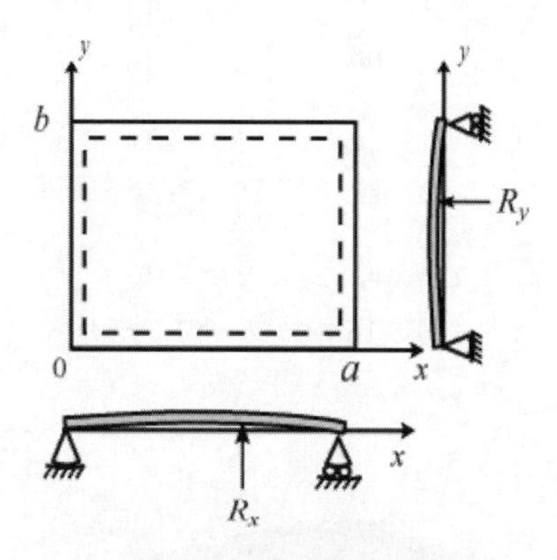

図 5.20　全周支持された長方形状偏平シェル

(1) 曲率が 1 方向のみ $(R_x\neq 0, R_y=\infty)$ であり円筒シェルの一部となる場合に，$a/R_x=0\sim 0.2\sim 0.5$ と増加するにしたがって 1-3 次振動数が増加する様子を示せ．

(2) 同様に曲率が 2 方向 $(R_x=R_y\neq 0)$ であり球シェルの一部に近い形となる場合に，$1/R_x=0\sim 0.2\sim 0.5$ と増加するにしたがって，(1)よりさらに 1-3 次振動数が増加する様子を示せ．

(3) 2 方向の曲率符号が反対　$(R_x=R_y\neq 0)$ となるとき，曲率が付加されても平板 $(a/R_x=a/R_y=0)$ の固有振動数から変化しない事例を見つけよ．

第6章

回転体の振動

Rotordynamics

6・1　回転軸の振れまわり（whirling motion of shafts）

・図 6.1 のように，1 個の回転体が中央に取り付けられた回転軸系はジェフコットロータ(Jeffcott rotor)と呼ばれる．回転体の質量 m，偏重心(mass eccentricity) e，回転軸のばね定数 k，粘性減衰係数 c，回転速度 ω を用いれば，回転軸中心 S(x, y) のたわみ振動に関する運動方程式は次式となる．

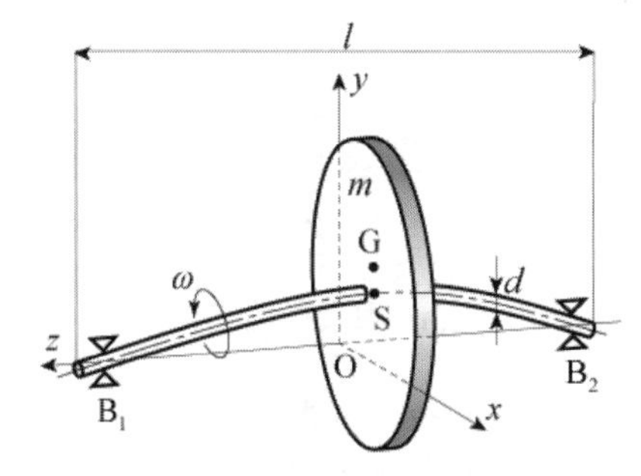

図 6.1　ジェフコットロータ

$$
\begin{aligned}
m\ddot{x} + c\dot{x} + kx &= me\omega^2 \cos\omega t \\
m\ddot{y} + c\dot{y} + ky &= me\omega^2 \sin\omega t
\end{aligned}
\tag{0.1}
$$

・式(6.1)の自由振動解の例：

$$
\begin{aligned}
x &= a\cos(p_0 t) = \frac{a+b}{2}\cos(p_0 t) + \frac{a-b}{2}\cos(-p_0 t) \\
y &= b\sin(p_0 t) = \frac{a+b}{2}\sin(p_0 t) + \frac{a-b}{2}\sin(-p_0 t)
\end{aligned}
\tag{0.2}
$$

・前向き振れまわり(forward whirl)の角速度：$p_f = p_0 \left(\equiv \sqrt{k/m}\right)$　(0.3)

・後ろ向き振れまわり(backward whirl)の角速度：$p_b = -p_0$　(0.4)

・危険速度(critical speed)：$\omega_c = \sqrt{k/m}$　(0.5)

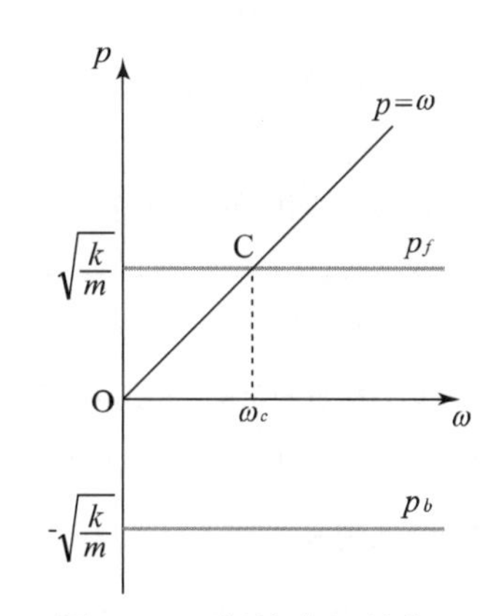

図 6.2　回転速度に対する固有角振動数

図 6.2 は回転速度 ω に対する固有角振動数 p の関係を示す．直線 $p = \omega$ と $p = p_f$ との交点 C の横座標が危険速度 ω_c を与える．

・式(6.1)の不釣合いによる強制振動解：

$$
x = R\cos(\omega t - \alpha), \quad y = R\sin(\omega t - \alpha) \tag{0.6}
$$

・回転軸の振れまわり振幅：

$$
R = \frac{me\omega^2}{\sqrt{(k - m\omega^2)^2 + (c\omega)^2}} \tag{6.7 a}
$$

・回転軸の位相遅れ：

$$
\alpha = \tan^{-1}\left(\frac{c\omega}{k - m\omega^2}\right) \tag{6.7 b}
$$

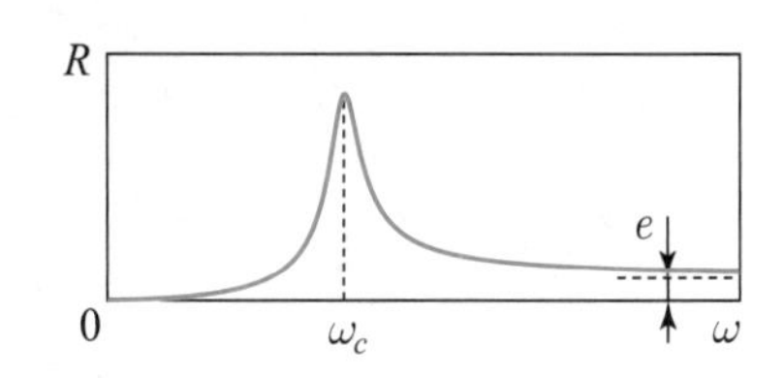

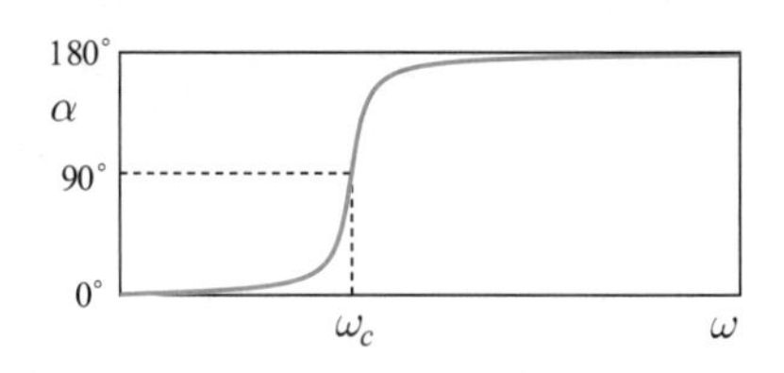

図 6.3　回転軸の振れまわり振幅と位相遅れ

図 6.3 は，回転軸の振れまわりの振幅および位相角が回転速度に対して変化する様子を示す．

・ダンカレーの公式(Dunkerley's formula)：　質量をもつ弾性回転軸に N 個の円板が取り付けられた系の主危険速度 ω_c は，次式で与えられる．

$$
\frac{1}{\omega_c^2} = \frac{1}{\omega_0^2} + \left(\frac{1}{\omega_1^2} + \frac{1}{\omega_2^2} + \cdots + \frac{1}{\omega_N^2}\right) \tag{6.8}
$$

ここに，ω_0 は円板をもたない回転軸だけの危険速度，$\omega_1, \omega_2, \cdots, \omega_N$ はそれぞれ質量を無視した回転軸に円板 1 から円板 N のうちの 1 個だけが取り付けられたロータの危険速度である．

－例題のねらい－

回転軸の危険速度は，その支持条件に影響されることを理解する．

【例 6・1】　＊＊＊＊＊＊＊＊＊＊＊＊＊＊＊＊＊＊＊＊＊＊＊＊＊

図 6.1 に示すように，回転軸の直径が d，軸受間距離が l であり，回転軸両端の支持条件が(a)両端単純支持，あるいは(b)両端固定支持，であると見なすとき，各支持条件での回転軸の危険速度を求めよ．ただし，回転軸の断面 2 次モーメントを I_0，ヤング率を E とし，回転軸の質量は無視するものとする．

【解 6・1】

図 6.4 のように，回転体に力 F が作用して回転軸にたわみ r が生じるとき，材料力学の知識より，つぎの関係が成立する．

$$\text{(a)の場合は } r = \frac{l^3}{48EI_0}F\,,\quad \text{(b)の場合は } r = \frac{l^3}{192EI_0}F \tag{6.9}$$

ここに，$I_0 = \pi d^4/64$ である．したがって，回転軸のばね定数 k は

$$\text{(a)の場合は } k = \frac{48EI_0}{l^3}\,,\quad \text{(b)の場合は } k = \frac{192EI_0}{l^3} \tag{6.10}$$

で与えられる．式(6.5)より，危険速度は

$$\text{(a)の場合は } \omega_c = \frac{d^2}{2l}\sqrt{\frac{3\pi E}{ml}}\,,\quad \text{(b)の場合は } \omega_c = \frac{d^2}{l}\sqrt{\frac{3\pi E}{ml}} \tag{6.11}$$

となる．

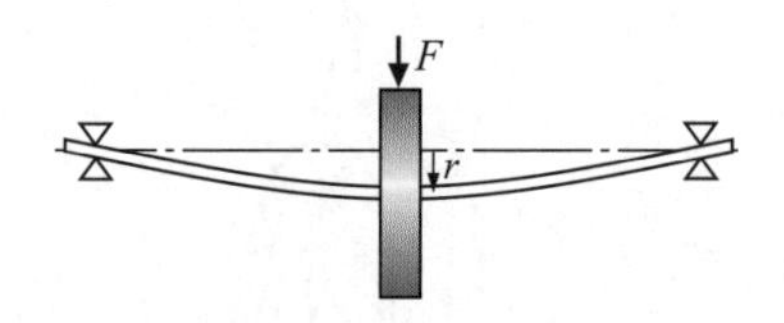

(a) 両端単純支持

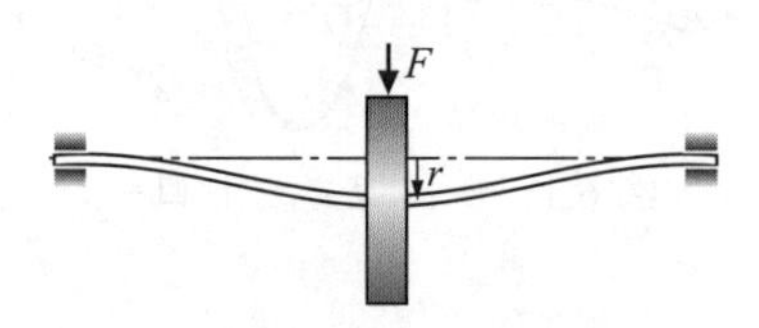

(b) 両端固定支持

図 6.4　回転軸の支持条件

－例題のねらい－

回転軸の自由振動状態では，初期条件に依存して振れまわり軌道の形状が変化することを理解する．

【例 6・2】　＊＊＊＊＊＊＊＊＊＊＊＊＊＊＊＊＊＊＊＊＊＊＊＊＊

The general solutions of the free vibration for the system shown in Fig.6.1 can be expressed as follows:

$$x = a\sin(p_0 t + \beta_1)\ ,\ \ y = b\sin(p_0 t + \beta_2) \tag{6.12}$$

Using eq.(6.12), verify that the center of the shaft S moves along an elliptic orbit in the xy-plane. Also, plot the shaft center orbit and show the dependence of the value of $\beta_2 - \beta_1$ on the orbit such as its shape and whirling direction.

【解 6・2】

Equation (6.12) can be rewritten as

$$\begin{aligned} \frac{x}{a} &= \sin p_0 t \cos\beta_1 + \cos p_0 t \sin\beta_1, \\ \frac{y}{b} &= \sin p_0 t \cos\beta_2 + \cos p_0 t \sin\beta_2 \end{aligned} \tag{6.13}$$

Then, eq.(6.13) leads to

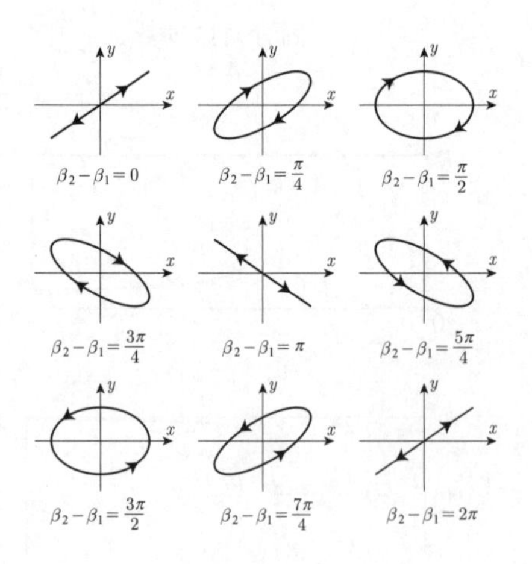

Fig.6.5　orbits of whirling motion of shafts

$$\frac{x}{a}\sin\beta_2 - \frac{y}{b}\sin\beta_1 = \sin(\beta_2-\beta_1)\sin p_0 t,$$
$$-\frac{x}{a}\cos\beta_2 + \frac{y}{b}\cos\beta_1 = \sin(\beta_2-\beta_1)\cos p_0 t \tag{6.14}$$

Squaring both sides of Eq.(6.14) and summing the resulting equations lead to

$$\frac{x^2}{a^2}+\frac{y^2}{b^2}-2\frac{x}{a}\frac{y}{b}\cos(\beta_2-\beta_1)=\sin^2(\beta_2-\beta_1) \tag{6.15}$$

Equation (6.15) represents the equation for an ellipse. Therefore, it can be shown that the orbit of the shaft center S is elliptic. Fig. 6.5 shows that the shape and whirling direction of the orbit change depending on the value of $\beta_2-\beta_1$ when $a:b=3:2$.

【例 6・3】　＊＊＊＊＊＊＊＊＊＊＊＊＊＊＊＊＊＊＊＊＊＊＊＊

図 6.1 の系において，質量 $m=10\,\mathrm{kg}$ の回転体が，直径 $d=16\,\mathrm{mm}$，長さ $l=500\,\mathrm{mm}$，ヤング率 $E=206\,\mathrm{GPa}$ の回転軸の中央に取り付けられ，回転軸は両端が単純支持の状態で支持されている．以下の問いに答えよ．ただし，回転軸の質量および系の減衰は無視するものとする．

(1) この系の危険速度 ω_c を計算せよ．

(2) この回転体に，回転軸中心からの距離 $r=50\,\mathrm{mm}$ の位置に質量 $m_0=20\,\mathrm{g}$ のおもりを取り付けると，回転体の偏重心 e はいくらとなるか．

(3) 上記(2)の場合，回転軸の振れまわり振幅についての共振曲線を描け．また，$\omega=1400\,\mathrm{rpm}$ のときの振幅を求め，その振幅に対応する点を共振曲線上にプロットせよ．

－例題のねらい－

危険速度付近では，回転体の偏重心に起因して，回転軸に激しい振れまわりが生じることを理解する．

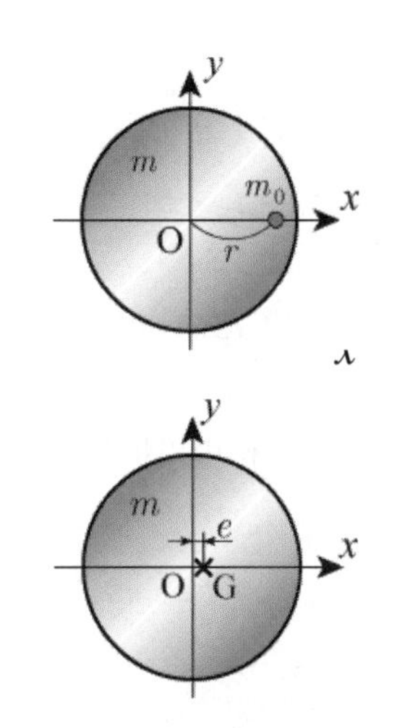

図 6.6　偏重心

【解 6・3】

(1) 回転軸の断面 2 次モーメントは

$$I_0=(\pi/64)d^4=(\pi/64)\times 0.016^4=3.22\times10^{-9}\ \mathrm{m}^4 \tag{6.16}$$

式(6.10)より，回転軸のばね定数 k は

$$k=\frac{48EI_0}{l^3}=\frac{48\times(206\times10^9)\times(3.22\times10^{-9})}{0.5^3}=2.55\times10^5\ \mathrm{N/m} \tag{6.17}$$

したがって，危険速度 ω_c は式(6.10)より

$$\omega_c=\sqrt{\frac{k}{m}}=\sqrt{\frac{2.55\times10^5}{10}}=159.7\ \mathrm{rad/s}=1525\ \mathrm{rpm} \tag{6.18}$$

(2) 回転体の全質量を M とすると，$M=m+m_0=10.02\,\mathrm{kg}$ となる．

図 6.6 において，回転体の中心 O まわりのモーメントの釣合いより，

$$Mge=m_0gr \tag{6.19}$$

$$\therefore\ e=(m_0/M)r=(0.02/10.02)\times 50=0.0998\ \mathrm{mm} \tag{6.20}$$

(3) 式(6.7a)に $c=0$ を代入すると，回転軸の振れまわり振幅 R は次式となる．

$$R=\frac{me\omega^2}{|\,k-m\omega^2\,|}=\frac{e\omega^2}{|\,\omega_c^2-\omega^2\,|} \tag{6.21}$$

－危険速度の計算－

質量を考慮した弾性回転軸系の危険速度を正確に求めるには，連続体の理論（第 5 章）を用いるべきであるが，それと比較して簡便な近似解析法であるダンカレーの公式は，利用価値がある．1 次の危険速度では，厳密値に比べ，2~3% の誤差があることを注意すべきである．

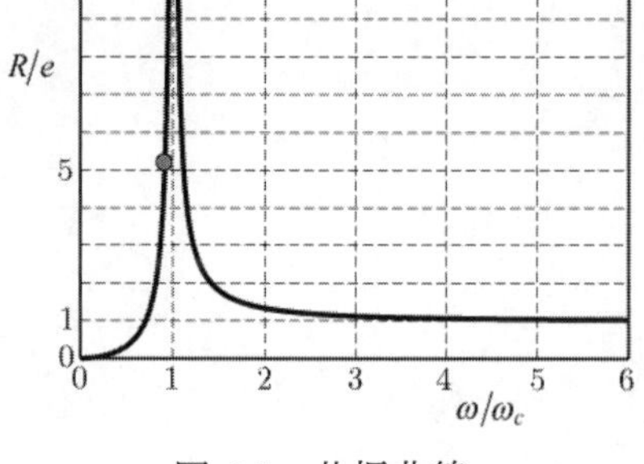

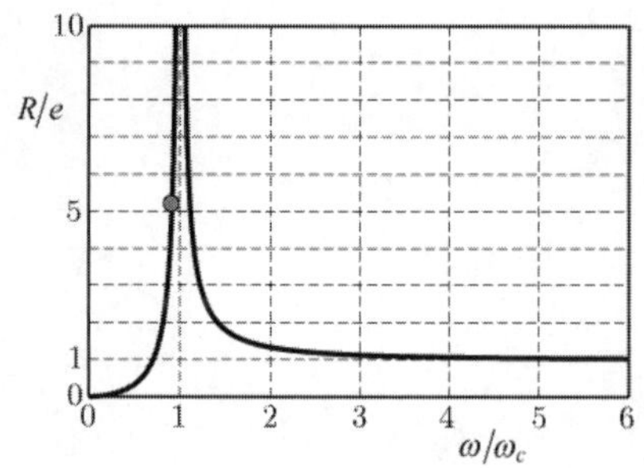

図 6.7　共振曲線

式(6.21)より，横軸に ω/ω_c，縦軸に R/e をとって共振曲線を描くと，図 6.7 となる．$\omega = 1400\,\text{rpm}$ のときの振幅 R は，式(6.21)より

$$R = \frac{e\omega^2}{|\,\omega_c^2 - \omega^2\,|} = \frac{0.0998 \times 1400^2}{1525^2 - 1400^2} = 0.535\,\text{mm} \tag{6.22}$$

この振幅に対応する点を，図 6.7 に●印で示している．

【例 6・4】　＊＊＊＊＊＊＊＊＊＊＊＊＊＊＊＊＊＊＊＊＊＊＊

【例 6・3】の系において，回転軸の質量を考慮した場合，ダンカレーの公式を用いて危険速度を求めよ．その結果に基づいて，回転軸の質量による影響について検討せよ．ただし，回転軸の密度を $\rho = 7.86 \times 10^3\ \text{kg/m}^3$ とする．

【解 6・4】

図 6.8 (a)のように，回転軸の質量を無視した場合の危険速度 ω_c は，式(6.18)より，$\omega_c = 1525\,\text{rpm}$ である．

一方，図 6.8 (b)のように，質量を考慮した場合の回転軸単体の一次の危険速度 ω_0 は，次式で与えられる．(第 5 章　5・1 参照)

$$\omega_0 = (\pi/l)^2 \sqrt{EI_0/(\rho A)} \tag{6.23}$$

ここに，A は回転軸の断面積である．式(6.23)に数値を代入して

$$\omega_0 = \left(\frac{\pi}{0.5}\right)^2 \sqrt{\frac{(206 \times 10^9) \times (3.22 \times 10^{-9})}{(7.86 \times 10^3) \times (\pi \times 0.008^2)}} = 809\,\text{rad/s=}7720\,\text{rpm} \tag{6.24}$$

(a) 危険速度 ω_c

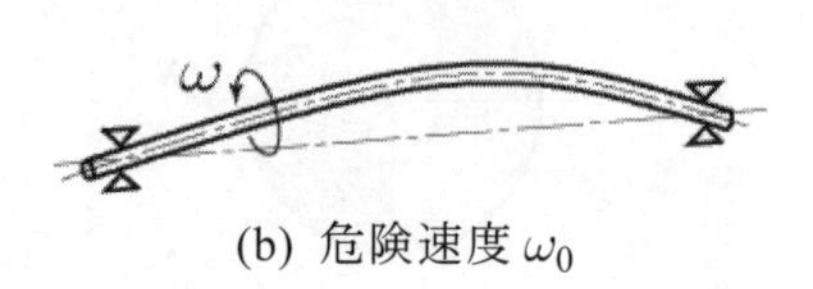

(b) 危険速度 ω_0

図 6.8　1 個の円板のロータ系

ダンカレーの公式(6.8)より，回転軸の質量を考慮した場合の回転軸の一次の危険速度 ω_c' は

$$\omega_c' = \sqrt{1\Big/\left(\frac{1}{\omega_c^2} + \frac{1}{\omega_0^2}\right)} = \sqrt{1\Big/\left(\frac{1}{1525^2} + \frac{1}{7720^2}\right)} = 1496\,\text{rpm} \tag{6.25}$$

したがって，この値は ω_c より約 29 rpm だけ低い．

6・2　回転軸のねじり振動（torsional vibration of shafts）

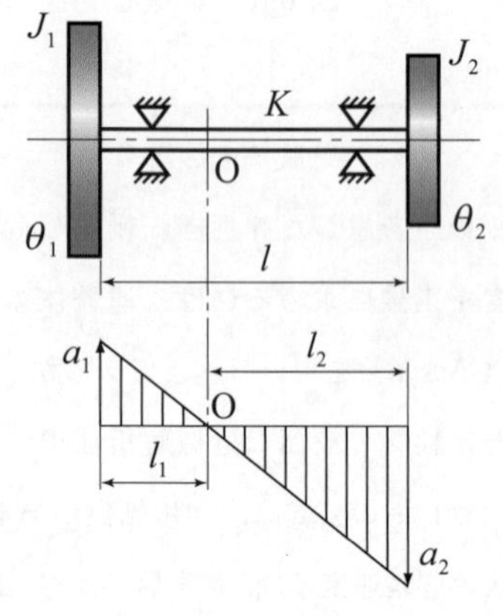

図 6.9　2 個の円板のロータ系

・図 6.9 のように，ねじり剛性 K の弾性回転軸が軸受で支持され，その両端に円板をもつロータ系のねじり振動を考える．各円板の極慣性モーメントを J_1，J_2，各円板の回転角を θ_1，θ_2 とし，回転軸の質量を無視するものとすると，各円板の回転に対する運動方程式は次式となる．

$$\begin{aligned} J_1\ddot{\theta}_1 + K(\theta_1 - \theta_2) = 0 \\ J_2\ddot{\theta}_2 + K(\theta_2 - \theta_1) = 0 \end{aligned} \tag{6.26}$$

系のねじり振動の固有角振動数：

$$p_2 = \sqrt{\frac{J_1 + J_2}{J_1 J_2} K} \tag{6.27}$$

円板の振幅比：　$$\frac{a_1}{a_2} = \frac{K}{K - J_1 p_2^2} = \frac{K - J_2 p_2^2}{K} = -\frac{J_2}{J_1} \tag{6.28}$$

節断面(nodal section)点 O の位置：$l_1 = \dfrac{J_2}{J_1+J_2}l, l_2 = \dfrac{J_1}{J_1+J_2}l$ (6.29)

等価なねじり振動系（点 O を固定点とする 2 つの円板系）のねじり剛性

$$K_1 = \frac{l}{l_1}K = \frac{J_1+J_2}{J_2}K\ ,\ K_2 = \frac{l}{l_2}K = \frac{J_1+J_2}{J_1}K \tag{6.30}$$

・図 6.10 のように，極慣性モーメント J_1, J_2 の 2 個の円板が歯車軸系の両端に取り付けられ，中間の歯車を介してトルクが伝達される弾性回転軸のねじり振動を考える．歯車 A，B の極慣性モーメントをそれぞれ J_A, J_B，各円板と歯車の回転角をそれぞれ θ_1, θ_2，および θ_A, θ_B，回転軸のねじり剛性を K_1, K_2 とし，軸の質量は無視する．歯車 A，B の歯数比が $z_A : z_B = n:1$ であるとき，$\theta_B = -n\theta_A$ の関係が成立する．この系の運動エネルギー T とポテンシャルエネルギー U は

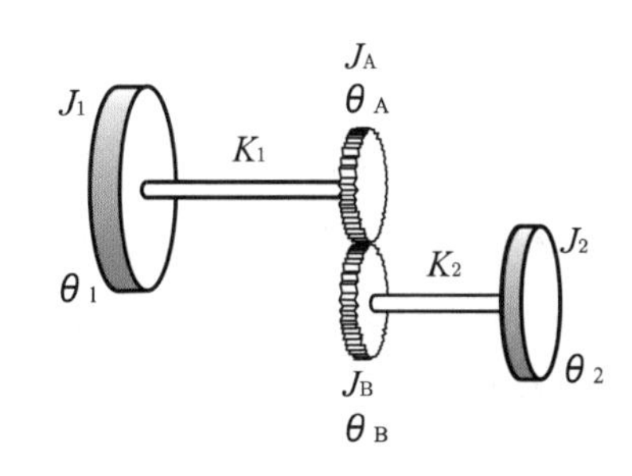

図 6.10 歯車系

$$\begin{aligned} T &= \frac{1}{2}\{J_1\dot{\theta}_1^2 + (J_A + n^2J_B)\dot{\theta}_A^2 + (n^2J_2)(-\dot{\theta}_2/n)^2\} \\ U &= \frac{1}{2}\left[K_1(\theta_1-\theta_A)^2 + (n^2K_2)\{\theta_A - (-\theta_2/n)\}^2\right] \end{aligned} \tag{6.31}$$

歯車の慣性モーメントが円板に比べて十分に小さく無視できる場合には，

$$K_{eq} = \frac{1}{\dfrac{1}{K_1} + \dfrac{1}{n^2K_2}} = \frac{n^2K_1K_2}{K_1+n^2K_2} \tag{6.32}$$

なる等価ねじり剛性 K_{eq} の回転軸で連結された 2 円板系（図 6.9 を参照）と等価になる．この場合の系の固有角振動数は

$$p = \sqrt{\frac{J_1+n^2J_2}{J_1\cdot n^2J_2}\cdot K_{eq}} = \sqrt{\frac{J_1+n^2J_2}{J_1J_2}\cdot\frac{K_1K_2}{K_1+n^2K_2}} \tag{6.33}$$

【例 6・5】 *

図 6.9 に示される系において，回転軸の慣性モーメントを考慮した場合，ねじり振動を支配する運動方程式を導き，固有角振動数を求めよ．

－例題のねらい－

回転軸自体の慣性モーメントがねじり振動の固有振動数に与える影響を理解する．

【解 6・5】

図 6.9 に示すように，節断面の位置を O 点とし，回転軸のねじりの形状が直線的であると仮定する．回転軸の単位長さあたりの慣性モーメントを α とすれば，運動エネルギー T とポテンシャルエネルギー U は

$$\begin{aligned} T &= \frac{1}{2}(J_1\dot{\theta}_1^2 + J_2\dot{\theta}_2^2) + \frac{1}{2}\int_0^{l_1}\alpha\left(\dot{\theta}_1\frac{z}{l_1}\right)^2 dz + \frac{1}{2}\int_0^{l_2}\alpha\left(\dot{\theta}_2\frac{z}{l_2}\right)^2 dz \\ &= \frac{1}{2}\left\{\left(J_1 + \frac{\alpha l_1}{3}\right)\dot{\theta}_1^2 + \left(J_2 + \frac{\alpha l_2}{3}\right)\dot{\theta}_2^2\right\} \\ U &= \frac{1}{2}(K_1\theta_1^2 + K_2\theta_2^2) \end{aligned} \tag{6.34}$$

ここに，$K_1 = (l/l_1)K$，$K_2 = (l/l_2)K$ である．したがって，ラグランジュの運動方程式より，次式を得る．

－ラグランジュの運動方程式－

$$\frac{d}{dt}\left(\frac{\partial L}{\partial\dot{\theta}_1}\right) - \frac{\partial L}{\partial\theta_1} = 0$$

$$\frac{d}{dt}\left(\frac{\partial L}{\partial\dot{\theta}_2}\right) - \frac{\partial L}{\partial\theta_2} = 0$$

ここに，$L = T - U$ である．

$$\left(J_1+\frac{\alpha l_1}{3}\right)\ddot{\theta}_1+K_1\theta_1=0,\quad \left(J_2+\frac{\alpha l_2}{3}\right)\ddot{\theta}_2+K_2\theta_2=0 \tag{6.35}$$

式(6.35)の両式から得られる固有角振動数 p は等しいので，次の関係を得る．

$$\frac{(l/l_1)K}{J_1+(\alpha l_1/3)}=\frac{(l/l_2)K}{J_2+(\alpha l_2/3)}(=p^2) \tag{6.36}$$

$l=l_1+l_2$ を用いて，式(6.36)を l_1 または l_2 について解くと

$$l_1=\frac{J_2+(\alpha l/3)}{J_1+J_2+(2\alpha l/3)}l,\quad l_2=l-l_1=\frac{J_1+(\alpha l/3)}{J_1+J_2+(2\alpha l/3)}l \tag{6.37}$$

ゆえに，式(6.36)，(6.37)より固有角振動数 p は

$$p=\sqrt{\frac{(l/l_1)K}{J_1+(\alpha l_1/3)}}=\sqrt{\frac{(J_1'+J_2')^2}{J_1'J_2'(J_1'+J_2'-\alpha l/3)}K} \tag{6.38}$$

ここに，J_1', J_2' は次式で与えられる．

$$J_1'=J_1+(\alpha l/3),\quad J_2'=J_2+(\alpha l/3) \tag{6.39}$$

$\alpha=0$ のとき，$J_1'=J_1, J_2'=J_2$ となり，式(6.38)は式(6.27)に一致する．

【例 6・6】　* *

図 6.10 の系において，円板 J_1 に変動トルク $T_1\cos\omega t$ が加わるとき，円板 J_2 の強制振動解を求めよ．

【解 6・6】

式(6.31)をラグランジュの方程式に代入すると，運動方程式は

$$\begin{aligned}
&J_1\ddot{\theta}_1^2+K_1(\theta_1-\theta_A)=T_1\cos\omega t\\
&(J_A+n^2J_B)\ddot{\theta}_A^2-K_1\theta_1+(K_1+n^2K_2)\theta_A+nK_2\theta_2=0\\
&J_2\ddot{\theta}_2+nK_2\theta_A+K_2\theta_2=0
\end{aligned} \tag{6.40}$$

式(6.40)の強制振動解を

$$\theta_1=R_1\cos\omega t,\ \theta_A=R_A\cos\omega t,\ \theta_2=R_2\cos\omega t \tag{6.41}$$

とおき，式(6.41)を式(6.40)に代入すると，

$$\begin{aligned}
&(K_1-J_1\omega^2)R_1-K_1R_A=T_1\\
&-K_1R_1+\{(K_1+n^2K_2)-(J_A+n^2J_B)\omega^2\}R_A+nK_2R_2=0\\
&nK_2R_A+(K_2-J_2\omega^2)R_2=0
\end{aligned} \tag{6.42}$$

式(6.42)を解くと，θ_2 の振幅 R_2 は

$$\begin{aligned}
R_2&=\frac{\begin{vmatrix}K_1-J_1\omega^2 & -K_1 & T_1\\ -K_1 & K_1+n^2K_2-(J_A+n^2J_B)\omega^2 & 0\\ 0 & nK_2 & 0\end{vmatrix}}{f(\omega)}\\
&=-\frac{nK_1K_2T_1}{f(\omega)}
\end{aligned} \tag{6.43}$$

ここに，

－例題のねらい－

回転軸にトルク変動が作用する場合，回転軸に発生するねじり振動の共振現象を理解する．

－ラグランジュの運動方程式－

$$\frac{d}{dt}\left(\frac{\partial L}{\partial\dot{\theta}_1}\right)-\frac{\partial L}{\partial\theta_1}=T_1\cos\omega t$$

$$\frac{d}{dt}\left(\frac{\partial L}{\partial\dot{\theta}_A}\right)-\frac{\partial L}{\partial\theta_A}=0$$

$$\frac{d}{dt}\left(\frac{\partial L}{\partial\dot{\theta}_2}\right)-\frac{\partial L}{\partial\theta_2}=0$$

ここに，$L=T-U$ である．

－クラーメルの公式－

連立１次方程式

$$\left.\begin{aligned}a_{11}x_1+a_{12}x_2+a_{13}x_3&=b_1\\ a_{21}x_1+a_{22}x_2+a_{23}x_3&=b_2\\ a_{31}x_1+a_{32}x_2+a_{33}x_3&=b_3\end{aligned}\right\}$$

の x_3 の解は

$$x_3=\frac{\begin{vmatrix}a_{11}&a_{12}&b_1\\a_{21}&a_{22}&b_2\\a_{31}&a_{32}&b_3\end{vmatrix}}{D}$$

ここに，

$$D=\begin{vmatrix}a_{11}&a_{12}&a_{13}\\a_{21}&a_{22}&a_{23}\\a_{31}&a_{32}&a_{33}\end{vmatrix}$$

$$f(\omega)=\begin{vmatrix} K_1-J_1\omega^2 & -K_1 & 0 \\ -K_1 & (K_1+n^2K_2)-(J_A+n^2J_B)\omega^2 & nK_2 \\ 0 & nK_2 & K_2-J_2\omega^2 \end{vmatrix} \quad (6.44)$$

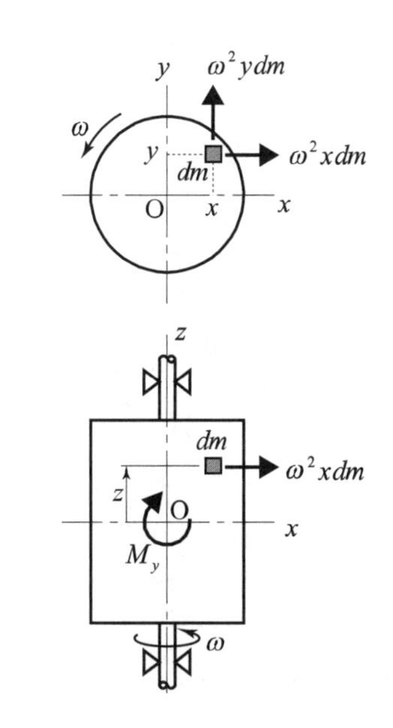

図 6.11　剛性ロータの釣合い条件

6・3　釣合わせ（balancing）

・剛性ロータの釣合いの条件(requirements for balancing)

・静的釣合いの条件(condition of static balancing)：　図 6.11 の系において，回転体に作用する x，y 方向の遠心力が零となる条件より，

$$F_x \equiv \omega^2 \int xdm = 0\ ,\ \ F_y \equiv \omega^2 \int ydm = 0 \quad (6.45\,\mathrm{a})$$

式(6.45a)は，回転体の重心の座標(x_G, y_G)が回転軸（z 軸）上に存在することを表し，次式と同じ意味をもつ．

$$x_G \equiv \frac{\int xdm}{m} = 0\ ,\ \ y_G \equiv \frac{\int ydm}{m} = 0 \quad (6.45\,\mathrm{b})$$

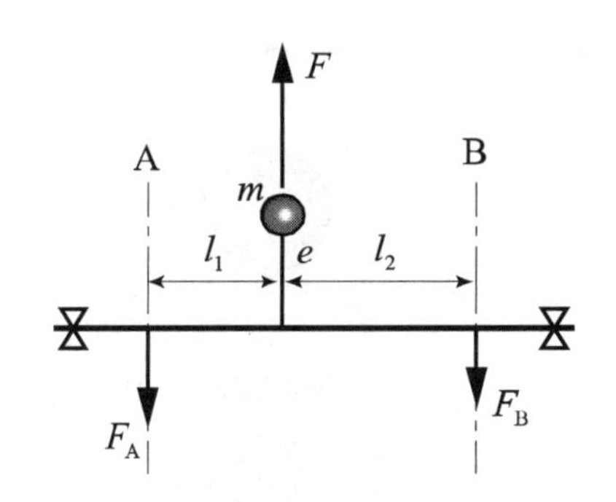

図 6.12　静不釣合いを持つロータの釣合わせ

・動的釣合いの条件(condition of dynamic balancing)：　図 6.11 の系において，回転体に作用する x, y 軸まわりのモーメントが零となる条件より，

$$M_x \equiv -\omega^2 \int yzdm = 0\ ,\ \ M_y \equiv \omega^2 \int zxdm = 0 \quad (6.46\,\mathrm{a})$$

式(6.46 a)は，次の回転体の慣性乗積(product of inertia)が零であることと同じ意味をもつ．

$$J_{yz} \equiv \int yzdm = 0\ ,\ \ J_{zx} \equiv \int zxdm = 0 \quad (6.46\,\mathrm{b})$$

・剛性ロータの２面釣合わせ(two-plane balancing)は，ロータの任意に選んだ 2 つの断面に修正おもりを取り付ける（または除去する）ことによって，ロータの不釣合いをなくす方法である．

・静不釣合い(static unbalance)のみを持つ場合：　図 6.12 のように，質量 m，偏重心 e を持つロータでは，修正面 A, B の各面に加えるべき力，F_A F_Bは，

$$F_A = \frac{l_2}{l_1+l_2}F,\ F_B = \frac{l_1}{l_1+l_2}F \quad (6.47)$$

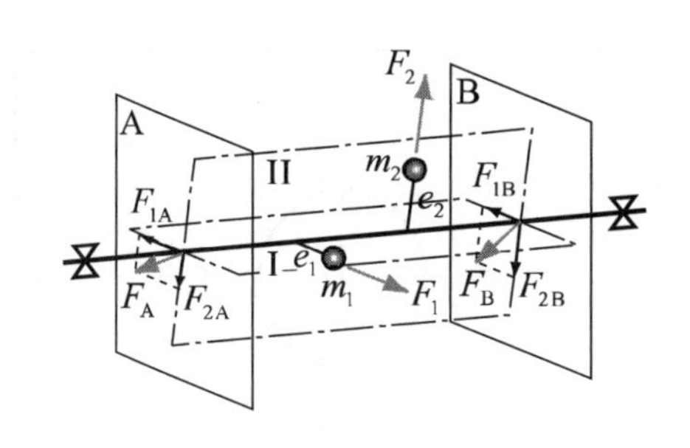

図 6.13　動不釣合いを持つロータの釣合わせ

・動不釣合い(dynamic unbalance)を持つ場合：　図 6.13 のように，ロータを 2 つの部分に分けて考え，各部分の質量を m_1，m_2，偏重心を e_1，e_2 とする．各部分の重心は回転座標上ではそれぞれ平面 I , II 上にあり，各重心にはそれぞれ F_1，F_2 の遠心力が生じる．これらの遠心力を打ち消すために修正面 A，B に加えるべき力 F_A，F_Bは，つぎのように計算することができる．平面 I , II の各平面上において力とモーメントの釣合い条件を適用し，式(6.47)を用いて

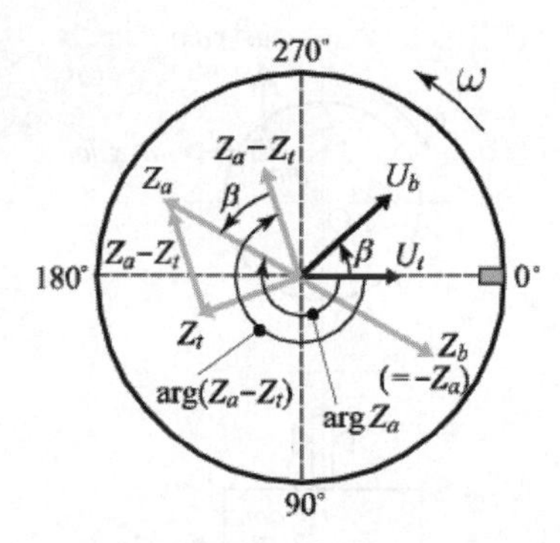

図 6.14　$\omega=\omega_a$ での応答ベクトル

遠心力 F_1 に対して F_{1A} と F_{1B}，および遠心力 F_2 に対して F_{2A} と F_{2B} を求めてから，修正面 A 上において F_{1A} と F_{1B} の合力 F_A を計算することができる．同様に，修正面 B 上では F_{2A} と F_{2B} の合力 F_B が計算できる．

・弾性ロータの 1 面釣合わせ(single-plane balancing)：　回転体が比較的薄く，静不釣合いだけが存在するジェフコットロータを考える．ここでは，影響係数法(influence coefficient method)を適用する．図 6.14 に示すように，ある次に，回転体の 0° の角位置に質量 m_t の試しおもりを取り付け，回転速度 ω_a における応答ベクトル Z_t（振幅と位相）を測定する．修正おもりは試しおもりと同じ半径上に取り付けるものとすると，これらの測定値を用いることにより修正おもりの質量 m_b と角位置 β は，つぎのように計算することができる．

$$m_b=\frac{|Z_a|}{|Z_a-Z_t|}m_t,\quad \beta=\arg Z_a-\arg(Z_a-Z_t) \tag{6.48}$$

－角度の表し方－

式(6.48)の arg は，∠とも書く．

－例題のねらい－

剛性ロータの 2 面釣合わせについて，修正質量の大きさとその角位置を計算できること．

【例 6・7】　＊＊＊＊＊＊＊＊＊＊＊＊＊＊＊＊＊＊＊＊＊＊＊＊＊

（剛性ロータの 2 面釣合わせ）：　図 6.15 に示すように，剛性ロータの平面Ⅰ，Ⅱに，それぞれ質量 15g，8g のおもりがロータの外周上に取り付けられている．このロータを釣合わせるため，修正面 A，B 内のロータの外周上に取り付けるべき修正おもりの質量と角位置を求めよ．

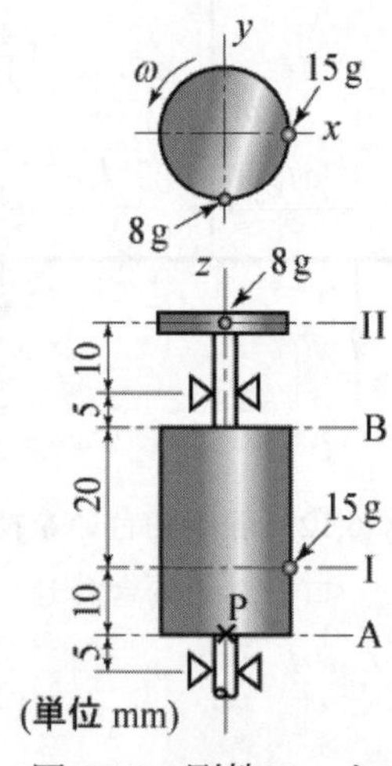

図 6.15　剛性ロータ

【解 6・7】

静的釣合い条件より

$$\begin{aligned}&m_A\cos\theta_A+m_B\cos\theta_B+15\cos 0^\circ+8\cos(-90^\circ)=0\\&m_A\sin\theta_A+m_B\sin\theta_B+15\sin 0^\circ+8\sin(-90^\circ)=0\end{aligned} \tag{6.49}$$

動的釣合い条件（P 点まわりのモーメントの総和が零）より，

$$\begin{aligned}&15\cos 0^\circ\times 10+m_B\cos\theta_B\times 30+8\cos(-90^\circ)\times 45=0\\&15\sin 0^\circ\times 10+m_B\sin\theta_B\times 30+8\sin(-90^\circ)\times 45=0\end{aligned} \tag{6.50}$$

式(6.50)より

$$m_B\cos\theta_B=-50,\quad m_B\sin\theta_B=12 \tag{6.51}$$

式(6.49)，(6.51)より

$$m_A\cos\theta_A=50-15=35,\quad m_A\sin\theta_A=-12+8=-4 \tag{6.52}$$

式(6.51)，(6.52)より，次の結果が得られる

$$\begin{aligned}&m_A=\sqrt{(m_A\cos\theta_A)^2+(m_A\sin\theta_A)^2}=35.2\text{g}\\&m_B=\sqrt{(m_B\cos\theta_B)^2+(m_B\sin\theta_B)^2}=51.4\text{g}\\&\tan\theta_A=\frac{m_A\sin\theta_A}{m_A\cos\theta_A}=\frac{-4}{35}\quad\therefore\ \theta_A=-6.5^\circ\\&\tan\theta_B=\frac{m_B\sin\theta_B}{m_B\cos\theta_B}=\frac{12}{-50}\quad\therefore\ \theta_B=166.5^\circ\end{aligned} \tag{6.53}$$

－角度の計算に注意！－

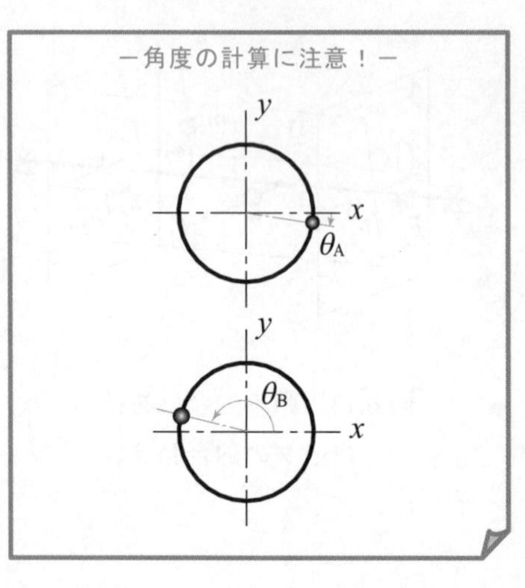

6章　練習問題

【例 6・8】　＊＊＊＊＊＊＊＊＊＊＊＊＊＊＊＊＊＊＊＊＊＊＊＊＊

（弾性ロータの1面釣合わせ）：　回転体が比較的薄く，静不釣合いだけが存在するジェフコットロータの振れまわりを計測したところ，回転速度 ω_a において振幅 $R = 0.6$ mm，位相差 $\phi = 60°$ であった．次に，質量 $m_t = 2$ g の試しおもりを回転体の 0° の角位置に取り付けると，同じ回転速度 ω_a において振幅 $R = 0.3$ mm，位相差 $\phi = 120°$ となった．影響係数法を用いて，このロータの釣合いをとるために必要な修正おもりの質量と角位置を計算せよ．

－例題のねらい－

弾性ロータのバランシングについて理解する．

【解 6・8】

式(6.48)に含まれている複素数を計算すると

$$\frac{Z_a}{Z_a - Z_t} = \frac{0.6e^{i60°}}{0.6e^{i60°} - 0.3e^{i120°}} = \frac{0.6e^{i60°}}{0.45 + 0.260i} = \frac{0.6e^{i60°}}{0.520e^{i30°}} \quad (6.54)$$
$$= 1.154e^{i30°}$$

ゆえに，式(6.46)より，修正おもりの質量 m_b と角位置 β は

$$m_b = \frac{|Z_a|}{|Z_a - Z_t|} m_t = 2.31 \text{ g}, \quad \beta = \arg\frac{Z_a}{Z_a - Z_t} = 30° \quad (6.55)$$

したがって，回転マーク（0°の位置）から時計方向に 30°の位置に，2.31g の修正おもりを取り付ければよい．図 6.16 に，角速度 ω_a で回転する座標系上での不釣合いベクトル（黒色）と各応答ベクトル（青色）で示す．ただし，位相差は時計回りに回転マークからの角度をとっている．

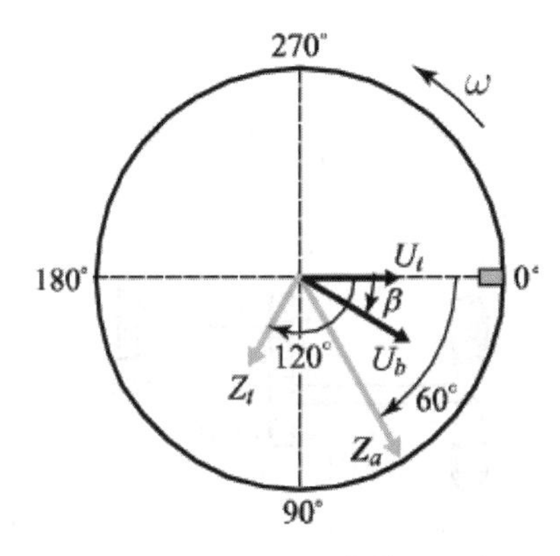

図 6.16　$\omega = \omega_a$ での応答ベクトル

======== 練習問題 ==

【6・1】　【例 6・3】の系において，回転軸の直径を2倍の $d = 32$ mm にすると，危険速度はいくらになるか．

【6・2】　The critical speed was 1525 rpm in the system shown in Example 6.3. Now, it would be 4000 rpm only by changing the design in the shaft diameter. Estimate the value of the shaft diameter after the design change.

【6・3】　【例 6・3】の系の回転体には最初から静不釣合いが存在すると仮定する．この回転軸の振れまわり振幅は $\omega = 1600$ rpm において 0.3mm であった．回転体の偏重心の大きさを求めよ．ただし，系の減衰は無視する．

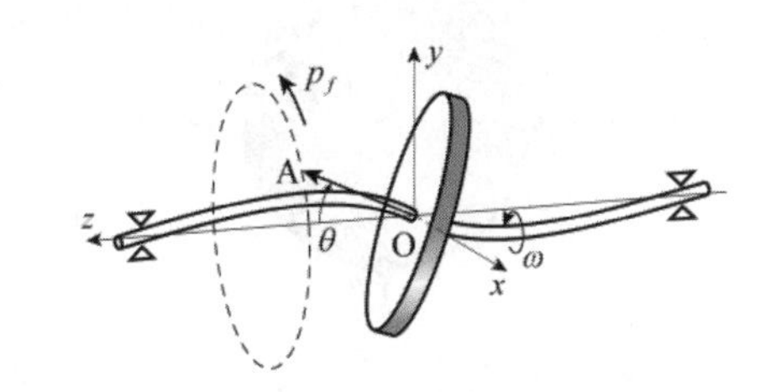

図 6.17　傾き振動の振れまわり

【6・4】　図 6.1 に示すジェフコットロータでは回転軸のたわみ振動を扱ったが，この系では，図 6.17 に示すように，回転体が角度 θ で傾きながら極慣性モーメントの向き OA が円錐面を描くように回転軸が振れまわることもある．この場合の運動方程式を導き，振れまわりの固有角振動数および危険速度を求めよ．

－問題【6・4】のねらい－

固有角振動数は，回転速度 ω に依存して変化することに注意！

【6・5】　【例 6・3】の系において，傾き振動を考える．円板の寸法は

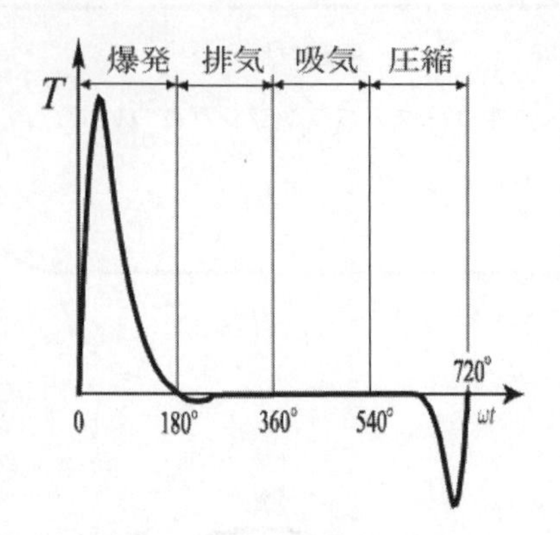

図 6.18　四サイクル機関のトルク変化

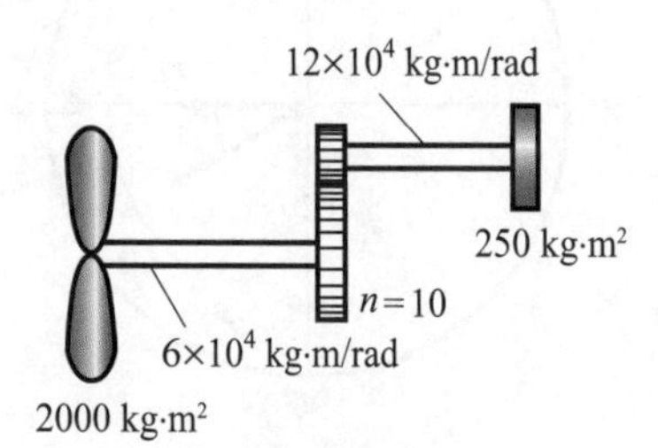

図 6.19　舶用蒸気タービン推進装置

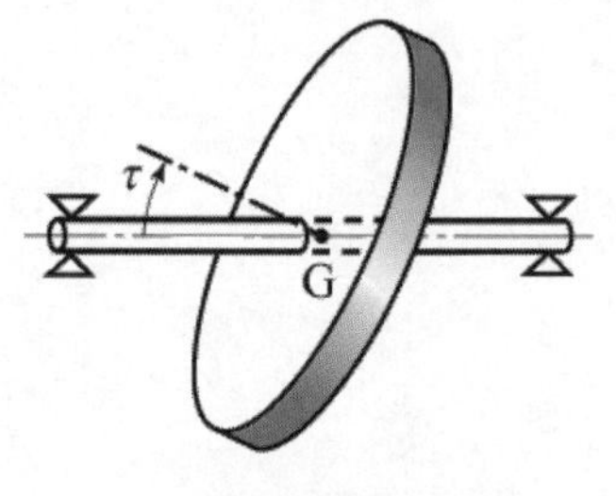

図 6.20　慣性主軸のずれ角 τ が存在するロータ

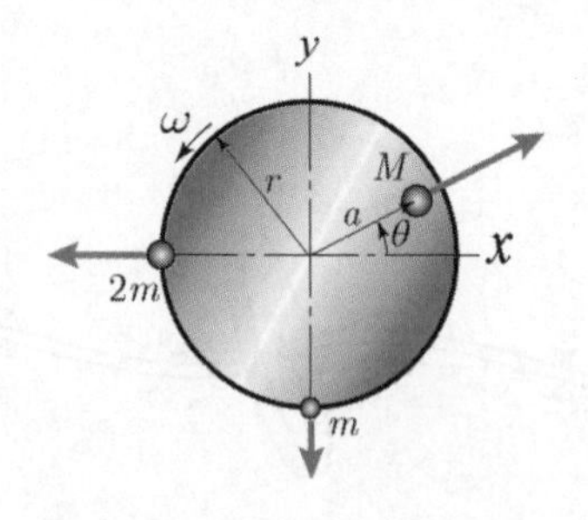

Fig. 6.21　Question【6・9】

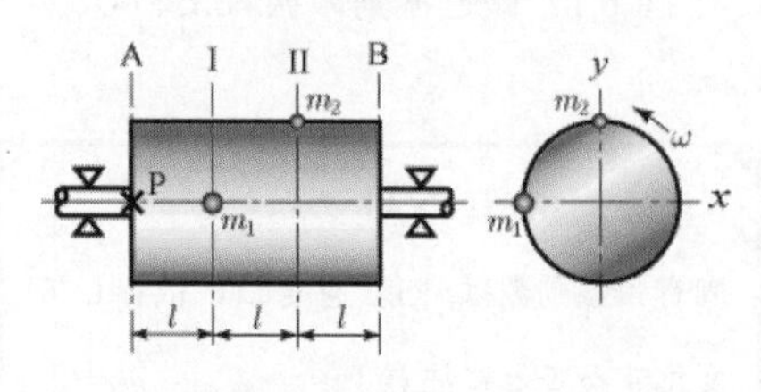

図 6.22　問題【6・10】

$D=200$ mm，$h=40$ mm とする．ばね定数 δ を求めてから，$\omega=0$ のときの固有角振動数 p_0 を求めよ．また，$\omega=1000$ rpm および 2000 rpm のとき，前向き，および後ろ向き振れまわりの固有角振動数 p_f，p_b を求めよ．

【6・6】　四サイクル内燃機関では，シリンダ内のガスの爆発により，ピストン，連接棒，およびクランク軸を介して駆動トルク T が回転軸に伝えられる．その駆動トルクは，図 6.18 に示すように，回転軸の 2 回転を 1 周期として時間的に変動し，フーリエ展開式を用いると，

$$\begin{aligned} T = a_0 + a_1 \cos\tfrac{1}{2}\omega t + a_2 \cos\omega t + a_3 \cos\tfrac{3}{2}\omega t + \ldots \\ + b_1 \sin\tfrac{1}{2}\omega t + b_2 \sin\omega t + b_3 \sin\tfrac{3}{2}\omega t + \ldots \end{aligned}$$

の形で表される．この駆動トルクが図 6.9 の系の円板 J_1 に作用するとき，ねじり振動の主危険速度をすべて求めよ．

【6・7】　図 6.19 は，船舶用のプロペラ軸と駆動軸を歯車装置で連結した，蒸気タービン推進装置である．歯車の慣性モーメントは十分小さいとし，プロペラ軸側と駆動軸側の歯車の歯数比を n=10 として，この系を等価な 2 円板系に置き換えることにより，ねじり振動の固有角振動数を求めよ．また，n=20 の場合と比較せよ．

【6・8】　図 6.20 に示すように，質量 m，半径 R の薄い円板が剛性回転軸の中心軸に対して角度 τ だけずれて取り付けられている．回転軸が角速度 ω で回転するとき，このずれ角 τ によるモーメントを求めよ．

【6・9】　The two weights with masses $2m$ and m are attached on the surface of the disc with radius r, as shown in Fig.6.21. Determine the values of the mass M and angular position θ of the modified weight to balance the rotor by attaching it on the position of radius a on the disc.

【6・10】　図 6.22 に示すように，剛性ロータの I，II 面に不釣合い質量 $m_1=6$ g，$m_2=3$ g が存在する．このロータのバランスをとるため，修正面 A，B にいくらの修正おもりをどの角位置に取り付ければよいか．

第 7 章
非線形振動
Nonlinear Vibration

7・1　非線形自由振動(nonlinear free vibration)

・無次元化(nondimensionalization)

運動を支配する微分方程式の解を求める前に，式の無次元化を行う．無次元化は次のような利点がある．

(a)　ある基準となる状態量との比で，未知関数，独立変数を表せる．

(b)　運動を支配する独立な無次元パラメータを見つけることができる．

・解法(solutions)

非線形振動を支配する常微分方程式とその初期条件を満たす解を求める手段としては，第一に，ルンゲクッタ法(Runge-Kutta Method)に代表される数値解法がある．数値解法の利点は，結果がわかっていなくても，取り敢えず解を求められることである．(【例 7・3】参照)

第二に，式に含まれる無次元パラメータεが 1 に比べて十分小さいとして解析的に求める近似解法がある．近似解法としては平均法，調和バランス法，摂動法（漸近解法）などがあり，その利点は，非線形振動の本質的な特徴を説明するのに便利な形で解を表現できることである．

・平均法(method of averaging)

平均法は，常微分方程式の定数変化法を基にした近似解法で，数学的に信頼性が高い(【例 7・6】参照).

・調和バランス法(method of harmonic balance)

調和バランス法は，ある振動数の整数倍の振動数を含む複数の振動成分で解を求める近似方法で，高調波成分など複数の振動成分が発生する振動現象の解析等に適している(第 9 章【例 9・12】参照).

・摂動法(method of perturbations)

摂動法（漸近解法）には多くの方法があり，代表的なものとして，振動方程式の解とその振動数の両者をεのべき級数で記述できるとしたリンドステット・ポアンカレの方法がある．また解の求め方が系統的でコンピュータによる数式処理に適している多重尺度法(method of multiple scales)がある．多重尺度法とは，独立変数τの関数$\omega(\tau)$についての方程式の近次解を

$$w = w_0(\tau_0,\tau_1) + \varepsilon w_1(\tau_0,\tau_1) + L \qquad (7.1)$$

の形に，微小パラメータεを用いることにより展開できるものと仮定して，

－非線形振動と線形振動との違い－

非線形振動では

・固有振動数が振幅に依存して変化する．

・加振振動数と異なる振動数成分が現れる．

ことなどが，線形振動と本質的に異なる点である．線形振動では，このようなことが起こらない．

－非線形振動方程式の解法－

非線形振動方程式の近似解法は，一見すると，複雑な解析計算をしなければならない．しかし，得られた解は，その物理的な意味がわかると，数値解にない見通しの良さがある．本章では具体的な問題を解きながら，これらのことを学ぶ．左の各項目には該当する例題の番号を記してある．なお例題の中で，数値解法の代表例であるルンゲクッタ法についても学ぶ．

求める方法である．ここで単一の時間尺度τの代わりに，複数の時間尺度

$$\tau_0 \equiv \tau,\ \tau_1 \equiv \varepsilon\tau \tag{7.2}$$

を導入する点がこの方法の特徴である．（【例 7・2(2)】【例 7・5(2)】参照）

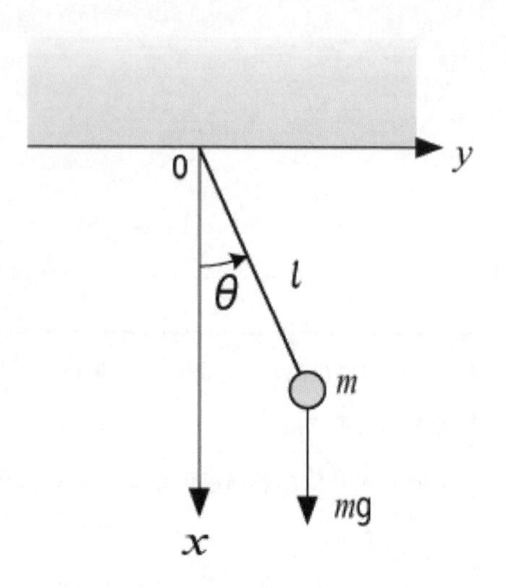

図 7.1　単振子の自由振動

－例題 7.1 のねらい－

単振り子の運動は，いつも出てきて食傷気味かもしれない．しかし，現象を直感的に理解し易く,方程式も簡潔な形で記述できる．そして支配方程式は物理学的に高度な内容を沢山含んでいる．したがって，この問題を自分のものにしておけば，将来,新しい概念を具体的に学ぶときにたいへん有用である．

－ $O(\theta^3)$ とは？－

θ についての関数，

$$y(\theta) = \sin\theta - \theta$$

を定義すると

$$\sin\theta - \theta = -\theta^3/6 + \cdots$$

であることより，$\theta \to 0$ のとき y は θ の 3 乗の程度で小さくなる．このとき $y = O(\theta^3)$ と記述する．

【例 7・1】　＊＊＊＊＊＊＊＊＊＊＊＊＊＊＊＊＊＊＊＊＊＊＊＊＊＊

図 7.1 において，質量mの質点が長さlの糸で吊り下げられている．以下の設問に答えよ．

(1) この質点がxy平面内で運動をするものと仮定して，その支配方程式を質点がx軸となす角度θであらわすと

$$\ddot{\theta} + \omega^2 \sin\theta = 0 \tag{7.3}$$

となることを示せ．ただし，$\omega^2 = g/l$であり，gは重力加速度である．

(2) $|\theta|$が十分に小さいとして式(7.3)をθについて展開した後，θ^3以上の高微小項を$O(\theta^3)$と表すと，

$$\ddot{\theta} + \omega^2\theta = O(\theta^3) \tag{7.4}$$

となることを示せ．ここで$O(\theta^3)$は，無視し，初期条件を

$$\theta(0) = \Theta,\ \dot{\theta}(0) = 0 \tag{7.5}$$

とおいて，

$$\ddot{\theta} + \omega^2\theta = 0 \tag{7.6}$$

の解を求めると

$$\theta(t) = \Theta\cos\omega t \tag{7.7}$$

となることを示せ．

(3) $|\theta|$がそれほど大きくないとして，式(7.3)をθについて展開した後，θ^5以上の高次微小項を$O(\theta^5)$と表すと，

$$\ddot{\theta} + \omega^2\left(\theta - \frac{1}{6}\theta^3\right) = O(\theta^5) \tag{7.8}$$

となることを示せ．

ここで，$O(\theta^5)$を無視すると次のようになる．

$$\ddot{\theta} + \omega^2\left(\theta - \frac{1}{6}\theta^3\right) = 0 \tag{7.9}$$

この解は，θ^3の項があるため，式(7.7)を求めたときと同様な方法で求めることはできない．そこでθおよび時間tの無次元量を*印をつけて，それぞれ

$$\theta = \Theta\theta^*,\ t = \frac{1}{\omega}t^* \tag{7.10}$$

とおき，式(7.8)を無次元表示すると

$$\frac{d^2\theta^*}{dt^{*2}} + \theta^* - \varepsilon\theta^{*3} = 0 \tag{7.11}$$

となることを示せ．

また，このとき無次元パラメータεをΘで表せ．

【解 7・1】

(1)　図 7.2 において，質点に作用する力の円周方向の釣合い式を考えると以下のようになる．

$$ml\frac{d^2\theta}{dt^2} = -mg\sin\theta \tag{7.12}$$

上式の右辺を左辺に移したのち，両辺を ml で割り $\omega^2 = g/l$ と置くと，単振子の平面運動を支配する支配方程式(7.3)が得られる．

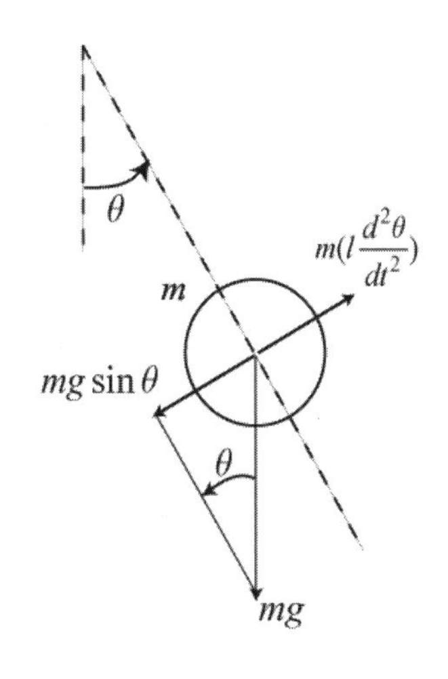

図 7.2　質点に作用する力の円周方向成分の釣り合い

(2)　式(7.3)の $\sin\theta$ を θ について展開すると

$$\sin\theta = \theta - \frac{1}{6}\theta^3 + \frac{1}{120}\theta^5 - \cdots \tag{7.13}$$

となる．これを用いて式(7.3)を書き改めたのち，θ^3 以下の項を無視すると式(7.4)が得られる．この解は，よく知られているように

$$\theta = A\sin\omega t + B\cos\omega t \tag{7.14}$$

と置くことができる．したがって，式(7.14)を初期条件式(7.5)に代入すると

$$\Theta = B,\ \ 0 = A \tag{7.15}$$

となり，式(7.7)で表される解を得る．

(3)　式(7.13)より，θ^3 の項まで考慮に入れると式(7.8)が得られる．

次に式(7.10)を式(7.8)に代入すると

$$\frac{\Theta d^2\theta^*}{(1/\omega)^2 dt^{*2}} + \omega^2\{\Theta\theta^* - \frac{1}{6}(\Theta\theta^*)^3\} = 0 \tag{7.16}$$

となる．上式を整理すると

$$\frac{d^2\theta^*}{dt^{*2}} + \theta^* - \frac{\Theta^2}{6}\theta^{*3} = 0 \tag{7.17}$$

となり，ここで $\varepsilon = \Theta^2/6$ と置くと式(7.11)が得られる．

ー微小パラメーターー

式(7.11)は，無次元微小パラメータ ε を利用して，近似解を求めることが可能である．

すなわち有次元の式(7.7)では，微小パラメータに相当するものが無かったが，この式を無次元化することにより展開に必要な微小パラメータを求めることが出来た．

【例 7・2】　* *

前例で得られた，振子の振れ角の非線形項を考慮に入れた方程式の解を求めよ．すなわち

$$\frac{d^2\theta}{d\tau^2} + \theta - \varepsilon\theta^3 = 0 \qquad (0 < \varepsilon \ll 1) \tag{7.18}$$

$$\theta(0) = 1,\ \ \frac{d\theta}{d\tau}(0) = 0 \tag{7.19}$$

の解析的近似解を

(1)　微小無次元パラメータ ε のべき級数で求めよ．

(2)　多重時間尺度法により求めよ．

【解 7・2】

(1) 式(7.18)の解を ε のべき級数で以下のようにおけるものとする．

$$\theta=\theta_0+\varepsilon\theta_1+\varepsilon^2\theta_2+\varepsilon^3\theta_3+\cdots \tag{7.20}$$

式(7.20)を式(7.18)に代入したのち，ε のベキ級数であらわすと

$$(\ddot{\theta}_0+\theta_0)+\varepsilon(\ddot{\theta}_1+\theta_1-\theta_0^3)+\varepsilon^2(\ddot{\theta}_2+\theta_2-3\theta_0^2\theta_1)+\cdots=0 \tag{7.21}$$

となる．式(7.21)で，ε の各べきの係数を 0 と置くと

$$\mathrm{O}(\varepsilon^0):\ddot{\theta}_0+\theta_0=0 \tag{7.22}$$

$$\mathrm{O}(\varepsilon^1):\ddot{\theta}_1+\theta_1-\theta_0^3=0 \tag{7.23}$$

であらわされる $\theta_0,\theta_1,\cdots$ についての方程式が得られる．

同様にして式(7.19)より

$$\mathrm{O}(\varepsilon^0):\theta_0(0)=1,\ \frac{d\theta_0}{d\tau}(0)=0 \tag{7.24}$$

$$\mathrm{O}(\varepsilon^1):\theta_1(0)=0,\ \frac{d\theta_1}{d\tau}(0)=0 \tag{7.25}$$

であらわされる θ_0,θ_1 についての初期条件式が得られる．

ここで，式(7.22)および式(7.24)より

$$\theta_0(\tau)=\cos\tau \tag{7.26}$$

となり，これを式(7.23)の θ_0 に代入して，同式を整理すると

$$\begin{aligned}\ddot{\theta}_1+\theta_1&=\cos^3\tau\\&=\frac{1}{4}(\cos3\tau+3\cos\tau)\end{aligned} \tag{7.27}$$

となる．式(7.27)の特殊解を求めると

$$\theta_{1p}=-\frac{1}{32}\cos3\tau+\frac{3}{8}\tau\sin\tau \tag{7.28}$$

となり，同式の同次解

$$\theta_{1h}=C_1\cos\tau+C_2\sin\tau \tag{7.29}$$

と和して，

$$\theta_1=C_1\cos\tau+C_2\sin\tau-\frac{1}{32}\cos\tau+\frac{3}{8}C\sin C$$

となる．

初期条件式(7.25)を満足させると

$$C_1=\frac{1}{32}\quad,\quad C_2=0\text{ より}$$

$$\theta_1=\frac{1}{32}(\cos\tau-\cos3\tau)+\frac{3}{8}\tau\sin\tau \tag{7.30}$$

となる．したがって第1近似解として式(7.30)の θ_1 までで表された解は，

$$\begin{aligned}\theta&=\theta_0+\varepsilon\theta_1+\cdots\\&=\cos\tau+\frac{\varepsilon}{8}\{\frac{1}{4}(\cos\tau-\cos3\tau)+3\tau\sin\tau\}+\cdots\end{aligned} \tag{7.31}$$

となる．ただし式(7.31)は τ が $1/\varepsilon$ に比べて十分に小さい範囲でのみ有効である．

－三角関数のべきの公式－

三角関数を指数関数で書くと，三角関数のべきの公式は容易に理解される．すなわち

$$\cos^3\tau=[(e^{i\tau}+e^{-i\tau})/2]^3$$
$$=(e^{3i\tau}+3e^{i\tau}+\mathrm{C.C.})/8$$
$$\therefore\ \cos^3\tau=(\cos3\tau+3\cos\tau)/4$$

－式(7.31)の成立条件－

式(7.31)は時間が経つ，つまり τ が大きくなると $|\theta_1|\gg|\theta_0|$ となり，第 0 近似解 $|\theta_0|$ よりその修正項である $|\theta_1|$ の方が大きくなるため解の前提条件が崩れ,使うことができなくなる．

(2)は，以下の手順で求められる．

(a)　多重時間尺度の導入

時間の尺度として$\tau_0=\tau$, $\tau_1=\varepsilon\tau$, $\cdots$を導入して

$$\theta=\theta_0(\tau_0,\tau_1)+\varepsilon\theta_1(\tau_0,\tau_1)+\cdots \tag{7.32}$$

と置く．そして

$$\frac{d}{dt}=\frac{\partial}{\partial\tau_0}+\varepsilon\frac{\partial}{\partial\tau_1}+\cdots\equiv D_0+\varepsilon D_1+\cdots$$

$$\frac{d^2}{dt^2}=\frac{\partial^2}{\partial{\tau_0}^2}+2\varepsilon\frac{\partial^2}{\partial\tau_0\partial\tau_1}+\cdots\equiv {D_0}^2+2\varepsilon D_0D_1+\cdots$$

となることを考慮すると，(1)の場合と同様，式(7.18)でεの各べきの係数を 0 と置くことにより

$$\mathrm{O}(\varepsilon^0):D_0^2\theta_0+\theta_0=0 \tag{7.33}$$

$$\mathrm{O}(\varepsilon^1):D_0^2\theta_1+\theta_1=\theta_0^3-2D_0D_1\theta_0 \tag{7.34}$$

で表される$\theta_0(\tau_0,\tau_1)$, $\theta_1(\tau_0,\tau_1)$,$\cdots$について方程式が得られる．

式(7.19)より

$$\mathrm{O}(\varepsilon^0):\theta_0(0,0)=1 \qquad D_0\theta_0(0,0)=0 \tag{7.35}$$

$$\mathrm{O}(\varepsilon^1):\theta_1(0,0)=0, \qquad D_1\theta_0(0,0)+D_0\theta_1(0,0)=0 \tag{7.36}$$

となる．式(7.33)の解は

$$\theta_0(\tau_0,\tau_1)=A(\tau_1)e^{i\tau_0}+C.C. \tag{7.37}$$

と表される．ここで，$C.C.$は右辺に表示された項の複素共役項である．

これを式(7.34)に代入すると

$$\begin{aligned}D_0^2\theta_1+\theta_1&=-2D_0D_1(Ae^{i\tau_0}+\overline{A}e^{-i\tau_0})+(Ae^{i\tau_0}+\overline{A}e^{-i\tau_0})^3\\&=-(2iD_1A-3A^2\overline{A})e^{i\tau_0}+A^3e^{3i\tau_0}+C.C.\end{aligned} \tag{7.38}$$

となり，式(7.38)の解θ_1は

$$\theta_1=A_1(\tau_1)e^{i\tau_0}-\frac{A^3}{8}e^{3i\tau_0}-\frac{2iD_1A-3A^2\overline{A}}{2i}\tau_0e^{i\tau_0}+C.C. \tag{7.39}$$

となる．

ただしA_1は式(7.38)の右辺を 0 としたときの解つまり同式の同次解である．

(b)　複素振幅方程式の誘導とその解

式(7.39)において永年項を生じさせる項つまり$\tau_0e^{i\tau_0}$に比例した項の係数を 0 と置くことより

$$2iD_1A-3A^2\overline{A}=0 \ \Rightarrow\ D_1A=-\frac{3i}{2}|A|^2A \tag{7.40}$$

で表される複素振幅Aの方程式が得られる．ここで$|A|^2\equiv A\overline{A}$である．

いま$A(\tau_1)=a(\tau_1)e^{i\varphi(\tau_1)}/2$，つまり複素振幅を極形式で表すと，式(7.40)は，

ー永年項ー

式(7.39)の$\tau_0e^{i\tau_0}$に比例した成分は時間τ_0と共に大きくなる．この項のことを，一般に永年項 (secular term)と呼んでいる．そこで，時間τ_0が$1/\varepsilon$程度の長時間でも有効な解を求めるため，式(7.39)の永年項が 0 となる条件を式(7.1)の近似解を求める際にあらたに付け加える．これより，複素振幅Aの長時間尺度τ_1についての時間的変化率を表す方程式つまり複素振幅方程式(complex amplitude equation)を得る．

$$e^{i\varphi}\left(\frac{D_1 a}{2}+\frac{3i}{16}a^3+\frac{a}{2}iD_1\varphi\right)=0 \tag{7.41}$$

となる．ここで $e^{i\varphi}\neq 0$，a および φ は実変数であるから，式(7.41)を $e^{i\varphi}$ で除した式の実数部と虚数部が 0 となる条件より

$$D_1 a=0 \qquad D_1\varphi=-\frac{3}{8}a^2 \tag{7.42}$$

が得られる．式(7.42)の第一式を τ_1 で積分すると $a(\tau_1)=a_c$ ［定数］となり，これを式(7.42)の第 2 式に代入すると

$$D_1\varphi=-\frac{3}{8}a_c^2 \Rightarrow \varphi=-\frac{3}{8}a_c^2\tau_1+\varphi_c \tag{7.43}$$

したがって，複素振幅 A は

$$A(\tau_1)=\frac{1}{2}a_c e^{i(-3a_c^2\tau_1/8+\varphi_c)} \tag{7.44}$$

となる．

(c)　式(7.18)および式(7.19)の第 1 近似値解

式(7.37)と上式より，θ_0 は次のように求まる．

$$\theta_0=a_c\cos\left(\tau_0-\frac{3}{8}a_c^2\tau_1+\varphi_c\right) \tag{7.45}$$

したがって，$\theta(\tau)$ の第 1 近似解は，式(7.32)および式(7.45)より以下のように記述される．

$$\theta(\tau)=a_c\cos\{\left(1-\frac{3}{8}\varepsilon a_c^2\right)\tau+\varphi_c\}+\mathrm{O}(\varepsilon) \tag{7.46}$$

ここで，式(7.35)に示された初期条件より

$$\begin{array}{l} a_c\cos\varphi_c=1 \\ a_c\sin\varphi_c=0 \end{array} \Rightarrow a_c=1,\ \varphi_c=0 \tag{7.47}$$

となる．したがって $\theta(\tau)$ の第 1 近似解は最終的に，

$$\theta(\tau)=\cos\left(1-\frac{3}{8}\varepsilon\right)\tau+O(\varepsilon) \tag{7.48}$$

と求まる．

【例 7・3】　* *

(1)　t の関数 x についての一階の常微分方程式

$$\frac{dx}{dt}=F(t,x) \tag{7.49}$$

において，時刻 $t=t_k$ のときの $x=x_k$ が与えられたとき，時間 h だけ経ったのちの時刻 $t=t_{k+1}(=t_k+h)$ における $x=x_{k+1}$ は

$$x_{k+1}=x_k+\frac{h}{2}(b_1+b_2) \tag{7.50}$$

ただし

$$b_1 = F(t_k, x_k),\ b_2 = F(t_k + h, x_k + hb_1) \tag{7.51}$$

で与えられることを示せ．

(2)　式(7.18)，式(7.19)の数値解をルンゲクッタ法で求めよ．

【解 7・3】

(1)　$x(t)$ を t についてテイラー展開すると

$$x(t_{k+1}) = x(t_k) + \frac{dx}{dt}(t_k)h + \frac{1}{2}\frac{d^2x}{dt^2}(t_k)h^2 + \cdots \tag{7.52}$$

と記述され，式(7.49)を考慮して上式右辺を変形すると

$$\begin{aligned} x(t_{k+1}) &= x(t_k) + F(t_k, x_k)h + \frac{1}{2}\frac{dF}{dt}(t_k, x_k)h^2 + \cdots \\ &= x(t_k) + F(t_k, x_k)h \\ &\quad + \frac{1}{2}\left\{\frac{\partial F}{\partial t}(t_k, x_k) + \frac{\partial F}{\partial x}(t_k, x_k)F(t_k, x_k)\right\}h^2 + \cdots \end{aligned} \tag{7.53}$$

となる．式(7.53)は，$t = t_k$ のときの $x = x_k$ が与えられたとき，$t = t_{k+1} (= t_k + h)$ における $x = x_{k+1}$ が求まることを意味している．

ここで

$$x_{k+1} \cong x_k + \lambda_1 F(t_k, x_k)h + \lambda_2 F(t_k + \mu_1 h, x_k + \mu_2 F(t_k, x_k)h)h \tag{7.54}$$

と置き，式(7.53)と式(7.54)とが等しくなる様に $\lambda_1, \lambda_2, \mu_1, \mu_2$ を決めるため，式(7.54)を書き直す．

$$\begin{aligned} x_{k+1} &= x_k + \lambda_1 F(t_k, x_k)h \\ &\quad + \lambda_2\{F(t_k, x_k) + \frac{\partial F}{\partial t}(t_k, x_k)\mu_1 h + \frac{\partial F}{\partial x}(t_k, x_k)\mu_2 F(t_k, x_k)h\}h + \cdots \\ &= x_k + (\lambda_1 + \lambda_2)F(t_k, x_k)h \\ &\quad + \{\lambda_2\mu_1\frac{\partial F}{\partial t}(t_k, x_k) + \lambda_2\mu_2\frac{\partial F}{\partial x}(t_k, x_k)F(t_k, x_k)\}h^2 + \cdots \end{aligned} \tag{7.55}$$

となる．したがって，上式と式(7.53)が等しくなるために以下の関係式が求まる．

$$\lambda_1 + \lambda_2 = 1,\ 2\lambda_2\mu_1 = 1,\ 2\lambda_2\mu_2 = 1 \tag{7.56}$$

式(7.56)を満たす組み合わせの一つは

$$\lambda_1 = \lambda_2 = \frac{1}{2},\ \mu_1 = \mu_2 = 1$$

であり，このとき式(7.54)は式(7.50)に等しくなる．

(2)　$x = \theta,\ y = \dot{\theta}$ と置くと，式(7.18)は

$$\begin{aligned} \dot{x} &= y \\ \dot{y} &= -x + \varepsilon x^3 \end{aligned} \tag{7.57}$$

と，書き改めることができ，初期条件式(7.19)は

$$x(0) = 1,\ y(0) = 0 \tag{7.58}$$

とかける．

－4 次のルンゲクッタの公式－

4 次のルンゲクッタの公式は，式(7.52)で h^4 までのテイラー展開を考慮することにより，2 次のルンゲクッタの公式である式(7.50)と同様にして求まる．

ここで，一般によく使われる 4 次のルンゲクッタの公式を用いると，

$$\begin{aligned} x_{k+1} &= x_k + \frac{1}{6}(b_{x1} + 2b_{x2} + 2b_{x3} + b_{x4}) \\ y_{k+1} &= y_k + \frac{1}{6}(b_{y1} + 2b_{y2} + 2b_{y3} + b_{y4}) \end{aligned} \tag{7.59}$$

ただし，

$$\begin{aligned} b_{x1} &= -hy_k \\ b_{x2} &= -h(y_k + b_{x1} / 2) \\ b_{x3} &= -h(y_k + b_{x2} / 2) \\ b_{x4} &= -h(y_k + b_{x3}) \\ b_{y1} &= h(-x_k + \varepsilon x_k^3) \\ b_{y2} &= h\left\{-(x_k + b_{y1} / 2) + \varepsilon(x_k + b_{y1} / 2)^3\right\} \\ b_{y3} &= h\left\{-(x_k + b_{y2} / 2) + \varepsilon(x_k + b_{y2} / 2)^3\right\} \\ b_{y4} &= h\left\{-(x_k + b_{y3}) + \varepsilon(x_k + b_{y3})^3\right\} \end{aligned} \tag{7.60}$$

で与えられる．

ここで $k = 0,1,2,\cdots,n$ であり，初期条件より $x_0 = 1, y_0 = 0$ となる．したがって上式を用いて，x_{k+1}, y_{k+1} が順次求まる．なお h は時刻の刻み幅である．

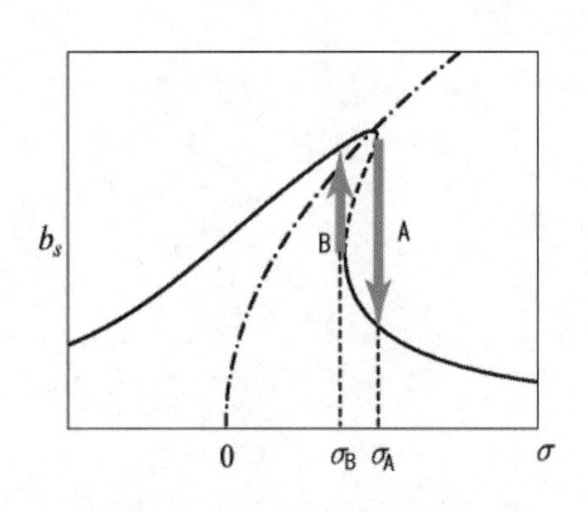

図 7.3　共振曲線と跳躍現象

7・2　非線形強制振動（nonlinear forced vibration）

・主共振（primary resonance）

変位の 3 乗に比例する非線形項をもつ 1 自由度の非線形強制振動において，加振角振動数が線形の固有角振動数に近い，つまり線形の固有角振動数を基準にして無次元化した加振角振動数 ν が

$$\nu = 1 + \varepsilon\sigma \tag{7.61}$$

の場合を主共振と呼ぶ．このとき，復元力の非線形性を考慮に入れて解を求め，横軸に離調パラメータ(detuning parameter) σ，縦軸に無次元振動振幅 b_s を取った共振曲線を描くと図 7.3 のようになる．

同図で，実線が安定な定常解，破線が不安定な定常解であり，加振角振動数を高くしていくと振幅は滑らかに大きくなったあと，A のように突然小さくなる．また加振角振動数を低くしていくと，B のように小さな振幅から突然大きな振幅に変化する．このような現象を跳躍現象(jump phenomenon)と呼ぶ．なお図中の一点鎖線は，非線形の固有角振動数と振幅の関係を示すもので背骨曲線(backbone curve)と呼ばれている．

なお $\sigma_B < \sigma_B$ となるのは，図 7.3 で示されるように，背骨曲線が右に傾いている場合である．たとえば両端をばね支持された質点の横振動モデル（JSME テキストシリーズ「振動学」の第 7 章，図 7.4 参照）のように，質点の横変位の非線形項に比例した復元力成分が横変位の増加と共に大きくなるようなばね，つまり漸硬ばね(hardening spring)の場合に生じる．

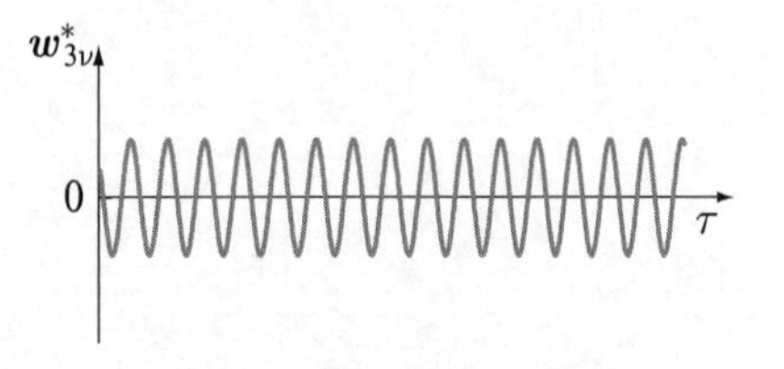

(a)　高調波成分(固有振動成分)

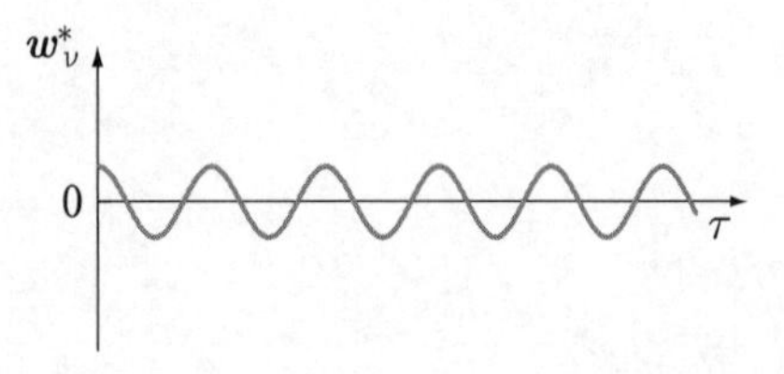

(b)　強制振動成分

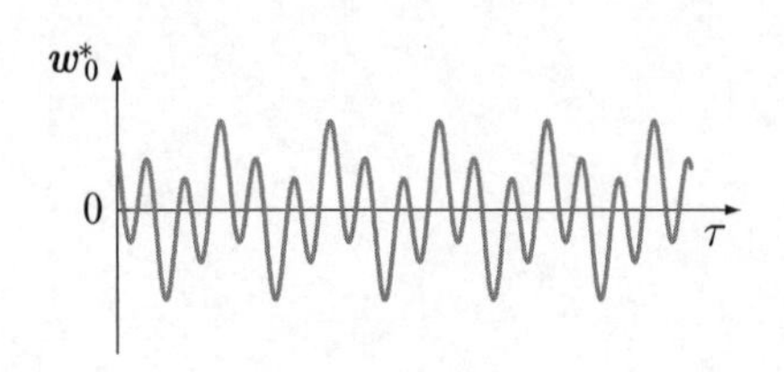

(c)　振動波形

図 7.4　高調波振動

・二次共振(secondary resonance)

変位の 3 乗に比例する非線形項をもつ 1 自由度の非線形強制振動において，無次元横変位の時刻歴の計算例を示すと，図 7.4 のようになる．この場合，無次元加振角振動数 ν で振動する成分 w_ν 以外に，加振角振動数 ν の 3 倍の高調波で振動する成分 $w_{3\nu}$ が発生している．これを，一般に 3 次の高調波共振(super harmonic resonance)と呼ぶ．

また $\nu = 3(1+\varepsilon\sigma)$ の場合，加振角振動数の 1/3 つまり $1+\varepsilon\sigma$ の角振動数で振動する成分が発生し，1/3 次の分数調波共振(sub harmonic resonance)と呼ぶ

3 次の高調波共振，1/3 次の分数調波共振とも，3 乗に比例する非線形項により発生したものであり，両共振とも支配的な励振成分の角振動数はほぼ線形の固有角振動数に等しいことが特徴である．つまりこれらは，非線形項の影響により，固有振動が励振されたものと考えることができる．

【例 7・4】　＊＊＊＊＊＊＊＊＊＊＊＊＊＊＊＊＊＊＊＊＊＊＊＊＊

図 7.5 において，質量 m の質点が長さ l の糸で吊り下げられ，他端が水平に $y_0 = A\sin Nt$ で加振されている．このとき，以下の設問に答えよ．ただし，質点には，c を抵抗係数として $cl\dot{\theta}$ に比例する円周方向の空気抵抗が作用するものとする．

(1) この質点が xy 平面内で運動をするものと仮定して，その支配方程式を質点が x 軸となす角度を θ であらわすと

$$\ddot{\theta} + \frac{c}{m}\dot{\theta} + \frac{g}{l}\sin\theta = \frac{A}{l}N^2\sin Nt\cos\theta \tag{7.62}$$

となることを示せ．ただし，g は重力加速度である．

(2) 無次元時間 t^* を

$$t = \sqrt{l/g}\,t^* \tag{7.63}$$

と置き，式(7.63)を無次元形式で記述すると

$$\frac{d^2\theta}{dt^{*2}} + 2\gamma\frac{d\theta}{dt^*} + \sin\theta = a\nu^2\sin\nu t^*\cos\theta \tag{7.64}$$

となる，γ, a, ν を，m, c, l, g, N を用いて表せ．

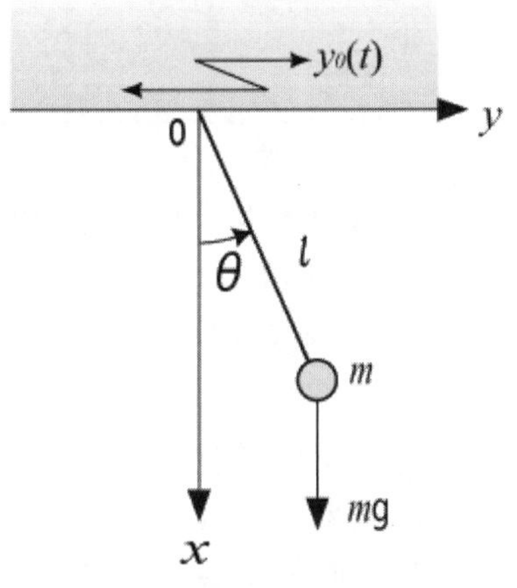

図 7.5　単振子強制振動

【解 7・4】

(1) 質点に作用する力の円周方向つまり質点の運動方向の力の釣合い式を立てると

$$m(l\ddot{\theta} + \ddot{y}_0\cos\theta) = -mg\sin\theta - cl\dot{\theta} \tag{7.65}$$

となり，上式に $y_0 = A\sin Nt$ を代入して整理すると式(7.62)が得られる．

(2) 式(7.63)を用いて，式(7.62)の t を t^* で書き改める

$$\therefore\ \frac{d^2\theta}{dt^{*2}} + \frac{c}{m}\sqrt{\frac{l}{g}}\frac{d\theta}{dt^*} + \sin\theta = \frac{AN^2}{g}\sin\frac{N}{\sqrt{g/l}}t^*\cos\theta \tag{7.66}$$

となることより

$$2\gamma = \frac{c}{m}\sqrt{\frac{l}{g}},\ a = \frac{A}{l},\ \nu = \frac{N}{\sqrt{g/l}} \tag{7.67}$$

と表される．

【例 7・5】　＊＊＊＊＊＊＊＊＊＊＊＊＊＊＊＊＊＊＊＊＊＊＊＊＊

(1)　$\gamma \ll 1,\ \nu = 1 + \varepsilon\sigma\ (\varepsilon \ll 1)$ のとき，式(7.64)を

$$\frac{d^2\theta^*}{dt^{*2}} + 2\gamma\frac{d\theta^*}{dt^*} + \theta^* - \frac{\varepsilon}{6}\theta^{*3} = \varepsilon\sin(1+\varepsilon\sigma)t^* + O(\varepsilon^2) \tag{7.68}$$

の形に変形(Renormalization)せよ．ただし，$\sin\theta = \theta - \theta^3/6$ と近似してよい．

(2)　式(7.68)の解 $\theta(t)$ を多重時間尺度法で求めよ．

【解 7・5】

(1)　$\nu = 1 + \varepsilon\sigma\ (\varepsilon \ll 1)$ のとき，線形振動の共振状態にあることを思い起こすと，式の左辺第 1 項と第 3 項

$\sin\theta = \theta - \theta^3/6 + \cdots$

の第 1 項つまり θ がほぼ相殺する．

したがって，式(7.64)の左辺第 3 項の非線形成分と右辺の外力項が釣合う，つまり

$-\dfrac{\theta^3}{6} \simeq a\nu^2 \sin\nu t\cos\theta$

となることが予測される．

ここで θ のおおよその大きさを知るために，上式のオーダー評価をすると

$\dfrac{\theta^3}{6} \sim \theta^3\ \ \nu \sim 1,\ |\sin\nu t| \le 1,\ \cos\theta \sim 1$

と見積もることが出来る．これより，θ の大きさだけ見積もると

$\theta^3 \sim a \Rightarrow \theta \sim a^{\frac{1}{3}}$

となる，つまり θ の代表値として $a^{\frac{1}{3}}$ を取ることができる．

これより線形振動の共振点付近つまり $\nu = 1 + \varepsilon\sigma$ の場合について，式(7.64)の解を多重尺度法で求める場合，

$$\theta = a^{\frac{1}{3}}\theta^* \tag{7.69}$$

で与えられる変数変換を行った式を $a^{\frac{1}{3}}$ で割ったのち，$\varepsilon = a^{\frac{2}{3}}$ と置くと式(7.68)が得られる．

> −オーダ評価−
>
> オーダ評価とは，式(7.68)の各項の大きさを**【解 7.3】**(1)に示されたように見積もることである．
> オーダ評価は，現象方程式の物理的意味考える習慣を持つことにより，身につけることができる．
> 方程式が簡単で，自分がその方程式により記述される現象を良く知っている例で練習をすると良い．

(a) は，以下の手順で求められる

多重時間尺度の導入

時間の尺度として $\tau_0 = \tau, \tau_1 = \varepsilon\tau, \cdots$ を導入したのち，式(7.68)に

$$\theta^* = \theta_0{}^*(\tau_0, \tau_1) + \varepsilon\theta_1{}^*(\tau_0, \tau_1) + \cdots \qquad (7.70)$$

を代入して，ε の各べきの係数が 0 となる条件より θ_0 および θ_1 についての方程式

$$D_0^2\theta_0{}^* + \theta_0{}^* = 0 \qquad (7.71)$$

$$D_0^2\theta_1{}^* + \theta_1{}^* = -2D_0D_1\theta_0{}^* - 2\hat{\gamma}D_0\theta_0{}^* + \frac{1}{6}\theta_0^{*3} + \sin(\tau_0 + \sigma\tau_1) \qquad (7.72)$$

が得られる．式(7.71)の解

$$\theta_0{}^* = A(\tau_1)e^{i\tau_0} + \overline{A}(\tau_1)e^{-i\tau_0} \qquad (7.73)$$

を式(7.72)の右辺に代入すると

$$\begin{aligned} D_0^2\theta_1{}^* + \theta_1{}^* &= -2iD_1A\,e^{i\tau_0} - 2i\hat{\gamma}A\,e^{i\tau_0} \\ &\quad + \frac{1}{6}(A^3\,e^{3i\tau_0} + 3A^2\overline{A}\,e^{i\tau_0}) + \frac{1}{2i}e^{i\sigma\tau_1}\,e^{i\tau_0} + C.C. \end{aligned} \qquad (7.74)$$

となる．

(b) 複素振幅方程式の誘導とその解

式の右辺で，$\theta_1{}^*$ に永年項を生じさせる項つまり $e^{i\tau_0}$ に比例し項の係数を 0 と置くことより

$$D_1A = -\hat{\gamma}A - \frac{i}{4}|A|^2A - \frac{1}{4}e^{i\sigma\tau_1} \qquad (7.75)$$

で表される複素振幅 A の方程式が得られる．ここで減衰の効果は，それ程大きくないものと考え，$\gamma \equiv \varepsilon\hat{\gamma}$ と仮定した．

次に $A = B(\tau_1)\,e^{i\sigma\tau_1}$ と置くと，上式から B についての方程式

$$D_1B = -\{\hat{\gamma} + i(\sigma + \frac{1}{4}|B|^2)\}B - \frac{1}{4} \qquad (7.76)$$

が得られる．この式は，時間尺度 τ_1 について陽の項がないため，B の定常解つまり $D_1B = 0$ とした解を求めることができる．

さらに式(7.76)で B を極座標表示つまり $B = b(\tau_1)\,e^{i\varphi(\tau_1)}/2$ と置くと

$$\begin{aligned} D_1b &= -\hat{\gamma}b - \frac{1}{2}\cos\varphi \\ bD_1\varphi &= -\left(\sigma + \frac{1}{16}b^2\right)b + \frac{1}{2}\sin\varphi \end{aligned} \qquad (7.77)$$

となる．式(7.77)で $D_1b = D_1\varphi = 0$ とした方程式より，$b = b_s$, $\varphi = \varphi_s$ ついての式

$$\left(\sigma + \frac{1}{16}b_s^2\right)^2 + \hat{\gamma}^2 = \left(\frac{1}{2b_s}\right)^2, \quad \tan\varphi_s = -\frac{1}{\hat{\gamma}}\left(\sigma + \frac{1}{16}b_s^2\right) \qquad (7.78)$$

が得られる．

式(7.68)の第 1 近似解 θ_0 は式(7.73)と $B = b(\tau_1)\,e^{i\varphi(\tau_1)}/2$ より

$$\theta_0^* = b_s\cos(\tau_0 + \varphi_s) \qquad (7.79)$$

－振子運動の共振曲線－

式(7.78)から，b_s および φ_s を求めることにより，振り子運動の共振曲線を描くことが出来る．その結果，共振曲線は，背骨曲線が図 7.3 と逆の方向に傾いた曲線となることが分かる．

振子運動では，復元力の非線形成分が振れ角の増加と共に小さくなる，つまり漸軟ばね (softening spring)の性質を持つ．

となる．したがって，$\theta^*(\tau)$ の第 1 近似解は式(7.70)より

$$\theta^*(t^*) = b_s \cos(t^* + \varphi_c) + \mathrm{O}(\varepsilon) \tag{7.80}$$

とあらわされる．ここで，b_s と φ_s は，一般に σ および γ を与えて式(7.78)を数値的に解くことにより求まる．ただし非減衰つまり $\gamma = 0$ の場合は解析的に求まる．

【例 7・6】　＊＊＊＊＊＊＊＊＊＊＊＊＊＊＊＊＊＊＊＊＊＊＊＊

Consider the following equation:

$$\ddot{x} + 2\varepsilon\dot{x} + x = \varepsilon\kappa\cos Nt \tag{7.81}$$

when $N = 1 + \varepsilon\sigma$. Use the averaging method to obtain that

$$x = a\cos(t + \beta) \tag{7.82}$$

where

$$\dot{a} = -\varepsilon a + \frac{1}{2}\varepsilon\kappa\sin(\varepsilon\sigma t - \beta)\ ,\ a\dot{\beta} = -\frac{1}{2}\varepsilon\kappa\cos(\varepsilon\sigma t - \beta) \tag{7.83}$$

【解 7. 6】

When $\varepsilon \neq 0$, the solution of Eq.(7.81) can still be expressed as Eq.(7.82), under the condition

$$\dot{x} = -a\sin(t + \beta) \tag{7.84}$$

but with time-varying a and β . Differentiating Eq.(7.82) with respect to t and using Eq.(7.84), we obtain the following constraint condition:

$$\dot{a}\cos\phi - a\dot{\beta}\sin\phi = 0 \tag{7.85}$$

where $\phi = t + \beta$. Substituting Eqs.(7.82) and (7.84) into Eq.(7.81) yields

$$\dot{a}\sin\phi + a\dot{\beta}\cos\phi = -2\varepsilon a\sin\phi - \varepsilon k\cos Nt \tag{7.86}$$

Solving Eqs.(7.85) and (7.86), we obtain

$$\begin{aligned}\dot{a} &= -\varepsilon a\{1 - \cos 2(t + \beta)\} \\ &\quad - \frac{1}{2}\varepsilon k\sin\{(N+1)t + \beta\} + \frac{1}{2}\varepsilon k\sin\{(N-1)t - \beta\}\end{aligned} \tag{7.87}$$

$$\begin{aligned}a\dot{\beta} &= -\varepsilon a(2\sin 2\phi) \\ &\quad - \frac{1}{2}\varepsilon k\cos[(N+1)t + \beta\}] - \frac{1}{2}\varepsilon k\cos[(N-1)t - \beta]\end{aligned} \tag{7.88}$$

To the first approximation, we need to keep only the slowly varying terms in Eqs.(7.87) and (7.88). For the case of $N = 1 + \varepsilon\sigma$, $\sin\{(N-1)t - \beta\}$ in Eq.(7.87) and $\cos\{(N-1)t - \beta\}$ in Eq.(7.88) are slowly varying terms. Hence we obtain

$$\dot{a} = -\varepsilon a + \frac{1}{2}\varepsilon k\sin(\varepsilon\sigma t - \beta) \tag{7.89}$$

$$a\dot{\beta} = -\frac{1}{2}\varepsilon k \cos(\varepsilon\sigma t - \beta) \tag{7.90}$$

7・3　実際の機械システムにおける非線形強制振動 (nonlinear forced vibration)

本章では，非線形振動現象の現れる単純な運動として，振り子運動を取り上げた．そこに発生する非線形振動現象は，回転体の振れまわり振動，橋梁の振動などにおいても発生する．

このような実際の機械システムでの振動解析は，目下のところ回転体の振れまわり振動を除くと，同時に発生する様々な現象を総合的に解析する数値シミュレーションが主流である．

特定の非線形振動に限定した問題設定は今後の課題であり，たとえば，静電複写機の機械要素であるクリーナ・ブレード(図 7.6)の，びびり振動などは，複数モードの連成した自励振動であり，このような振動の定常振幅を決めるには非線形振動としての取り扱いが必要となり，本章で学んだことが実用面でも役に立つ．

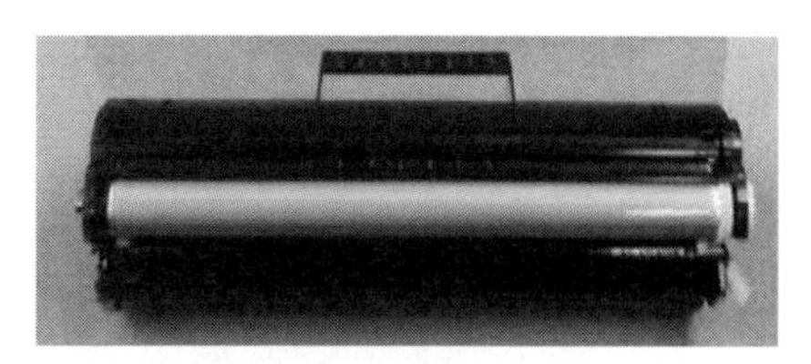
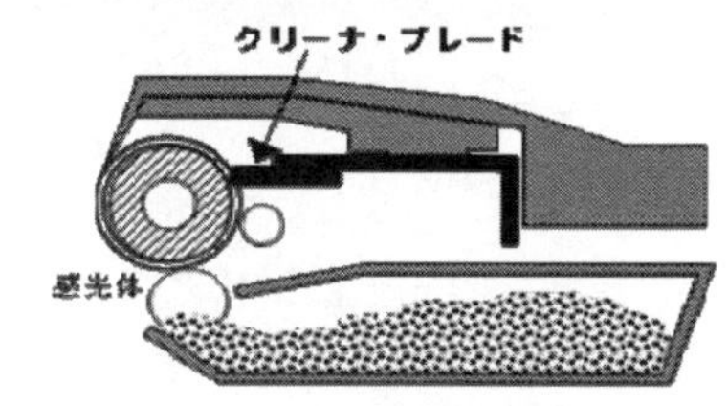

図 7.6　レーザ・プリンタに内蔵された感光体とクリーナブレード

======== 練習問題 ==

【7・1】 図 7.7 のように質量の無視できる長さ l の棒の先に質量 m の質点が取りつけられた倒立振子がある．この系が，基盤の回転軸まわりに，$M = -k\theta$ の復元モーメントの作用するばねで支持されているものとする．ただし，k は比例定数(トルク/ラジアン)である．以下の設問に答えよ．

(1) 倒立振子の運動を支配する方程式を求めよ．

(2) 運動の支配方程式を基に，倒立振子が垂直に立っていられる条件を求めよ．

(3) 支配方程式を無次元化せよ．なお質点の振れ角は，有限の大きさで $\sin\theta = \theta - \theta^3/6 + O\left(\theta^5\right)$ で近似できるものとせよ．

そして，初期条件が

$$\theta(0) = \Theta,\ \dot{\theta}(0) = 0 \tag{7.91}$$

の場合について，その近似解を平均法で求めよ．

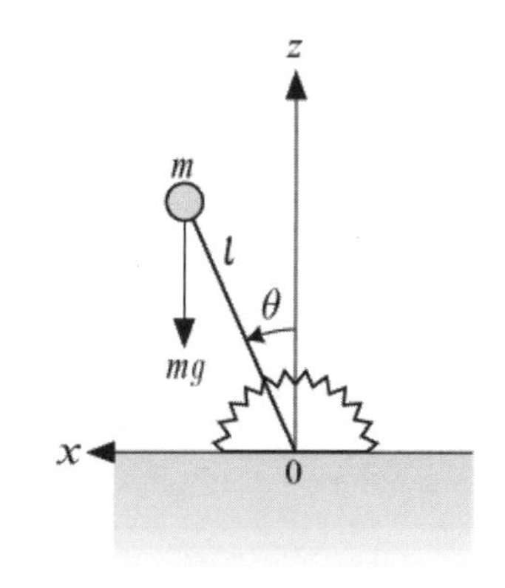

図 7.7　倒立振子自由振動

【7・2】 図 7.8 で示されるように，前問と同じ系で，基盤が $x_0(t) = \Delta \sin Nt$ で周期的に水平加振されている場合について，以下の設問に答えよ．ただし基盤が静止しているとき，倒立振子は垂直に立っているものとする．

(1) 倒立振子の運動を支配する方程式を求めよ．

(2) 加振角振動数 N が系の固有角振動数に近い場合に着目して，運動の

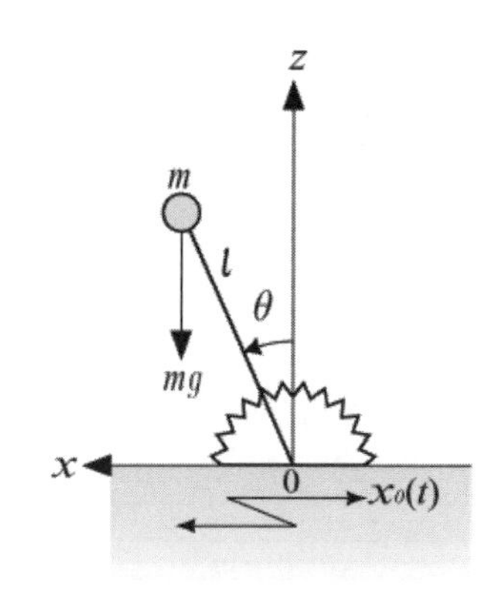

図 7.8　倒立振子強制振動

支配方程式を無次元化せよ．なお質点の振れ角は，有限の大きさで $\sin\theta = \theta - \theta^3 / 6 + O(\theta^5)$ で近似できるものとする．

(3)　問(2)で得られた支配方程式の近似解を多重時間尺度法で求めよ．

第８章

不規則振動

Random Vibration

8・1　確率の基礎 (fundamentals of probability)

統計量で表されるような変数を確率変数(random variable)という．確率変数を X として，その中の n 個の量 $x_i\left(i=1,2,3,...,n\right)$ が測定されたとする．

(1)　よく使われる統計量

・平均値(mean value)または期待値(expected value)

$$E\left[X\right]=\frac{\sum_{i=1}^{n}x_i}{n} \tag{8.1}$$

・自乗平均値(mean square value)

$$E\left[X^2\right]=\frac{\sum_{i=1}^{n}x_i^2}{n} \tag{8.2}$$

・分散(variance)平均値まわりの自乗平均値

$$\begin{aligned}Var\left[X\right]&=E\left[\left(X-E\left[X\right]\right)^2\right]\\&=\frac{\sum_{i=1}^{n}\left(x_i-E\left[X\right]\right)^2}{n}\\&=E\left[X^2\right]-E\left[X\right]^2\end{aligned} \tag{8.3}$$

・標準偏差(standard deviation)

$$\sigma_X=\sqrt{Var\left[X\right]} \tag{8.4}$$

・変動係数または変異係数(coefficient of variation)

$$\nu_X=\frac{\sigma_X}{E\left[X\right]} \tag{8.5}$$

【例 8・1】　＊＊＊＊＊＊＊＊＊＊＊＊＊＊＊＊＊＊＊＊＊＊＊＊＊

次の 10 個の確率変数が測定された．平均値，自乗平均値，分散，標準偏差および変動係数を求めよ．

2，8，4，-3，3，-4，-1，6，-2，4，

－不規則な現象の例－

不規則振動の例としては，図 8.1(a)に示す地震波がある．このほかに，自動車やロケットの内部で記録される振動や，電気回路で見られるノイズなどがある．図 8.1(b)は 50 回サイコロを振ったときに出た目である．振動ではないが，出る目の間に関連がなく，不規則な現象である．このほかに株価の動向なども不規則な現象である．

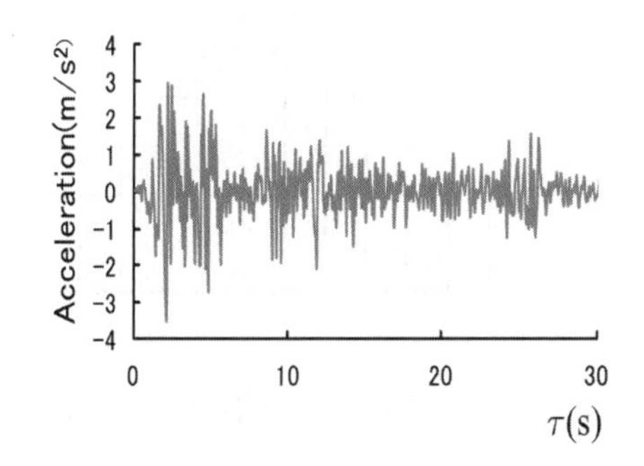

(a)　地震波（El Centro NS）

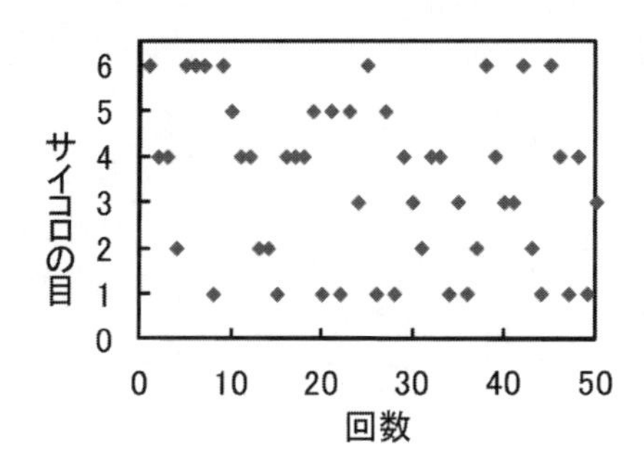

(b)　サイコロの目

図 8.1　不規則な現象の例

【解 8・1】

式(8.1)で $n=10$ であるから，平均値は

$$E[X]=\frac{2+8+4-3+3-4-1+6-2+4}{10}=1.7 \tag{8.6}$$

自乗平均値は式(8.2)から

$$E[X^2]=\frac{2^2+8^2+4^2+(-3)^2+3^2+(-4)^2+(-1)^2+6^2+(-2)^2+4^2}{10}=17.5 \tag{8.7}$$

分散は式(8.3)から

$$Var[X]=E[X^2]-E[X]^2=17.5-1.7^2=14.6 \tag{8.8}$$

標準偏差は式(8.4)から

$$\sigma_X=\sqrt{Var[X]}=\sqrt{14.6}=3.82 \tag{8.9}$$

変動係数は式(8.5)から

$$\nu_X=\frac{\sigma_X}{E[X]}=\frac{3.82}{1.7}=2.25 \tag{8.10}$$

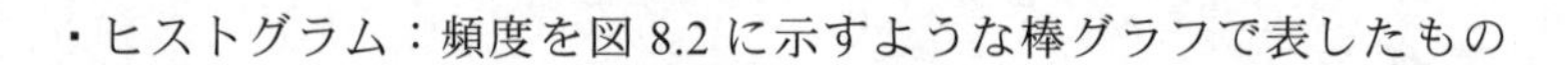

(2)　確率密度関数

・頻度：n 個の量 x_i に対して各 x_i が j 番目の区間 Δx_j に入る数

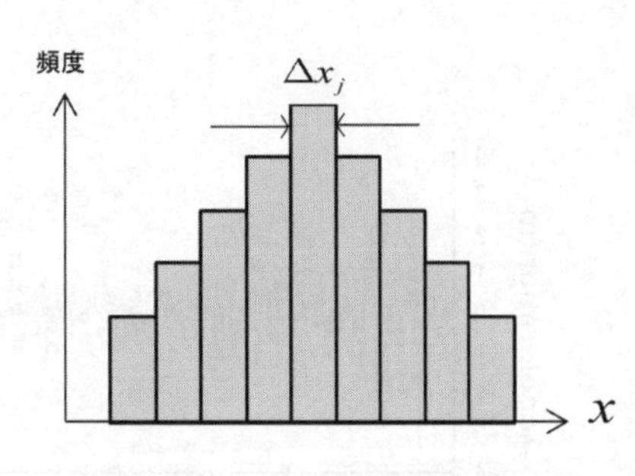

図 8.2　ヒストグラム

・ヒストグラム：頻度を図 8.2 に示すような棒グラフで表したもの

・確率(probability)：ある区間に入る頻度を n で割った値

j 番目の区間に入る確率を P_j とし，区間の数を m とすると，

$$\sum_{j=1}^{m}P_j=1 \tag{8.11}$$

・確率密度関数(probability density function)：Δx_j を小さくして頻度を n で割って得られる関数 $p(x)$

$$\int_{-\infty}^{\infty}p(x)dx=1 \tag{8.12}$$

平均値（式(8.1)に対応）：$E[X]=\int_{-\infty}^{\infty}xp(x)dx$　(8.13)

自乗平均値（式(8.2)に対応）：$E[X^2]=\int_{-\infty}^{\infty}x^2p(x)dx$　(8.14)

・確率分布関数(probability distribution function)：$X\leq x$ となる確率を表す関数 $P(x)$：確率分布関数と確率密度関数の関係式

$$P(x)=\int_{-\infty}^{x}p(x)dx \tag{8.15}$$

・よく使われる確率密度関数

1)　正規分布(normal distribution)またはガウス分布(Gaussian distribution)：図 8.3

$$p(x)=\frac{1}{\sqrt{2\pi}\sigma_X}\exp\left[-\frac{(x-E[X])^2}{2\sigma_X{}^2}\right] \tag{8.16}$$

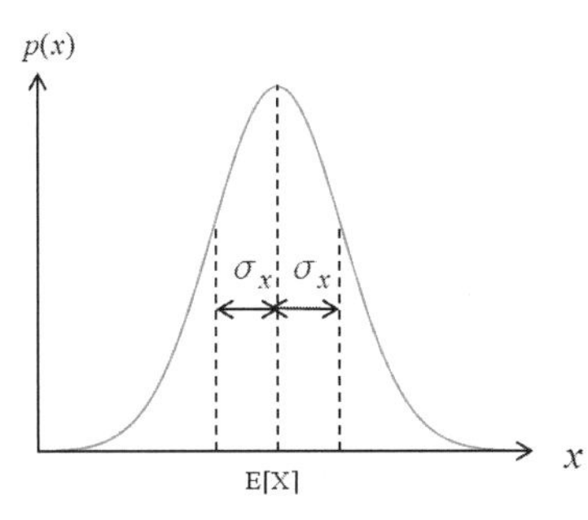

図 8.3　正規分布

2)　レイリー分布(Rayleigh distribution)：図 8.4

$$p(r)=\frac{r}{\sigma_X{}^2}\exp\left(-\frac{r^2}{2\sigma_X{}^2}\right) \qquad (r \geq 0) \tag{8.17}$$

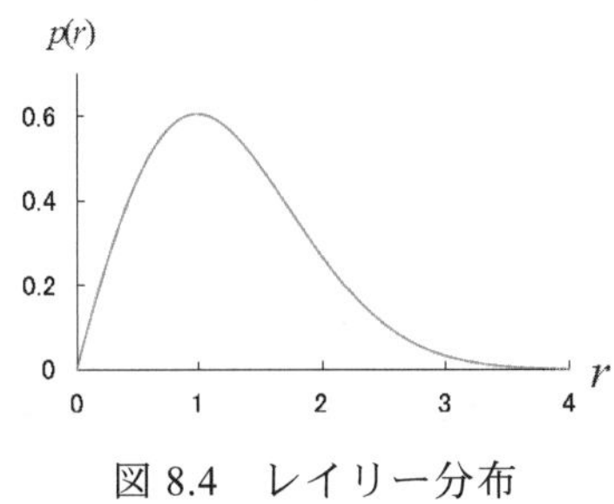

図 8.4　レイリー分布

3)　一様分布(uniform distribution)：図 8.5

$$p(x)=\begin{cases} 0 & (-\infty < x < a) \\ \dfrac{1}{b-a} & (a \leq x \leq b) \\ 0 & (b < x < \infty) \end{cases} \tag{8.18}$$

【例 8・2】　＊＊＊＊＊＊＊＊＊＊＊＊＊＊＊＊＊＊＊＊＊＊＊＊

図 8.6 のように X が 0 から 20 の間で一定である一様分布に従う場合の平均値と標準偏差を求めよ．

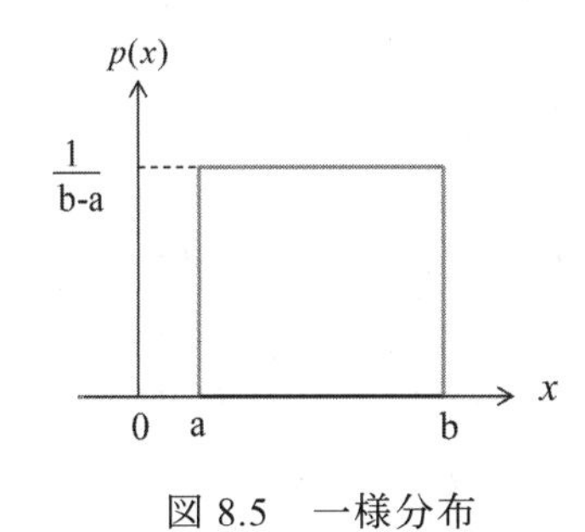

図 8.5　一様分布

【解 8・2】

確率密度関数は式(8.12)の条件を満足しなければならないから，

$$p(x)=\begin{cases} 0 & (-\infty < x < 0) \\ 0.05 & (0 \leq x \leq 20) \\ 0 & (20 < x < \infty) \end{cases} \tag{8.19}$$

である．

平均値は式(8.13)から，

$$E[X]=\int_0^{20} 0.05x dx = 10 \tag{8.20}$$

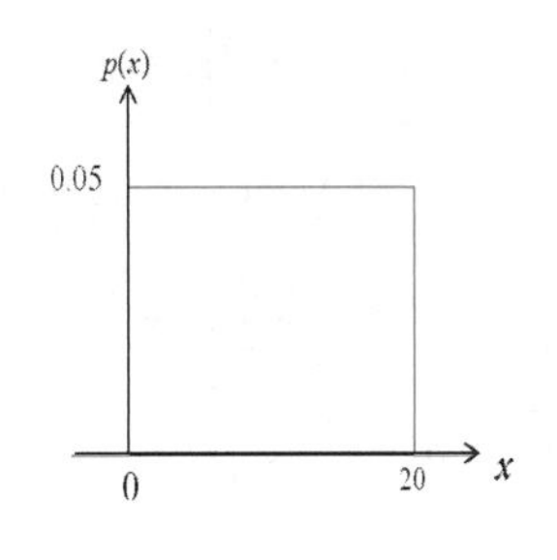

図 8.6　【例 8・2】

標準偏差は式(8.14)の自乗平均値を用いて求める．自乗平均値は，

$$E[X^2]=\int_0^{20} 0.05x^2 dx = 133 \tag{8.21}$$

したがって，式(8.3)から分散は，

$$Var[X]=E[X^2]-E[X]^2=133-10^2=33 \tag{8.22}$$

式(8.4)から標準偏差は

$$\sigma_X=\sqrt{Var[X]}=5.74 \tag{8.23}$$

【例 8・3】　＊＊＊＊＊＊＊＊＊＊＊＊＊＊＊＊＊＊＊＊＊＊＊＊

式(8.17)で表されるレイリー分布の平均値，自乗平均値および分散を求めよ．

【解8・3】

$r \geq 0$ であるから，平均値は式(8.13)から，

$$E[r] = \int_0^\infty r \frac{r}{\sigma_X{}^2} \exp\left(-\frac{r^2}{2\sigma_X{}^2}\right) dr = \int_0^\infty \frac{r^2}{\sigma_X{}^2} \exp\left(-\frac{r^2}{2\sigma_X{}^2}\right) dr \quad (8.24)$$

ここで，

$$t = \frac{r}{\sqrt{2}\sigma_X} \quad (8.25)$$

とおくと，

$$E[r] = 2\sqrt{2}\sigma_X \int_0^\infty t^2 \exp(-t^2) dt$$
$$= 2\sqrt{2}\sigma_X \left\{ \left[t \cdot \frac{-1}{2} \exp(-t^2) \right]_0^\infty + \int_0^\infty \frac{1}{2} \exp(-t^2) dt \right\}$$
$$= 2\sqrt{2}\sigma_X \cdot \frac{\sqrt{\pi}}{4} = \sqrt{\frac{\pi}{2}} \sigma_X \quad (8.26)$$

ここで，

$$\int_0^\infty \exp(-t^2) dt = \frac{\sqrt{\pi}}{2} \quad (8.27)$$

であることを用いた．（証明は左のコラムを参照）

自乗平均値は式(8.14)から，

$$E[r^2] = \int_0^\infty r^2 \frac{r}{\sigma_X{}^2} \exp\left(-\frac{r^2}{2\sigma_X{}^2}\right) dr = \int_0^\infty \frac{r^3}{\sigma_X{}^2} \exp\left(-\frac{r^2}{2\sigma_X{}^2}\right) dr \quad (8.28)$$

ここで，

$$t = \frac{r^2}{2\sigma_X{}^2} \quad (8.29)$$

とおくと，

$$E[r^2] = 2\sigma_X{}^2 \int_0^\infty t \exp(-t) dt$$
$$= 2\sigma_X{}^2 \left\{ [-t \times \exp(-t)]_0^\infty + \int_0^\infty \exp(-t) dt \right\}$$
$$= 2\sigma_X{}^2 [-\exp(-t)]_0^\infty = 2\sigma_X{}^2 \quad (8.30)$$

分散は，式(8.3)から，

$$Var[r] = E[r^2] - E[r]^2 = 2\sigma_X{}^2 - \left(\sqrt{\frac{\pi}{2}} \sigma_X\right)^2 = \frac{4-\pi}{2} \sigma_X{}^2 \quad (8.31)$$

【例8・4】　＊＊＊＊＊＊＊＊＊＊＊＊＊＊＊＊＊＊＊＊＊＊＊＊＊＊＊

次式で表される関数が確率密度関数であるときに，C の値を求め，平均値および自乗平均値を求めよ．

－エラー関数について－

$\int_0^\infty \exp\left(-t^2\right) dt = \frac{\sqrt{\pi}}{2}$ の証明

$D: x^2 + y^2 \leq R^2, x \geq 0, y \geq 0$ の領域で次の積分を考える．

$$\iint_D \exp\left\{-\left(x^2 + y^2\right)\right\} dxdy$$

$x = t\cos\theta$ および $y = t\sin\theta$ とおくと，

$$\iint_D \exp\left\{-\left(x^2 + y^2\right)\right\} dxdy$$
$$= \int_0^{\frac{\pi}{2}} \int_0^R \exp\left(-t^2\right) t dt d\theta$$
$$= \int_0^{\frac{\pi}{2}} \left[-\frac{1}{2} \exp\left(-t^2\right) \right]_0^R d\theta$$
$$= \frac{\pi}{4} \left\{ 1 - \exp\left(-R^2\right) \right\}$$

一方，$E: 0 \leq x \leq R, 0 \leq y \leq R$ での積分は，

$$\iint_E \exp\left\{-\left(x^2 + y^2\right)\right\} dxdy$$
$$= \int_0^R \int_0^R \exp\left\{-\left(x^2 + y^2\right)\right\} dxdy$$
$$= \int_0^R \exp\left(-x^2\right) dx \int_0^R exo\left(-y^2\right) dy$$
$$= \left\{ \int_0^R \exp\left(-x^2\right) dx \right\}^2$$

両方の式で $R \to \infty$ とすると，

$$\left\{ \int_0^\infty \exp\left(-t^2\right) dx \right\}^2 = \frac{\pi}{4}$$

したがって，

$$\int_0^\infty \exp\left(-t^2\right) dx = \frac{\sqrt{\pi}}{2}$$

(1)　$$p(x)=\begin{cases}0 & (-\infty<x<-1)\\ C\left(2+x-x^2\right) & (-1\leq x\leq 2)\\ 0 & (2<x<\infty)\end{cases} \tag{8.32}$$

(2)　$$p(x)=C\exp\left\{-(x-2)^2\right\} \quad (-\infty<x<\infty) \tag{8.33}$$

【解 8・4】

(1)　確率密度関数では式(8.12)の関係から

$$\int_{-1}^{2} C(2+x-x^2)dx = C\left[2x+\frac{x^2}{2}-\frac{x^3}{3}\right]_{-1}^{2} = \frac{9C}{2}=1 \tag{8.34}$$

したがって，

$$C=\frac{2}{9} \tag{8.35}$$

平均値は式(8.13)から，

$$\int_{-1}^{2}\frac{2}{9}x(2+x-x^2)dx=\frac{2}{9}\left[x^2+\frac{x^3}{3}-\frac{x^4}{4}\right]_{-1}^{2}=\frac{1}{2} \tag{8.36}$$

自乗平均値は式(8.14)から，

$$\int_{-1}^{2}\frac{2}{9}x^2(2+x-x^2)dx=\frac{2}{9}\left[\frac{2x^3}{3}+\frac{x^4}{4}-\frac{x^5}{5}\right]_{-1}^{2}=\frac{7}{10} \tag{8.37}$$

(2)　式(8.12)から，

$$\int_{-\infty}^{\infty} C\exp\{-(x-2)^2\}dx=1 \tag{8.38}$$

$t=x-2$ とおくと，

$$\int_{-\infty}^{\infty} C\exp(-t^2)dt=\sqrt{\pi}C=1 \tag{8.39}$$

したがって，

$$C=\frac{1}{\sqrt{\pi}} \tag{8.40}$$

平均値は式(8.13)から，

$$\int_{-\infty}^{\infty}\frac{x}{\sqrt{\pi}}\exp\{-(x-2)\}^2dx \tag{8.41}$$

$t=x-2$ とおくと，

$$\begin{aligned}&\int_{-\infty}^{\infty}\frac{t+2}{\sqrt{\pi}}\exp(-t^2)dt\\ &=\frac{1}{\sqrt{\pi}}\int_{-\infty}^{\infty}t\exp(-t^2)dt+\frac{2}{\sqrt{\pi}}\int_{-\infty}^{\infty}\exp(-t^2)dt\\ &=\frac{1}{\sqrt{\pi}}\left[-\frac{1}{2}\exp(-t^2)\right]_{-\infty}^{\infty}+\frac{2}{\sqrt{\pi}}\int_{-\infty}^{\infty}\exp(-t^2)dt\end{aligned}$$

$$=\frac{2}{\sqrt{\pi}}\int_{-\infty}^{\infty}\exp(-t^2)dt \tag{8.42}$$

この積分は 82 ページのコラムに示したように $\sqrt{\pi}$ となる．
したがって，平均値は 2 となる．

自乗平均値は式(8.14)から

$$\int_{-\infty}^{\infty}\frac{x^2}{\sqrt{\pi}}\exp\left\{-(x-2)^2\right\}dx \tag{8.43}$$

$t=x-2$ とおくと，

$$\int_{-\infty}^{\infty}\frac{(t+2)^2}{\sqrt{\pi}}\exp(-t^2)dt$$

$$=\frac{1}{\sqrt{\pi}}\int_{-\infty}^{\infty}t^2\exp(-t^2)dt+\frac{4}{\sqrt{\pi}}\int_{-\infty}^{\infty}t\exp(-t^2)dt+\frac{4}{\sqrt{\pi}}\int_{-\infty}^{\infty}\exp(-t^2)dt$$

$$=\frac{4}{\sqrt{\pi}}\int_{-\infty}^{\infty}\exp(-t^2)dt$$

$$=4 \tag{8.44}$$

8・2　相関関係とスペクトル密度(correlation function and spectral density)

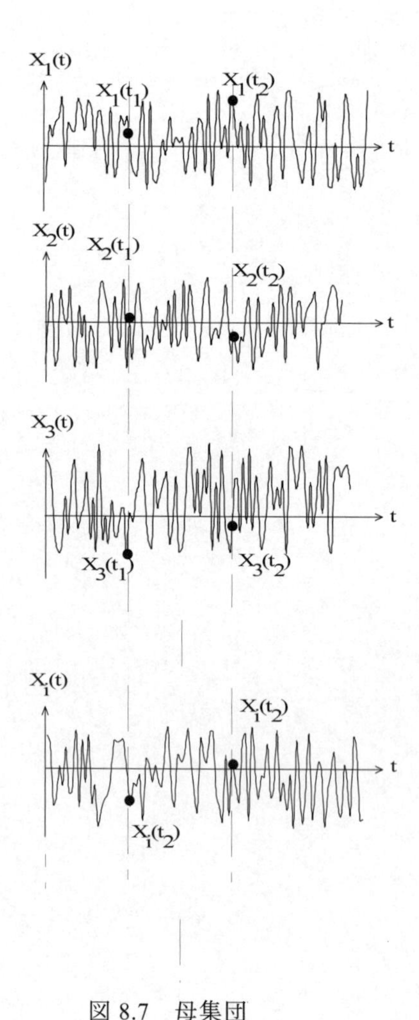

図 8.7　母集団

(1)　定常確率過程

不規則振動は確率過程(random process)ともよばれる．

・母集団(ensemble)：図 8.7 に示すような同一条件で測定された多数の波形全体

・サンプル関数(sample function)：図 8.7 の個々の波形．

・定常確率過程(stationary random process)：母集団に対する統計量がどの時刻においても等しい確率過程

・時間軸方向に対する平均値および自乗平均値

$$\left\langle x(t)\right\rangle=\lim_{T\to\infty}\frac{1}{T}\int_0^T x(t)dt \tag{8.45}$$

$$\left\langle x(t)^2\right\rangle=\lim_{T\to\infty}\frac{1}{T}\int_0^T \left\{x(t)\right\}^2 dt \tag{8.46}$$

・エルゴード確率過程(ergordic random process)：母集団に対する統計量と時間軸に対する統計量が等しい確率過程．このとき，ひとつのサンプル関数についての統計量を考えればよい．

(2)　自己相関関数

・自己相関関数(autocorrelation function)：母集団 $X(t)$ の n 個のサンプル関数 $x_i(t)(i=1,2,3,.....,n)$ について，時刻 t_1 および t_2 における振幅それぞれ $x_i(t_1)$

と $x_i(t_2)$ の積の期待値

$$R_X(t_1,t_2)=E[X(t_1)X(t_2)]$$

$$=\frac{\sum_{i=1}^{n}x_i(t_1)x_i(t_2)}{n} \quad (8.47)$$

・定常確率過程のとき，自己相関関数 $R_X(t_1,t_2)$ は時間差 $\tau=t_2-t_1$ のみの関数 $R_X(\tau)$ となる．

・自己相関関数の特徴

$$R_X(\tau)=R_X(-\tau) \quad (8.48)$$

$$R_X(0)\geq|R_X(\tau)| \quad (8.49)$$

$R_x(\tau)$ は，偶関数であり，$\tau=0$ で最大となる

・エルゴード確率過程のとき，

$$R_X(\tau)=\lim_{T\to\infty}\frac{1}{T}\int_{-T/2}^{T/2}x(t)x(t+\tau)dt \quad (8.50)$$

・自己相関関数から自乗平均値を求める．

$\tau=0$ のとき，式(8.50)は

$$E[][X^2]=R_X(0)=\lim_{T\to\infty}\frac{1}{T}\int_{-T/2}^{T/2}\{x(t)\}^2\,dt \quad (8.51)$$

・ $x(t)$ のフーリエ変換およびフーリエ逆変換

$$X(\omega)=\frac{1}{2\pi}\int_{-\infty}^{\infty}x(t)e^{-i\omega t}dt \quad (8.52)$$

$$x(t)=\int_{-\infty}^{\infty}X(\omega)e^{i\omega t}d\omega \quad (8.53)$$

(3)　パワースペクトル密度関数(power spectral density function)

・パワースペクトル密度関数：自己相関関数 $R_x(\tau)$ のフーリエ変換

$$S_X(\omega)=\frac{1}{2\pi}\int_{-\infty}^{\infty}R_X(\tau)e^{-i\omega\tau}d\tau \quad (8.54)$$

・逆変換

$$R_X(\tau)=\int_{-\infty}^{\infty}S(\omega)_X e^{i\omega\tau}d\omega \quad (8.55)$$

式(8.54)と式(8.55)の関係をウィナー・キンチンの関係 (Wiener-Khintchine formulas)とよぶ（図 8.8）.

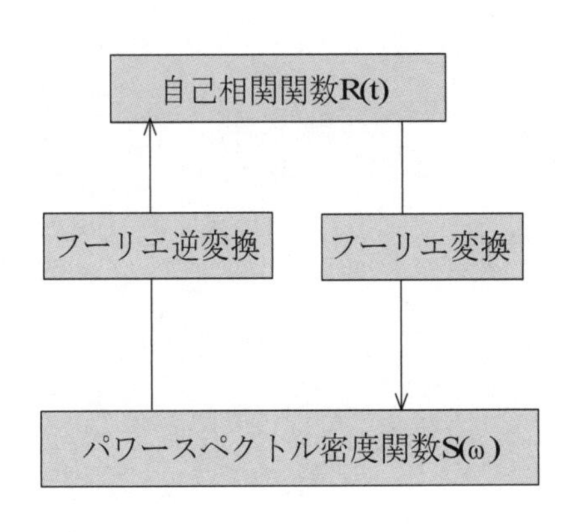

図 8.8　ウィナー・キンチンの関係

・自乗平均値

$$E\left[X^2(t)\right]=R_X(0)=\int_{-\infty}^{\infty}S_X(\omega)d\omega \quad (8.56)$$

・$\omega>0$ で定義されたパワースペクトル密度関数：$G(\omega)$

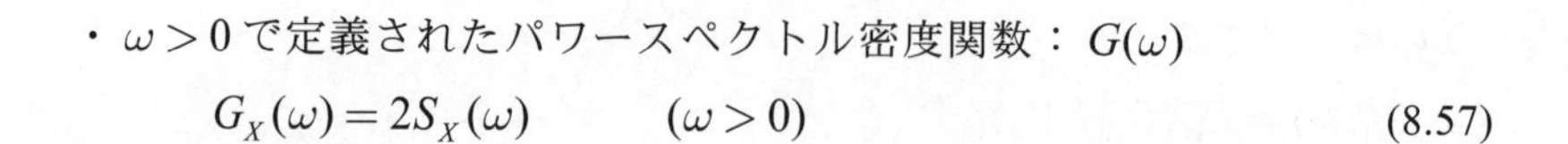

$$G_X(\omega)=2S_X(\omega) \qquad (\omega>0) \tag{8.57}$$

自己相関関数 $R_X(\tau)$ が偶関数であることを考慮すると，式(8.54)および式(8.55)はそれぞれ次のようになる．

$$S_X(\omega)=\frac{1}{\pi}\int_0^{\infty}R_X(\tau)e^{-i\omega\tau}d\tau \tag{8.58}$$

$$R_X(\tau)=\int_0^{\infty}G_X(\omega)e^{i\omega\tau}d\omega \tag{8.59}$$

(a)　三角波

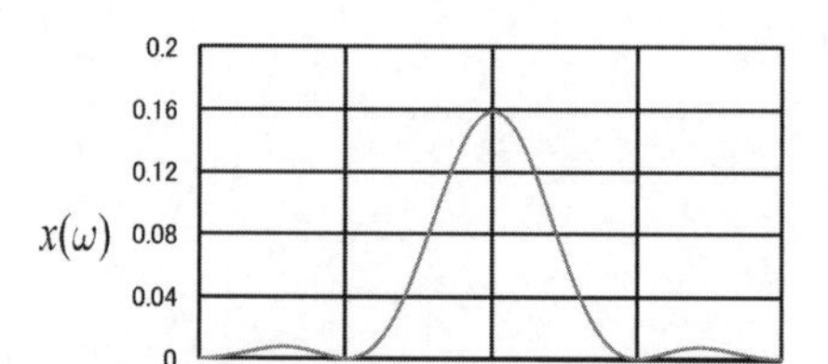

(b)　三角波のフーリエ変換

図 8.9　三角波とそのフーリエ変換

【例 8・5】　＊＊＊＊＊＊＊＊＊＊＊＊＊＊＊＊＊＊＊＊＊＊＊＊＊

図 8.9(a)に示す三角波で表される関数をフーリエ変換せよ．

【解 8・5】

式(8.52)から，

$$X(\omega)=\frac{1}{2\pi}\left(\int_{-1}^{0}(t+1)e^{-i\omega t}dt+\int_0^1(1-t)e^{-i\omega t}dt\right)$$

$$=\frac{1}{2\pi}\left(\left[\frac{(t+1)e^{-i\omega t}}{-i\omega}\right]_{-1}^{0}-\int_{-1}^{0}\frac{e^{-i\omega t}}{-i\omega}dt+\left[\frac{(1-t)e^{-i\omega t}}{-i\omega}\right]_0^1-\int_0^1\frac{-e^{-i\omega t}}{-i\omega}dt\right)$$

$$=\frac{1}{2\pi}\left(-\frac{1}{i\omega}+\frac{1}{i\omega}+\left[\frac{e^{-i\omega t}}{\omega^2}\right]_{-1}^{0}-\left[\frac{e^{-i\omega t}}{\omega^2}\right]_0^1\right)=\frac{1}{2\pi}\left(\frac{1}{\omega^2}-\frac{e^{i\omega}}{\omega^2}-\frac{e^{-i\omega}}{\omega^2}+\frac{1}{\omega^2}\right)$$

$$=\frac{1}{\pi}\left(\frac{1-\cos\omega}{\omega^2}\right) \tag{8.60}$$

概形は図 8.9(b)のようになる

【例 8・6】　＊＊＊＊＊＊＊＊＊＊＊＊＊＊＊＊＊＊＊＊＊＊＊＊＊

自己相関関数が次式で与えられるときの自乗平均値およびパワースペクトル密度関数を求めよ．ただし $a>0$，$b>0$ である．

$$R_X(\tau)=ae^{-b|\tau|} \tag{8.61}$$

また，次の値のときの自己相関関数およびパワースペクトル密度関数の概形を示せ．

(1)　$a=1m^2$，$b=1 \quad 1/s$

(2)　$a=2m^2$，$b=1 \quad 1/s$

(3)　$a=1m^2$，$b=2 \quad 1/s$

【解 8・6】

自乗平均値は $\tau=0$ を代入すると，

$$R_x(0)=a \tag{8.62}$$

パワースペクトル密度関数は式(8.54)から

$$S_X(\omega)=\frac{1}{2\pi}\int_{-\infty}^{\infty}R_X(\tau)e^{-i\omega\tau}d\tau$$
$$=\frac{1}{2\pi}\left(\int_{-\infty}^{0}ae^{(b-i\omega)\tau}d\tau+\int_{0}^{\infty}ae^{-(b+i\omega)\tau}d\tau\right)$$
$$=\frac{1}{2\pi}\left(\left[\frac{ae^{(b-i\omega)\tau}}{b-i\omega}\right]_{-\infty}^{0}+\left[\frac{ae^{-(b+i\omega)\tau}}{-(b+i\omega)}\right]_{0}^{\infty}\right)$$
$$=\frac{1}{2\pi}\left(\frac{a}{b-i\omega}+\frac{a}{b+i\omega}\right)=\frac{1}{\pi}\frac{ab}{b^2+\omega^2} \tag{8.63}$$

自己相関関数およびパワースペクトル密度関数の概形をそれぞれ図 8.10(a)および(b)に示す.

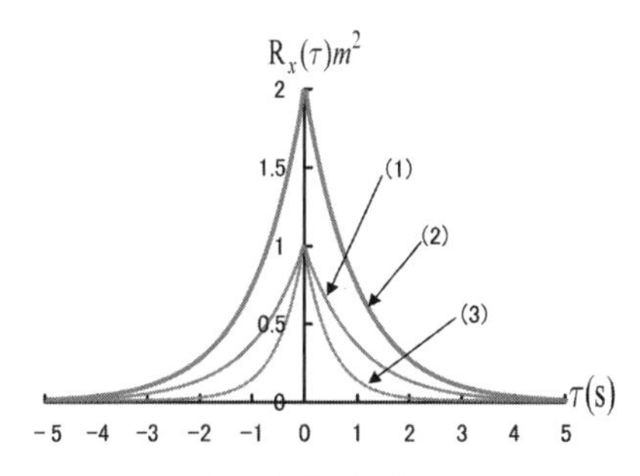

(a)　自己相関関数の概形

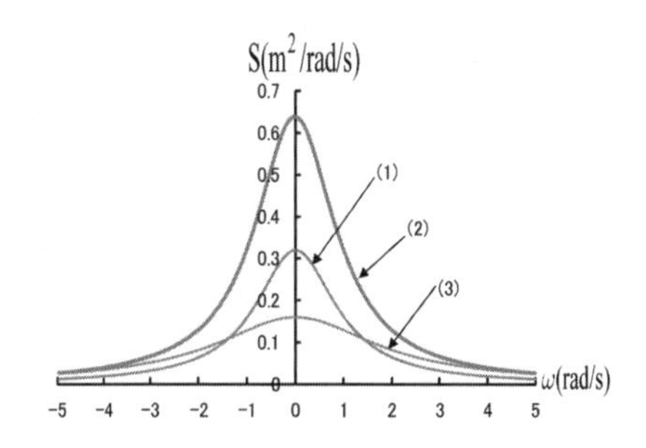

(b)　パワースペクトル密度関数の概形

図 8.10　自己相関関数とパワースペクトル密度関数

【例 8・7】

パワースペクトル密度関数が次式(図 8.11)で与えられる場合の自己相関関数および自乗平均値を求めよ.

$$\mathrm{S_X}(\omega)=\begin{cases}0 & (\omega\le-2\ \mathrm{rad/s})\\ 2+\omega & (-2\ \mathrm{rad/s}\le\omega\le-1\ \mathrm{rad/s})\\ -\omega & (-1\ \mathrm{rad/s}<-\omega\le 0\ \mathrm{rad/s})\\ \omega & (0\ \mathrm{rad/s}<\omega\le 1\ \mathrm{rad/s})\\ 2-\omega & (1\ \mathrm{rad/s}<\omega\le 2\ \mathrm{rad/s})\\ 0 & (\omega>2\ \mathrm{rad/s})\end{cases} \tag{8.64}$$

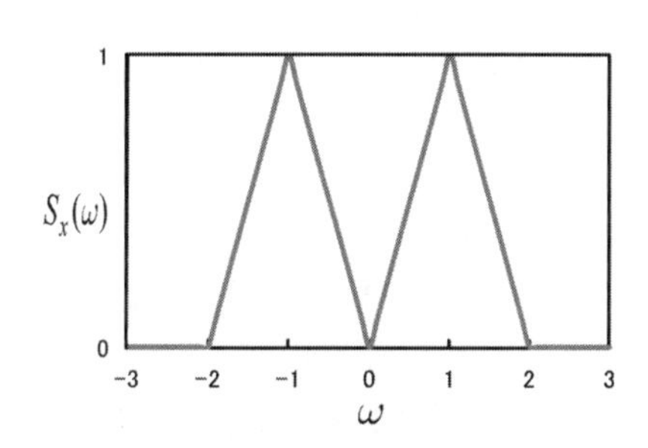

図 8.11　パワースペクトル密度関数

【解 8・7】

自己相関関数は式(8.55)から

$$R_X(\tau)=\int_{-\infty}^{\infty}S(\omega)e^{i\omega\tau}d\omega$$
$$=\int_{-2}^{-1}(2+\omega)e^{i\omega\tau}d\omega+\int_{-1}^{0}-\omega e^{i\omega\tau}d\omega+\int_{0}^{1}\omega e^{i\omega\tau}d\omega+\int_{1}^{2}(2-\omega)e^{i\omega\tau}d\omega$$
$$=2\left[\frac{e^{i\omega\tau}}{i\tau}\right]_{-2}^{-1}+\left[\frac{\omega e^{i\omega\tau}}{i\tau}\right]_{-2}^{-1}-\int_{-2}^{-1}\frac{e^{i\omega\tau}}{i\tau}d\omega-\left[\frac{\omega e^{i\omega\tau}}{i\tau}\right]_{-1}^{0}+\int_{-1}^{0}\frac{e^{i\omega\tau}}{i\tau}d\omega$$
$$+\left[\frac{\omega e^{i\omega\tau}}{i\tau}\right]_{0}^{1}-\int_{0}^{1}\frac{e^{i\omega\tau}}{i\tau}d\omega+2\left[\frac{e^{i\omega\tau}}{i\tau}\right]_{1}^{2}-\left[\frac{\omega e^{i\omega\tau}}{i\tau}\right]_{1}^{2}+\int_{1}^{2}\frac{e^{i\omega\tau}}{i\tau}d\omega$$
$$=\frac{2e^{-i\tau}}{i\tau}-\frac{2e^{-2i\tau}}{i\tau}-\frac{e^{-i\tau}}{i\tau}+\frac{2e^{-2i\tau}}{i\tau}+\left[\frac{e^{i\omega\tau}}{\tau^2}\right]_{-2}^{-1}-\frac{e^{-i\tau}}{i\tau}-\left[\frac{e^{i\omega\tau}}{\tau^2}\right]_{-1}^{0}$$
$$+\frac{e^{i\tau}}{i\tau}+\left[\frac{e^{i\omega\tau}}{\tau^2}\right]_{0}^{1}+\frac{2e^{2i\tau}}{i\tau}-\frac{2e^{i\tau}}{i\tau}-\frac{2e^{2i\tau}}{i\tau}+\frac{e^{i\tau}}{i\tau}-\left[\frac{e^{i\omega\tau}}{\tau^2}\right]_{1}^{2}$$
$$=\frac{e^{-i\tau}}{\tau^2}-\frac{e^{-2i\tau}}{\tau^2}-\frac{1}{\tau^2}+\frac{e^{-i\tau}}{\tau^2}+\frac{e^{i\tau}}{\tau^2}-\frac{1}{\tau^2}-\frac{e^{2i\tau}}{\tau^2}+\frac{e^{i\tau}}{\tau^2}$$
$$=\frac{4}{\tau^2}\frac{e^{i\tau}+e^{-i\tau}}{2}-\frac{2}{\tau^2}\frac{e^{2i\tau}+e^{-2i\tau}}{2}-\frac{2}{\tau^2}$$
$$=\frac{2}{\tau^2}(2\cos\tau-\cos2\tau-1) \tag{8.65}$$

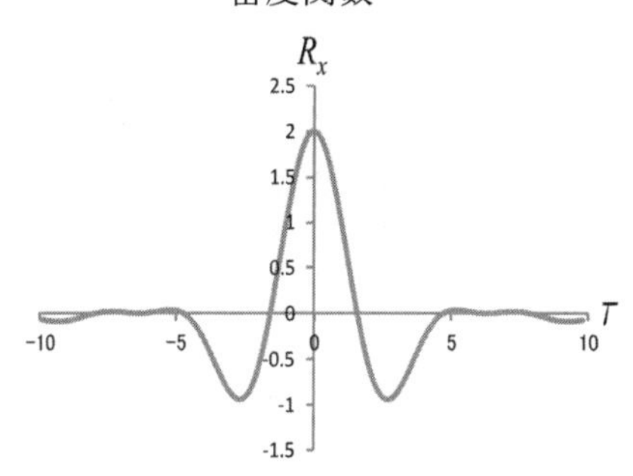

図 8.12　三角波とその自己相関関数

自己相関関数は図 8.12 のようになる. 自乗平均値は式(8.65)から

$$R_X(0)=2 \tag{8.66}$$

8・3　線形系の不規則振動 (random vibration of linear system)

・不規則応答の求め方

$$x(t)=\int_0^t h(t-\xi)f(\xi)d\xi \tag{8.67}$$

ここで，$h(t)$は単位インパルス応答関数(unit impulse response function)である．

$$X(\omega)=H(\omega)F(\omega) \tag{8.68}$$

ここで，$H(\omega)$は周波数応答関数(frequency response function)

・$h(t)$と$H(\omega)$の関係

$$H(\omega)=\int_{-\infty}^{\infty} h(t)e^{-i\omega t}dt \tag{8.69}$$

$$h(t)=\frac{1}{2\pi}\int_{-\infty}^{\infty} H(\omega)e^{i\omega t}d\omega \tag{8.70}$$

・入力$f(t)$が定常確率過程の場合の応答の自己相関関数

$$R_x(\tau)=\int_{-\infty}^{\infty}\int_{-\infty}^{\infty} h(\lambda)h(\mu)R_f(\tau+\lambda-\mu)d\mu d\lambda \tag{8.71}$$

・定常応答の自己相関関数

式(8.71)に式(8.69)を用いる．

$$R_x(\tau)=\int_{-\infty}^{\infty}\left|H(\omega)\right|^2 S_f(\omega)e^{i\omega\tau}d\omega \tag{8.72}$$

ここで，$S_f(\omega)$は入力のパワースペクトル密度関数を表す．

・定常応答の自乗平均値

式(8.72)で$\tau=0$とおく．

$$E\left[X^2(t)\right]=R_x(0)=\int_{-\infty}^{\infty}\left|H(\omega)\right|^2 S_f(\omega)d\omega \tag{8.73}$$

・定常応答のパワースペクトル密度関数

$$S_x(\omega)=\left|H(\omega)\right|^2 S_f(\omega) \tag{8.74}$$

・xと$\dot{x}$の相関関数

$$Rx\dot{x}(\tau)=\frac{d}{d\tau}Rx(\tau) \tag{8.75}$$

・自由度系の定常応答

加速度入力に対する相対変位応答の周波数応答関数

$$H(\omega)=\frac{1}{{\omega_n}^2-\omega^2+2\zeta\omega_n\omega i} \tag{8.76}$$

加速度入力がパワースペクトル密度 S_0（一定）の定常ホワイトノイズである場合の相対変位応答のパワースペクトル密度関数および自己相関関数．

$$S_x(\omega)=\frac{S_0}{({\omega_n}^2-\omega^2)^2+(2\zeta\omega_n\omega)^2} \tag{8.77}$$

$$R_x(\tau)=\frac{\pi S_0 e^{-\zeta\omega_n|\tau|}}{2\zeta{\omega_n}^3}\left(\cos\sqrt{1-\zeta^2}\omega_n\tau+\frac{\zeta}{\sqrt{1-\zeta^2}}\sin\sqrt{1-\zeta^2}\omega_n|\tau|\right) \tag{8.78}$$

【例８・８】　＊＊＊＊＊＊＊＊＊＊＊＊＊＊＊＊＊＊＊＊＊＊＊＊＊

1自由度系にパワースペクトル密度が S_0 で一定であるホワイトノイズで表される加速度入力を受ける．固有振動数1Hzから3Hzの間で，減衰比0.01，0.02および0.05の場合に対して，定常応答の相対変位の自乗平均値と固有振動数の関係をグラフに表せ．

【解８・８】

相対変位の自乗平均値は式(8.78)で $\tau=0$ とおくと

$$\sigma^2{}_x=\frac{\pi S_0}{2\zeta\omega_n^3} \tag{8.79}$$

固有振動数を f_n とすると，自乗平均値は式(8.79)から次式のようになる．

$$\sigma_x{}^2=\frac{\pi S_0}{2\zeta(2\pi f_n)^3} \tag{8.80}$$

この式を用いて $\sigma_x{}^2/S_0$ と f_n の関係を求めると，図8.13のようになる．

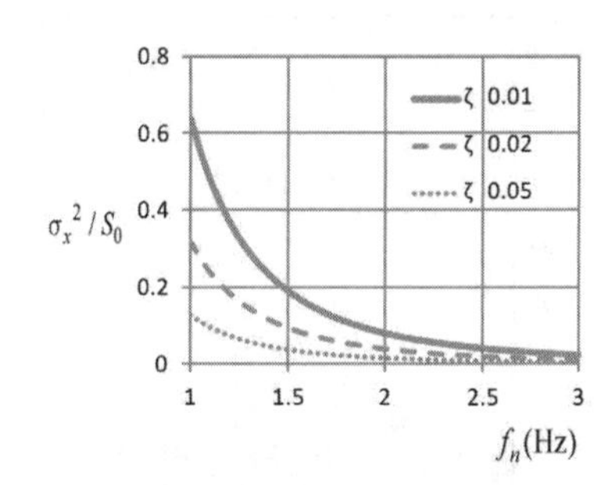

図 8.13　自乗平均値と固有振動数の関係

【例8・9】　＊＊＊＊＊＊＊＊＊＊＊＊＊＊＊＊＊＊＊＊＊＊＊＊＊

$x(t)=A\sin\omega t$ で与えられるときに，$x(t)$ の自己相関関数を求めよ．得られた結果を用いて $x(t)$ の自乗平均値を求めよ．

【解８・９】

自己相関関数は式(8.50)から，

$$\begin{aligned}
{}_x(\tau)&=\lim_{T\to\infty}\frac{1}{T}\int_{-T/2}^{T/2}A\sin\omega t\,A\sin(t+\tau)dt\\
&=\lim_{T\to\infty}\frac{1}{T}\int_{-T/2}^{T/2}A^2\left\{\frac{1}{2}\cos\omega(-\tau)-\frac{1}{2}\cos\omega(2t+\tau)\right\}dt\\
&=\lim_{T\to\infty}\frac{A^2}{T}\left[\frac{1}{2}t\cos\omega(-\tau)-\frac{1}{4\omega}\sin\omega(2t+\tau)\right]_{-T/2}^{T/2}\\
&=\frac{A^2}{2}\cos\omega\tau-\lim_{T\to\infty}\frac{A^2}{4\omega T}\{\sin\omega(T+\tau)-\sin\omega(\tau-T)\}\\
&=\frac{A^2}{2}\cos\omega\tau
\end{aligned} \tag{8.81}$$

自乗平均値は

$$R_x(0)=\frac{A^2}{2} \tag{8.82}$$

8・4　不規則振動のシミュレーション(simulation of random vibration)

不規則振動の作成法としてはいくつかの方法が提案されている.

・一例として次の式を用いて不規則振動を作成する.

$$x(t)=\sum_{i=1}^{n}X_i\sin(\omega_i t+\phi_i) \tag{8.83}$$

ここで，ϕ_i は一様乱数であり，X_i は ω_i の振動数に対する周波数成分である．ただし，$0\leq\phi_i\leq 2\pi$ である.

図 8.14 に 1Hz の振動数をもつ波に 0.1Hz ずつ振動数が高い波を加えて作成した波形を示す．X_i は全ての振動数に対して 1 であるとした．加える波が多いほど不規則振動の波形となっている.

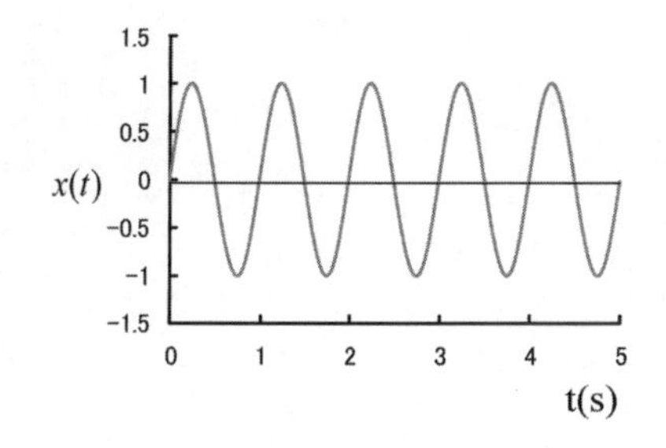

(a)　1Hz

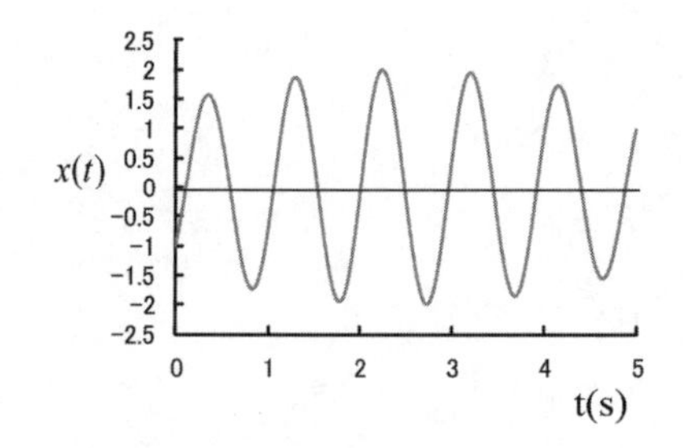

(b)　1+1.1Hz

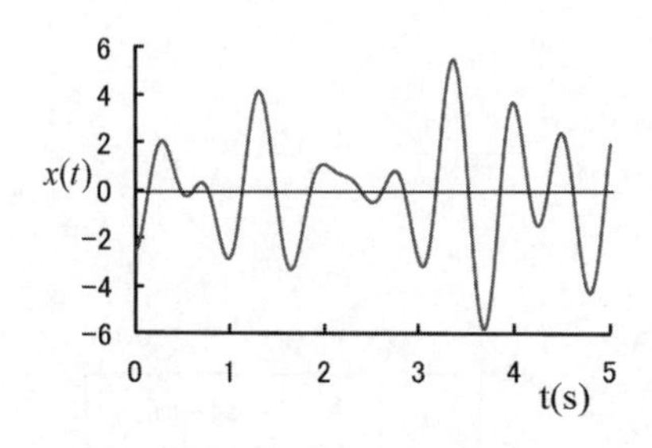

(c)　1-2Hz

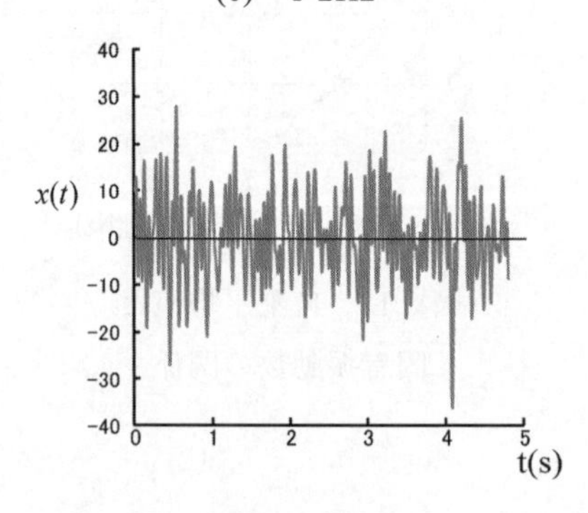

(d)　1-10Hz

図 8.14 不規則振動のシミュレーション

【例 8・10】＊＊＊＊＊＊＊＊＊＊＊＊＊＊＊＊＊＊＊＊＊＊＊＊＊

式(8.83)を利用して，1Hz から 20Hz まで 0.1Hz ずつ振動数の高い波を加えて不規則振動を作成せよ．（X_i は全ての振動数に対して 1 であるとせよ.）

【解 8・10】

計算のプログラムは言語や機種によって異なるので，ここでは作成した波形の例を図 8.15 に示す.

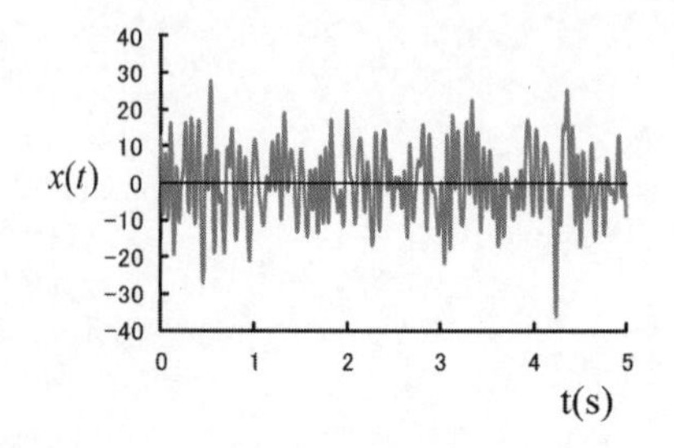

図 8.15　波形例【例 8・10】

次式から任意のパワースペクトル関数 $S(\omega)$ をもつ不規則振動を作成することが出来る.

$$x(t)=\sum_{i=1}^{n}2\sqrt{S(\omega_i)\Delta\omega}\sin(\omega_i t+\phi_i) \tag{8.84}$$

ここで $\Delta\omega$ はパワースペクトルを作成する際の周波数刻みを表す.

【例 8・11】＊＊＊＊＊＊＊＊＊＊＊＊＊＊＊＊＊＊＊＊＊＊＊＊＊

パワースペクトル密度関数が次式(図 8.16(a))で与えられるような不規則振動を作成せよ.

$$\mathrm{S}(\omega)=\begin{cases}0 & (\omega<-2\ \mathrm{rad/s})\\ 2+\omega & (-2\leq\omega\leq-1\ \mathrm{rad/s})\\ -\omega & (-1\leq-\omega<0\ \mathrm{rad/s})\\ \omega & (0\leq\omega\leq 1\ \mathrm{rad/s})\\ 2-\omega & (1<\omega\leq 2\ \mathrm{rad/s})\\ 0 & (\omega>2\ \mathrm{rad/s})\end{cases} \tag{8.85}$$

【解 8・11】

0rad/s から 0.1rad/s ずつ振動数の高い波を加えて作成した波形の例を図 8.16(b)に示す.

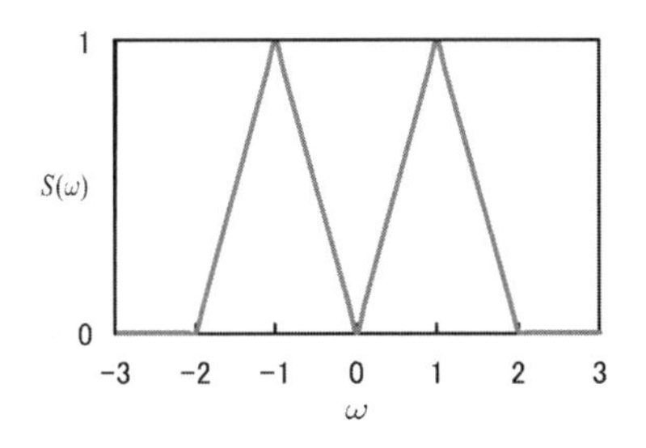

(a)　パワースペクトル密度関数

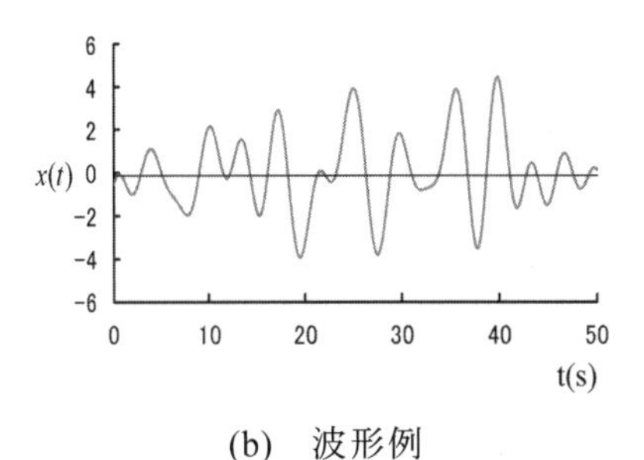

(b)　波形例

図 8.16　パワースペクトル密度関数と波形例

＝＝＝＝＝＝　練習問題　＝＝＝＝＝＝＝＝＝＝＝＝＝＝＝＝＝＝

【8・1】　Suppose that the following 10 variables are measured. Calculate mean value, mean square value, variance, standard deviation and coefficient of variation of the following 10 variables.

-14, 20, 11, -22, -18, 32, -10, 26, 18, 10

【8・2】　確率密度関数が次式で与えられる場合の平均値と自乗平均値を求めよ.

$$p(x)=\begin{cases}0 & (x<0)\\ -\dfrac{2x(x-3)}{9} & (0\le x\le 3)\\ 0 & (x>3)\end{cases} \tag{8.86}$$

【8・3】　自己相関関数が次式で与えられる場合のパワースペクトル密度関数を求めよ.

$$R(\tau)=ae^{-b|\tau|}\cos ct \tag{8.87}$$

【8・4】　次式で表されるようなパワースペクトル密度関数が与えられたときの自己相関関数を求めよ

$$S(\omega)=\begin{cases}0 & (\omega\le-\omega_2)\\ S_0 & (-\omega_2<\omega\le-\omega_1)\\ 0 & (-\omega_1<\omega\le\omega_1)\\ S_0 & (\omega_1<\omega\le\omega_2)\\ 0 & (\omega>\omega_2)\end{cases} \tag{8.88}$$

【8・5】　地震波の解析から，地盤には揺れやすい振動数と減衰に相当する量があることが知られている．図 8.17 に示すように，1 自由度系でモデル化された地盤を通して，地表面から地震入力を受ける 1 自由度系でモデル化された建物がある．基盤への入力が定常ホワイトノイズで，パワースペクトル密度が S_0 であるとするこの場合，地表面からの入力のパワースペクトル密度 $S_f(\omega)$ は次式で与えられる.

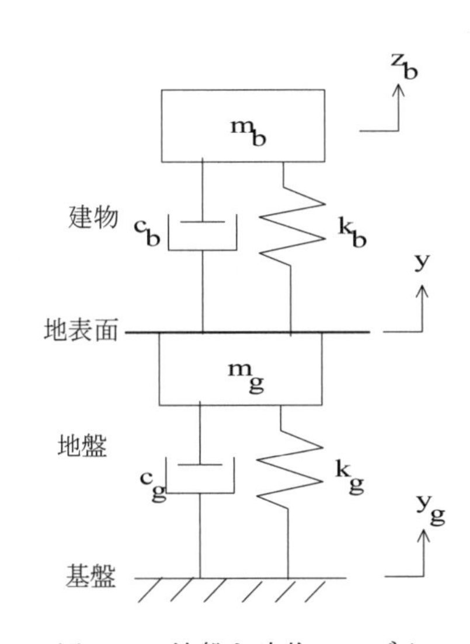

図 8.17　地盤と建物のモデル

$$S_f(\omega)=\frac{{\omega_g}^4+(2\zeta_g\omega_g\omega)^2}{({\omega_g}^2-\omega^2)^2+(2\zeta_g\omega_g\omega)^2}S_0 \tag{8.89}$$

ここで，$\zeta_g = \dfrac{c_g}{2\sqrt{m_g k_g}}$ ，$\omega_g = \sqrt{\dfrac{k_g}{m_g}}$ である．

(1) 建物と地盤の連成がないものとするときの建物の地表面に対する相対変位の定常応答のパワースペクトル密度関数を求めよ．ただし，建物の減衰比を $\zeta_b = \dfrac{c_b}{2\sqrt{m_b k_b}}$，固有角振動数を $\omega_b = \sqrt{\dfrac{k_b}{m_b}}$ とせよ．

(2) 次の場合について定常応答のパワースペクトル密度関数の概形を示せ．

① $\zeta_b = 0.05$，$\omega_\mathrm{b} = 6\,\mathrm{rad/s}$，$\zeta_g = 0.4$，$\omega_g = 10\,\mathrm{rad/s}$

② $\zeta_b = 0.03$，$\omega_\mathrm{b} = 8\,\mathrm{rad/s}$，$\zeta_g = 0.4$，$\omega_g = 10\,\mathrm{rad/s}$

③ $\zeta_b = 0.01$，$\omega_\mathrm{b} = 12\,\mathrm{rad/s}$，$\zeta_g = 0.4$，$\omega_g = 10\,\mathrm{rad/s}$

第 9 章

いろいろな振動
-自励，係数励振，カオス振動-
Self-Excited, Parametric and Chaotic Vibrations

9・1　自励振動（self-excited vibration）

振動は一般に周期的な外力で誘起され，これは強制振動(forced vibration)と呼ばれる．一方，自励振動(self-excited vibration)は，一定な外力の下でも発生する．例えば，車のブレーキや，ワイパーの振動などがある．さらに，一定速度の風の下で電線や日除けのブラインドには，振動が発生する．

【例 9・1】　* *

次の速度比例型の減衰力を含む 1 自由度振動系の運動方程式を考える．

$$m\frac{d^2u}{dt^2}+c\frac{du}{dt}+ku=0 \tag{9.1}$$

u は変位であり，m，c と k はそれぞれ質量，減衰係数とばね定数である．上式を固有角振動数 $\omega_n=\sqrt{k/m}$ と減衰比 $\zeta=c/c_c$ (ただし，臨界減衰係数 $c_c=2\sqrt{mk}$) で整理すると，次式を得る．

$$\frac{d^2u}{dt^2}+2\zeta\omega_n\frac{du}{dt}+\omega_n{}^2u=0 \tag{9.2}$$

式(9.2)の解を複素表示を用いて求めよ．その際，減衰比 ζ の絶対値が 1 より小さく ($|\zeta|<1$)，かつその符号が正から負に変わる際の解の挙動を調べよ．

【解 9・1】

解 u を $u=Ae^{\lambda t}$ (A，λ ：定数)とおいて，式(9.2)に代入すると，

$$A(\lambda^2+2\zeta\omega_n\lambda+\omega_n^2)e^{\lambda t}=0 \tag{9.3}$$

を得る．A が 0 でない解を有するためには，特性方程式として，

$$\lambda^2+2\zeta\omega_n\lambda+\omega_n^2=0 \tag{9.4}$$

を得る．上式の特性指数は，$|\zeta|<1$ を考慮して，

$$\lambda=-\zeta\omega_n\pm i\omega_d \tag{9.5}$$

となる．ただし $\omega_d=\sqrt{1-\zeta^2}\,\omega_n$，$i^2=-1$ である．これより解は，

$$u=e^{-\zeta\omega_n t}(A_1e^{i\omega_d t}+A_2e^{-i\omega_d t}) \tag{9.6}$$

となる．なお，A_1, A_2 は未定係数である．上式をさらにオイラーの公式 ($e^{i\theta}=\cos\theta+i\sin\theta$) を用いて書き換えると，

$$u=e^{-\zeta\omega_n t}(C\cos\omega_d t+S\sin\omega_d t) \tag{9.7}$$

となる．ここで，C と S は未定係数で，$C = A_1 + A_2$，$S = i(A_1 - A_2)$ とおいてある．式(9.7)の解は，減衰係数が正で $|\zeta| < 1$ の場合には，時間経過と共に振動し，その振幅は $e^{-\zeta\omega_n t}$ の項により，逐次減少していく．一方，ζ が負の符号 $\zeta = -\bar{\zeta}$ を持つ場合($|\zeta| < 1$)には，式(9.7)は

$$u = e^{\bar{\zeta}\omega_n t}(C\cos\omega_d t + S\sin\omega_d t) \tag{9.8}$$

となり,時間の経過とともに解は振動を伴いながらその振幅は増大していく．これより，負の減衰により自励振動が発生することとなる．

ここで $\zeta = 0.05$，$\omega_n = 1$ として，$t = 0$ での初期条件を $u = 0.05$，$du/dt = 0$ とした場合の応答を図 9.1 に示す．図から振動応答は減衰振動となることがわかる．一方，$\zeta = -0.05$，$\omega_n = 1$ で同一の初期条件における応答は図 9.2 のようになる．図から自励振動は振動を伴いながら，その振幅が時間と共に増加する．振幅の包絡線は指数状に増加していることがわかる．

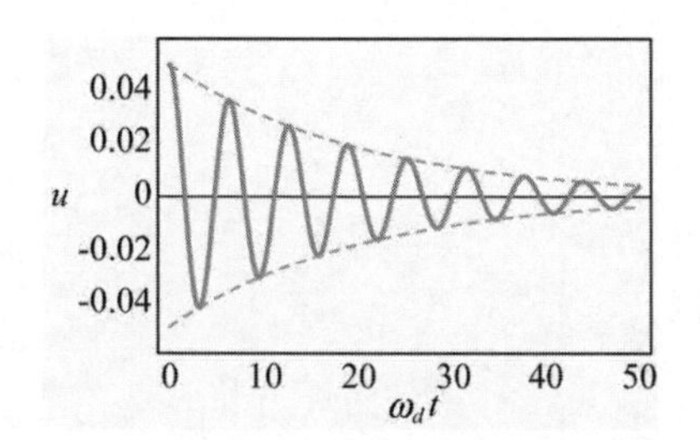

図 9.1　減衰振動応答

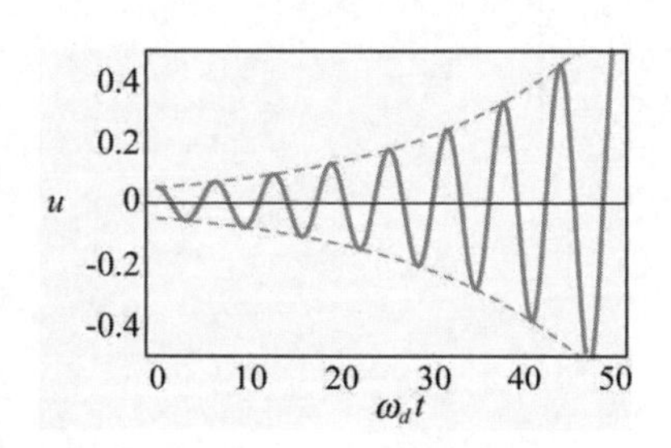

図 9.2　自励振動応答

【例 9・2】　＊＊＊＊＊＊＊＊＊＊＊＊＊＊＊＊＊＊＊＊＊＊＊＊＊＊

式(9.2)の振動系の解は式(9.7)で与えられる．$t = 0$ から n 周期後の応答の変位 u は $t = 0$ の変位の何倍となるか．次の場合について答えよ．

(1)　$\zeta = 0.05$ で，$n = 1,5,10$ 周期後の変位の変化率を求めよ．

(2)　$\zeta = -\bar{\zeta} = -0.03$ で，$n = 1,5,10$ 周期後の変位の変化率を求めよ．

【解 9・2】

(1)　n 周期後の時間 t_n を求めると，式(9.7)より次式を得る．

$$t_n = \frac{2\pi n}{\omega_d} \quad , \quad \omega_d = \sqrt{1-\zeta^2}\,\omega_n \tag{9.9}$$

上式を式(9.7)に代入すると，n 周期後の変位を得る．

$$u(t_n) = Ce^{-\zeta\frac{2\pi n}{\sqrt{1-\zeta^2}}} \tag{9.10}$$

これより，各周期後の変位の変化率は以下となる．

$$\frac{u(t_n)}{u(0)} = e^{-\zeta\frac{2\pi n}{\sqrt{1-\zeta^2}}} \tag{9.11}$$

上式より，各周期後の変位の変化率は，つぎに示される．

1 周期後：0.73，5 周期後：0.21，10 周期後：0.043

(2)　と同様に次式から各周期後の変位の変化率が得られる．

$$\frac{u(t_n)}{u(0)} = e^{\bar{\zeta}\frac{2\pi n}{\sqrt{1-\zeta^2}}} \tag{9.12}$$

上式より，自励振動に見られる振幅増大を示す次の結果が得られる．

1 周期後：1.2，5 周期後：2.6，10 周期後：6.6

【例 9・3】　＊＊＊＊＊＊＊＊＊＊＊＊＊＊＊＊＊＊＊＊＊＊＊＊＊

細長いホースの根元を支え，先端から水を勢いよく噴出させると，ホースには，振動が発生する．これは，ホースをはりと見なし，水流による圧縮力 N_c が，はり先端の接線方向に作用した振動モデルで説明できる．圧縮力が，ある限界を超えると，はりには不安定な自励振動が誘起される．

図 9.3 のように長さ l，断面積 A，密度 ρ，曲げ剛性 EI の十分に細長い片持ちはりに，軸力 $N(x,t)$ が作用する場合の曲げ振動問題を考える．はりのたわみを $w(x,t)$ とし，はり軸方向の釣合い式と横方向の運動方程式は，次式の連立偏微分方程式で与えられる．

$$x \text{ 軸方向；} \frac{\partial N}{\partial x} = 0 \tag{9.13}$$

$$z \text{ 軸方向；} \rho A \frac{\partial^2 w}{\partial t^2} - \frac{\partial}{\partial x}\left(N \frac{\partial w}{\partial x}\right) + \frac{\partial^2}{\partial x^2}\left(EI \frac{\partial^2 w}{\partial x^2}\right) = 0 \tag{9.14}$$

ただし，はりは単純な曲げ変形が支配的で，たわみ w は十分に小さく，x 軸方向慣性力は省略する．はり断面に作用する曲げモーメント M とたわみ w の関係ならびに，せん断力 F と M との関係は次式で与えられる．

$$M = -EI \frac{\partial^2 w}{\partial x^2},\quad F = \frac{\partial M}{\partial x} \tag{9.15}$$

(1)　軸圧縮力 N_c が作用する場合の，はりの運動方程式を示せ．

(2)　はりの境界条件として，$x = 0$ で固定し，$x = l$ で自由端を満たす条件式を示せ．

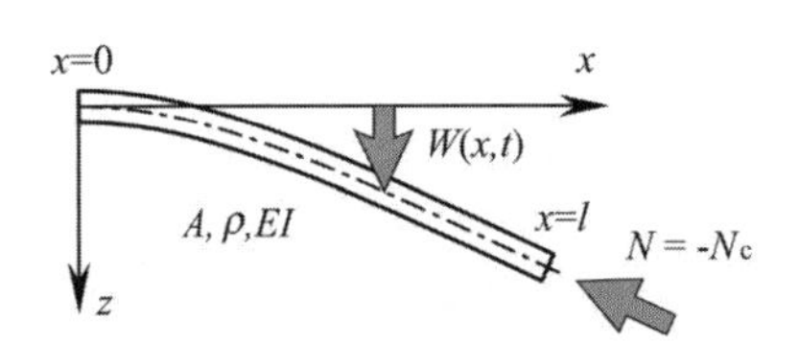

図 9.3　軸力を受けるはりの振動

－座屈について－

【例 9・3】の境界条件に対して，$x = l$ の自由端で軸圧縮力が変形前のはり軸心に常に平行に作用する場合の境界条件を求めてみると，$x = l$ で $M = 0$ と $F = -N_c \sin\theta \approx -N_c(\partial W / \partial x)$ となる．後述するが，軸圧縮力が限界荷重を越えると，はりのたわみは時間と共に単調に増加する現象が予想される．これは座屈現象と呼ばれる．【例 9・12】参照)．

【解 9・3】

(1)　式(9.13)は微小要素における釣合い式であり，x で積分することにより，$N(x,t) = C$ を得る．なお，C は定数である．$x = l$ で，一定の軸圧縮力 N_c が作用することから $N(x,t) = -N_c$ を得る．なお，負号は圧縮力を意味する．この関係を式(9.14)に代入すると，

$$\rho A \frac{\partial^2 w}{\partial t^2} + N_c \frac{\partial^2 w}{\partial x^2} + EI \frac{\partial^4 w}{\partial x^4} = 0 \tag{9.16}$$

を得る．

(2)　$x = 0$ で $w = \dfrac{\partial w}{\partial x} = 0$，$x = l$ で $EI \dfrac{\partial^2 w}{\partial x^2} = EI \dfrac{\partial^3 w}{\partial x^3} = 0$

【例 9・4】　＊＊＊＊＊＊＊＊＊＊＊＊＊＊＊＊＊＊＊＊＊＊＊＊＊

次の無次元量を用いて，式(9.16)の無次元方程式とたわみに関する境界条件を示せ．

$$\xi = x / l,\quad w^* = w / r,\quad \tau = \Omega_0 t,\quad n_c = N_c / (EI / l^2) \tag{9.17}$$

ただし，r は，はりの断面二次半径 $\sqrt{I / A}$ である(I：断面二次モーメント)．

Ω_0 は $\Omega_0 = l^{-2}\sqrt{EI / \rho A}$ であり，はりの固有角振動数に対応する量である．

【解 9・4】

式(9.17)の無次元量では，次の関係が成り立つ．

$$\frac{\partial w}{\partial x}=\frac{\partial w}{\partial \xi}\frac{\partial \xi}{\partial x}=\frac{1}{l}\frac{\partial w}{\partial \xi}, \quad \frac{\partial^2 w}{\partial t^2}=\frac{\partial^2 w}{\partial \tau^2}\left(\frac{\partial \tau}{\partial t}\right)^2=\Omega_0{}^2\frac{\partial^2 w}{\partial \tau^2} \tag{9.18}$$

上式を式(9.16)に代入して，整理すると無次元運動方程式は，

$$\frac{\partial^2 w^*}{\partial \tau^2}+n_c\frac{\partial^2 w^*}{\partial \xi^2}+\frac{\partial^4 w^*}{\partial \xi^4}=0 \tag{9.19}$$

となる．対応する境界条件は次のようになる．

$$\xi=0\ :\ w^*=\frac{\partial w^*}{\partial \xi}=0, \quad \xi=1\ :\ \frac{\partial^2 w^*}{\partial \xi^2}=\frac{\partial^3 w^*}{\partial \xi^3}=0 \tag{9.20}$$

【例 9・5】　* *

先の【例 9・4】での解を次式のように仮定し，特性方程式を求め，その固有角振動数ならびに振動モードを定めよ．

$$w^*=CW(\xi)e^{i\omega\tau}, \quad W(\xi)=e^{\lambda\xi} \tag{9.21}$$

ただし，$W(\xi)$ は振動モードの関数で，λ は特性定数である．i は虚数単位 $(i^2=-1)$ を示し，ω は未定の無次元振動数であり，未知角振動数 Ω と $\omega=\Omega/\Omega_0$ の関係を持つ．

【解 9・5】

無次元の運動方程式(9.19)に式(9.21)を代入すると，

$$(\lambda^4+n_c\lambda^2-\omega^2)Ce^{\lambda\xi}e^{i\omega\tau}=0 \tag{9.22}$$

を得る．C が 0 でない値を持つためには，次の特性方程式を得る．

$$\lambda^4+n_c\lambda^2-\omega^2=0 \tag{9.23}$$

上式の λ^2 に関する二次方程式を解いて，λ^2 は次式で与えられる．

$$\lambda^2=\frac{-n_c}{2}\pm\sqrt{\left(\frac{n_c}{2}\right)^2+\omega^2} \tag{9.24}$$

これより，次の特性根 λ を得る．

$$\lambda=\pm i\lambda_1, \quad \lambda=\pm\lambda_2,$$

$$\lambda_1{}^2=\frac{n_c}{2}+\sqrt{\left(\frac{n_c}{2}\right)^2+\omega^2}, \quad \lambda_2{}^2=-\frac{n_c}{2}+\sqrt{\left(\frac{n_c}{2}\right)^2+\omega^2} \tag{9.25}$$

つまり式(9.21)は，次の振動モードの関数 $W(\xi)$ により次式で示される．

$$W(\xi)=C_1\sin\lambda_1\xi+C_2\cos\lambda_1\xi+C_3\sinh\lambda_2\xi+C_4\cosh\lambda_2\xi \tag{9.26}$$

ただし，$C_k\,(k=1,2,3,4)$ は未定係数である．軸圧縮力 n_c と振動数 ω の値により，振動型の形が変化することが予想できる．式(9.26)の未定係数は境界条件式(9.20)から定められる．解の式(9.26)を式(9.20)に代入する．$\xi=0$ で $W(0)=0$ と $dW/d\xi|_{\xi=0}=0$ より $C_2+C_4=0$ と $\lambda_1C_1+\lambda_2C_3=0$ を得る．さ

らに $\xi=1$ で $d^2W/d\xi^2|_{\xi=1}=0$ と $d^3W/d\xi^3|_{\xi=1}=0$ の式から，未定係数 $C_k\,(k=1,2,3,4)$ に関し，右辺が0の連立方程式を得る．その式を展開して C_1，C_2 に関する次の連立式を得る．

$$\begin{bmatrix} \lambda_1(\lambda_1\sin\lambda_1+\lambda_2\sinh\lambda_2) & {\lambda_1}^2\cos\lambda_1+{\lambda_2}^2\cosh\lambda_2 \\ -\lambda_1({\lambda_1}^2\cos\lambda_1+{\lambda_2}^2\cosh\lambda_2) & {\lambda_1}^3\sin\lambda_1-{\lambda_2}^3\sinh\lambda_2 \end{bmatrix}\begin{bmatrix} C_1 \\ C_2 \end{bmatrix}=\begin{bmatrix} 0 \\ 0 \end{bmatrix} \tag{9.27}$$

上式で C_1 と C_2 が共に0とならないために，係数行列式を0とおいて次の条件式を得る．

$$({n_c}^2+2\omega^2)+n_c\omega\sin\lambda_1\sinh\lambda_2+2\omega^2\cos\lambda_1\cosh\lambda_2=0 \tag{9.28}$$

上式は特性方程式と呼ばれる．この方程式の解は数値解法のみで求められる．これを超越方程式と呼ぶ．

上式に式(9.25)を代入し，上式の値が0となる n_c と ω の関係を求める．つまり，軸圧縮力 n_c の下での ω が，無次元の固有角振動数 $\omega_m\,(m=1,2,\cdots)$ に対応する．実際の固有角振動数 Ω_m は $\Omega_m=\omega_m\Omega_0$ となる．式(9.21)と式(9.26)から，$m\,(m=1,2,\cdots)$ 次の固有振動モード $W_m(\xi)$ が得られる．

$$w^*=W_m(\xi)e^{i\omega_m\tau} \tag{9.29}$$

$$W_m(\xi)=C_1\left\{\sin\lambda_{1m}\xi-\frac{\lambda_{1m}}{\lambda_{2m}}\sinh\lambda_{2m}\xi+\eta_m(\cos\lambda_{1m}\xi-\cosh\lambda_{2m}\xi)\right\},$$

$$\eta_m=-\frac{\lambda_{1m}(\lambda_{1m}\sin\lambda_{1m}+\lambda_{2m}\sinh\lambda_{2m})}{{\lambda_{1m}}^2\cos\lambda_{1m}+{\lambda_{2m}}^2\cosh\lambda_{2m}},$$

$$\lambda_{1m}=\sqrt{\frac{n_c}{2}+\sqrt{\left(\frac{n_c}{2}\right)^2+{\omega_m}^2}},\quad \lambda_{2m}=\sqrt{-\left(\frac{n_c}{2}\right)+\sqrt{\left(\frac{n_c}{2}\right)^2+{\omega_m}^2}}$$

ただし，C_1 は変位の振幅を示す係数となる．

【例 9・6】 ＊＊＊＊＊＊＊＊＊＊＊＊＊＊＊＊＊＊＊＊＊＊＊＊

In the absence of the axial force $n_c=0$ of the cantilevered beam, find the natural frequencies $\omega_m\,(m=1,2,\cdots)$ corresponding to the lowest and the second modes of vibration numerically, then express the natural modes of vibration $W_m(\xi)$.

【解 9・6】

Substituting $n_c=0$ into Eq.(9.25) , the characteristics component λ has a relation ${\lambda_1}^2={\lambda_2}^2$. Denoting $\lambda^2=\omega$ in Eq.(9.28), the characteristics equation is reduced as

$$F(\lambda)\equiv 1+\cos\lambda\cosh\lambda=0\,. \tag{9.30}$$

Natural frequency is determined with the following step.

Step1. Assume the characteristic constant $\lambda^{[n]}$ arbitrary.

Step2. Calculate the value of $F(\lambda^{[n]})=1+\cos\lambda^{[n]}\cosh\lambda^{[n]}$.

Step3. By changing the constant $\lambda^{[n+1]}$, evaluate the value $F(\lambda^{[n+1]})$. Then repeat the foregoing procedure until the sign of $F(\lambda^{[n+1]})$ is inversed from the sign of $F(\lambda^{[n]})$.

Step4. Accurate value of the constant λ is located between the last two assumed constants with different signs of $F(\lambda)$. For the lowest natural frequency, the assumed characteristic constant and the value of $F(\lambda)$ are listed sequentially as follow.

(i) $F(0)=2$, $F(1)=1.83$, $F(2)=-0.57,\ldots$

(ii) $F(1.5)=1.17$, $F(1.6)=0.92$, $F(1.7)=0.64$,
$F(1.8)=0.29$, $F(1.9)=-0.10,\ldots$

(iii) $F(1.85)=0.10$, $F(1.875)=4.3\times10^{-4}$

The accurate value of the lowest characteristic constant is obtained as $\lambda_1 \approx 1.875$. Then the nondimensional lowest natural frequency is determined as $\omega_1=\lambda_1^2=3.516$. With the same procedure, the nondimensional natural frequency of the second mode of vibration is obtained as $\omega_2=\lambda_2^2 \approx 22.035$

Natural modes of vibration $W_m(\xi)$, corresponding to the m-th natural angular frequencies $\omega_m=\lambda_m{}^2\ (m=1,2,\cdots)$, are calculated with the following equation,

$$W_m(\xi)=C_1\{\sin\lambda_m\xi-\sinh\lambda_m\xi+\eta_m(\cos\lambda_m\xi-\cosh\lambda_m\xi)\},$$
$$\eta_m=-\frac{\sin\lambda_m+\sinh\lambda_m}{\cos\lambda_m+\cosh\lambda_m}. \tag{9.31}$$

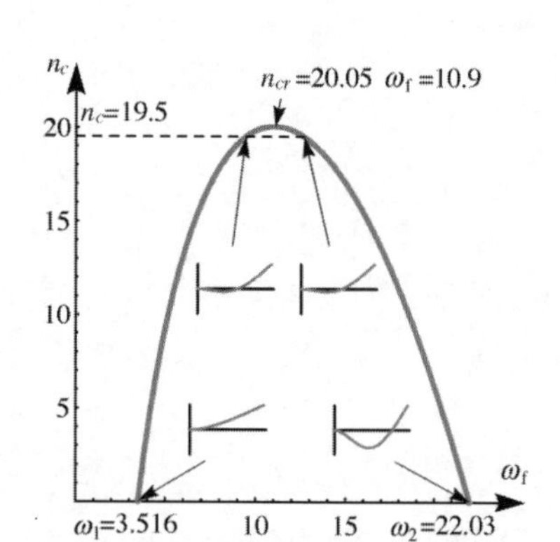

図 9.4 軸圧縮力と固有角振動数の関係

【例 9・7】　* *

先端の接線方向に軸圧縮力 n_c を受ける片持はりの特性方程式(9.28)から，無次元固有角振動数 ω を数値的に解いてみた．軸力 n_c が作用する場合の振動数 ω を ω_f とおいて，それらの関係を図示すると図 9.4 のようになる．図より，互いに異なる二つの固有角振動数は，$n_c=20.05$ 近傍で $\omega_f \approx 10.9$ に近づく．これより，対応する固有振動モードも図に示すように，似た形状に近づく．双方の振動数が一致する際の n_c が限界圧縮力 $n_{cr}=20.05$ となる．さらに，軸力 n_c が n_{cr} を超えると，ω は実根の固有角振動数 ω_f の他に虚部を持ち，つぎの複素根となる．

$$\omega=\omega_f \pm i\omega_a \tag{9.32}$$

なお，特定な n_c における ω_f と ω_a の値をつぎに示す．

$n_c=22$；$\omega_f=10.86$，$\omega_a=3.055$

$n_c=20$；$\omega_f=10.25$，$\omega_a=7.101$

ここで，$n_c>n_{cr}$ における固有角振動数が複素根 $\omega=\omega_f \pm i\omega_a$ を持つ場合，振動状態が自励振動となることを示せ．

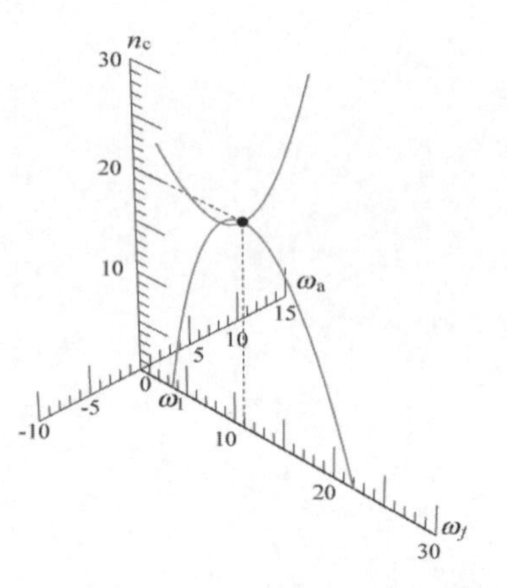

図 9.5 軸圧縮力 n_c と複素固有角振動数 $\omega=\omega_f \pm i\omega_a$ の関係

【解 9・7】

固有角振動数 ω が複素根 $\omega=\omega_f \pm i\omega_a$ を持つ場合の結果を図 9.5 に示し，二つの解を $\omega_u=\omega_f-i\omega_a$ と $\omega_s=\omega_f+i\omega_a$ とおく．式(9.29)において，特定な m 次モードの振動解は

$$w_m{}^* = W_m(\xi)e^{i\omega_m\tau} \tag{9.33}$$

で与えられる．上式のω_mに，それぞれω_uとω_sを代入すると，この場合の一般解w^*は，A_1とA_2を未定定数として

$$w^* = A_1W_u(\xi)e^{\omega_a\tau}e^{i\omega_f\tau} + A_2W_s(\xi)e^{-\omega_a\tau}e^{i\omega_f\tau} \tag{9.34}$$

で与えられる．なお，上式で$W_u(\xi)$や$W_s(\xi)$は式(9.29)の固有振動モードにw_uやω_sを代入した関数である．

式(9.34)の振動解において，第一項の振幅が，時間経過と共に，指数的に発散する．第二項では，時間と共に減衰する．これより，固有角振動数が複素根を含む場合，自励振動が発生する．

9・2　係数励振振動(parametric vibration)

一般に，周期的な外力が振動系に作用すると，力が作用する方向に，振動が発生する．一方，特定の振動系では，振動方向に垂直な方向に周期外力が作用すると，系の幾何学的な関係に基づいて，振動が誘起される．これを係数励振型の振動という．例えば，エレベータでは，ロープを巻き取る際の張力に加え，周期的な力が加わると，かごには縦振動に加え横ゆれが発生する場合がある．

【例 9・8】　＊＊＊＊＊＊＊＊＊＊＊＊＊＊＊＊＊＊＊＊＊＊＊＊＊

図 9.6 のように，質量mの物体の両側に，ばね定数kで自然長lのばねを取り付ける．軸方向に周期的な変位$u = u_s + u_d\cos\Omega t$を加えた．ここで，$u_s$は初期の軸方向変位であり，$u_d$は周期変位の振幅である．$\Omega$は加振角振動数である．ただし，軸変位$u$は，ばねの長さ$l$に対して，十分に小さいものとする．ここで，横方向に微小なたわみ$w(t)$が生じた場合の運動方程式が次式で示されることを示せ．

$$m\frac{d^2w}{dt^2} + 2kl\left(\frac{u_s}{l} + \frac{u_d}{l}\cos\Omega t\right)\frac{w}{l} = 0 \tag{9.35}$$

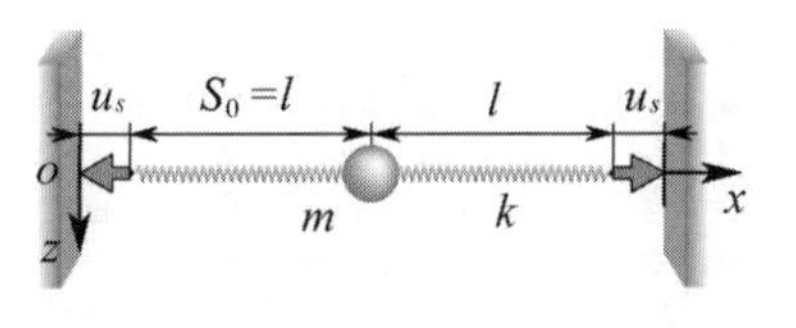

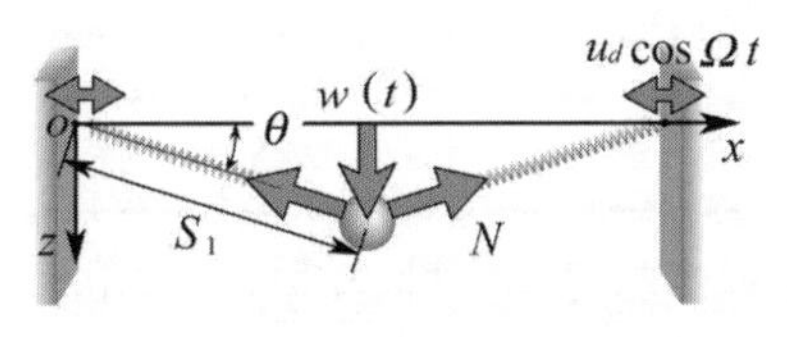

図 9.6　軸方向に周期励振を受けるばね-質量系の係数励振振動

【解 9・8】

図において，ばねの初期長さ$s_0 = l$に対し，軸変位uとたわみwの下で，ばねは変形し，その長さs_1は次式で与えられる．

$$s_1 = \sqrt{(l+u)^2 + w^2} = l\sqrt{1 + 2u/l + (u/l)^2 + (w/l)^2} \tag{9.36}$$

上式で$(u/l)^2$と$(w/l)^2$は1より十分に小さいので省略できる．さらに，根号にテイラー展開を行い，$s_1 \approx l(1+u/l)$を得る．これより，軸方向のばね力Nは$N = k(s_1 - s_0) = kl(u/l) = kl\{u_s/l + (u_d/l)\cos\Omega t\}$を得る．一方，図より微小たわみ$w$に伴うばねの傾斜角$\theta$より$\sin\theta = w/s_1 = w/l(1+u/l)$
$\approx w/l$を得る．これより，運動方程式は次式で与えられる．

$$-2N\sin\theta = m\frac{d^2w}{dt^2} \tag{9.37}$$

上式に，先の関係を代入すると次式を得る．

$$m\frac{d^2w}{dt^2}+2kl(\frac{u_s}{l}+\frac{u_d}{l}\cos\Omega t)\frac{w}{l}=0 \tag{9.38}$$

【例 9・9】　＊＊＊＊＊＊＊＊＊＊＊＊＊＊＊＊＊＊＊＊＊＊＊＊

Non dimensional governing equation of the parametric vibration is reduced as the following equation with corresponding non dimensional quantities.

$$\frac{d^2w^*}{d\tau^2}+\omega_n{}^2(1+q_d\cos\omega\tau)w^*=0 \tag{9.39}$$

$$w^*=w/l,\quad q_d=u_d/u_s,\quad \omega=\Omega/\Omega_0,\quad \omega_n=\Omega_n/\Omega_0,\quad \tau=\Omega_0 t$$

where, w^* is the non dimensional deflection of the moving mass. Notation q_d is the magnitude of excitation normalized by the initial axial displacement. Notations ω and ω_n denote the non dimensional exciting frequency and the natural frequency, respectively. τ is the non dimensional time. Notation $\Omega_0=\sqrt{ku_s/ml}$ is the representative angular frequency of the stretched spring, $\Omega_n=\sqrt{2}\Omega_0$ is the natural angular frequency of the dynamical system. Find the principal stability boundary of the parametric vibration, where periodic response of the Eq.(9.39) is assumed as

$$w^*=C_{1/2}\cos\frac{1}{2}\omega\tau+S_{1/2}\sin\frac{1}{2}\omega\tau \tag{9.40}$$

In the foregoing equation, $C_{1/2}$ and $S_{1/2}$ represent the unknown coefficients. The stability boundary can be determined with the relation between the frequency ω and the magnitude of excitation q_d where the unknown coefficients $C_{1/2}$ and $S_{1/2}$ take non-zero values.

【解 9・9】

Inserting the Eq.(9.40) into the governing equation(9.39), the terms corresponding to $\cos\frac{1}{2}\omega\tau$ and $\sin\frac{1}{2}\omega\tau$ are equated to zero. Then the following relations are obtained.

$$\{\omega_n{}^2\left(1+\frac{1}{2}q_d\right)-\frac{1}{4}\omega^2\}C_{1/2}=0,\quad \{\omega_n{}^2\left(1-\frac{1}{2}q_d\right)-\frac{1}{4}\omega^2\}S_{1/2}=0 \tag{9.41}$$

From the above equation, the frequency boundary is obtained as

$$\omega=2\omega_n\sqrt{1\pm\frac{1}{2}q_d} \tag{9.42}$$

【例 9・9】の解法は調和バランス法によるものであり，その解法は第７章で述べられているので，参照してほしい．

【例 9・10】　＊＊＊＊＊＊＊＊＊＊＊＊＊＊＊＊＊＊＊＊＊＊＊＊

係数励振の不安定領域は式(9.42)で示される．主不安定境界の振動数比 $\omega/2\omega_n$ は，加振振幅 q_d の増加に応じて約何%広がるか．

【解 9・10】

式(9.42)を q_d についてテイラー展開し，その第一項を考慮すると

$$\frac{\omega}{2\omega_n} \approx 1 \pm \frac{1}{4} q_d \tag{9.43}$$

となる．これより主不安定領域の境界は q_d に対し約 ±25% の広がりを持つ．

【例 9・11】　＊＊＊＊＊＊＊＊＊＊＊＊＊＊＊＊＊＊＊＊＊＊＊＊＊

図 9.7 に示すように，両端単純支持のはりに周期的な軸力 $N = N_s + N_d \cos \Omega t$ が作用する場合を考える．ここで，N_s は初期軸力であり，N_d は周期軸力の振幅である．Ω は加振角振動数である．軸力を式(9.14)のはりの運動方程式に代入すると，無次元の基礎式として次式を得る．

$$\frac{\partial^2 w^*}{\partial \tau^2} - (n_s + n_d \cos \omega \tau) \frac{\partial^2 w^*}{\partial \xi^2} + \frac{\partial^4 w^*}{\partial \xi^4} = 0 \tag{9.44}$$

なお，つぎの無次元量を用いてある．

$$\xi = x / l, \quad w^* = w / r, \quad \tau = \Omega_0 t, \quad [n_s, n_d] = [N_s, N_d] / (EI / l^2)$$
$$\omega = \Omega / \Omega_0$$

n_s と n_d は静的と動的な荷重振幅の無次元量であり，断面二次半径 $r = \sqrt{I / A}$ と，はりの曲げ振動数の量 $\Omega_0 = l^{-2} \sqrt{EI / \rho A}$ を用いてある．

式(9.44)の解を次のように仮定し，未知時間関数 $b(\tau)$ に関する係数励振振動の運動方程式を求めよ．

$$w = b(\tau) W(\xi), \quad W(\xi) = \sin \pi \xi \tag{9.45}$$

ただし，$W(\xi)$ は，はりの最低次の振動モードを示す．

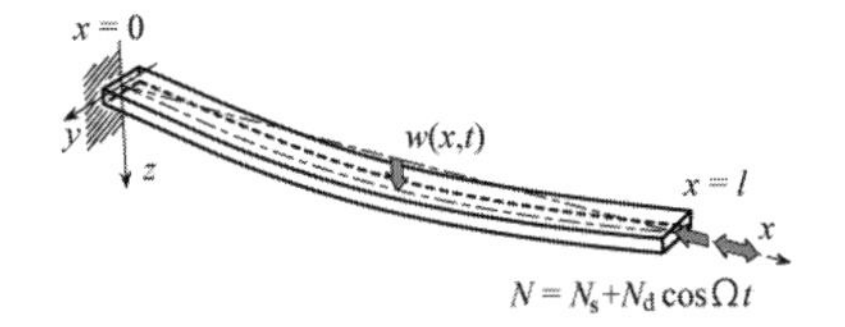

図 9.7　両端が単純支持されたはりの振動

【解 9・11】

式(9.44)に式(9.45)を代入すると，$b(\tau)$ に関するつぎの方程式を得る．

$$\frac{d^2 b}{d\tau^2} + {\omega_1}^2 (1 + q_d \cos \omega \tau) b = 0$$

$${\omega_1}^2 = \pi^2 (n_s + \pi^2), \quad q_d = \frac{n_d}{n_s + \pi^2} \tag{9.46}$$

【例 9・12】　＊＊＊＊＊＊＊＊＊＊＊＊＊＊＊＊＊＊＊＊＊＊＊＊＊

上式の方程式において，$q_d = 0$ として ${\omega_1}^2$ が 0 となる場合は，どのような現象となるか調べなさい．

【解 9・12】

式(9.46)の，${\omega_1}^2 = \pi^2 (n_s + \pi^2) = 0$ より，$n_s = -\pi^2$ を得る．

つまり軸力 n_s が負となり，圧縮力 $n_c = \pi^2$ となる．この場合 $d^2 b / d\tau^2 = 0$ から振動状態が消滅し，b は時間と共に単調に増加する．この現象は座屈現象と呼ばれ，はりが真直状態から構造強度を失い，曲げ変形による横たわみ w が発生する現象である．

9・3　カオス振動（chaotic vibrations）

カオス振動(chaotic vibrations)は非線形振動系において発生する一見不規則な振動応答である．系の非線形特性に不連続な関係が見出されると，カオス振動の発生が予測できる．ここでは，主に運動方程式を導きながら，カオス振動の発生要因を調べよう．

【例 9・13】　＊＊＊＊＊＊＊＊＊＊＊＊＊＊＊＊＊＊＊＊＊＊＊＊＊＊

真直はりが軸方向に圧縮され，座屈現象を経ると，座屈後変形状態が現れる．この場合の運動方程式は，はりの軸心方向の変位 $u(x,t)$ とたわみ $w(x,t)$ による変形状態から，軸心方向のひずみ ε_{x0} を考える必要がある．微小要素のひずみと応力の関係から軸力 $N(x,t)$ は次式で与えられる．

$$N = EA\left[\frac{\partial u}{\partial x} + \frac{1}{2}\left(\frac{\partial w}{\partial x}\right)^2\right] \tag{9.47}$$

軸力ならびに横方向荷重 $P(x,t) = P_s + P_d \cos\Omega t$ を受ける，はりの運動方程式は，式(9.14)より次式で与えられる．なお，P_s は静的な単位長さあたりの分布荷重であり，P_d は荷重振幅である．

$$\frac{\partial N}{\partial x} = 0$$

$$\rho A\frac{\partial^2 w}{\partial t^2} - \frac{\partial}{\partial x}\left(N\frac{\partial w}{\partial x}\right) + \frac{\partial^2}{\partial x^2}\left(EI\frac{\partial^2 w}{\partial x^2}\right) = P(x,t) \tag{9.48}$$

はりの両端において，軸方向変位が，一端で固定 $u(0,t) = 0$，他方で圧縮変位 $u(l,t) = -u_c$ を与えた場合の運動方程式を導け．

【解 9・13】

式(9.48)の第 1 式を x で積分すると，$N(x,t) = C_1(t)$ を得る．ただし，C_1 は時間について未知の関数となる．式(9.47)を考慮すると，次式となる．

$$N = EA\left[\frac{\partial u}{\partial x} + \frac{1}{2}\left(\frac{\partial w}{\partial x}\right)^2\right] = C_1(t) \tag{9.49}$$

u について上式を解くと，次式を得る．

$$u = \frac{C_1}{EA}x - \int \frac{1}{2}\left(\frac{\partial w}{\partial x}\right)^2 dx + C_2 \tag{9.50}$$

ここで，$x = 0$ で $u = 0$ の条件より

$$C_2 = \left[\int \frac{1}{2}\left(\frac{\partial w}{\partial x}\right)^2 dx\right]_{x=0} \tag{9.51}$$

となる．さらに $x = l$ で，$u = -u_c$ の条件を式(9.50)に代入すると，

$$-u_c = \frac{l}{EA}C_1 - \left[\int \frac{1}{2}\left(\frac{\partial w}{\partial x}\right)^2 dx\right]_{x=l} + C_2 \tag{9.52}$$

となる．式(9.51)と式(9.52)より C_1 が定まり，結局，軸力 N は式(9.49)より，次式となる．

$$N=\frac{EA}{l}\left[-u_c+\int_{x=0}^{x=l}\frac{1}{2}\left(\frac{\partial w}{\partial x}\right)^2 dx\right] \tag{9.53}$$

上式を式(9.48)に代入して，つぎの運動方程式が得られる．

$$\rho A\frac{\partial^2 w}{\partial t^2}-\frac{EA}{l}\left[-u_c+\int_{x=0}^{x=l}\frac{1}{2}\left(\frac{\partial w}{\partial x}\right)^2 dx\right]\frac{\partial^2 w}{\partial x^2}+EI\frac{\partial^4 w}{\partial x^4}=P \tag{9.54}$$

【例 9・14】 ＊＊＊＊＊＊＊＊＊＊＊＊＊＊＊＊＊＊＊＊＊＊＊＊＊

カオス振動を支配する無次元運動方程式は次式で示される．

$$n=-u_c^*+\int_0^1\frac{1}{2}\left(\frac{\partial w^*}{\partial \xi}\right)^2 d\xi \tag{9.55}$$

$$\frac{\partial^2 w^*}{\partial \tau^2}-n\frac{\partial^2 w^*}{\partial \xi^2}+\frac{\partial^4 w^*}{\partial \xi^4}=p_s+p_d\cos\omega\tau \tag{9.56}$$

ただし，次の無次元量を用いてある．

$$\xi=x/l\ ,\ w^*=w/r\ ,\ u_c^*=(u_c/l)\Gamma^{-2}\ ,\ \Gamma=r/l\ ,\ n=Nl^2/EI$$

$$\tau=\Omega_0 t,\ \ \omega=\Omega/\Omega_0,[p_s,p_d]=[P_s,P_d](l^4/EIr) \tag{9.57}$$

ここで Γ ははりの長さに対する断面二次半径 r の細長比を示す．p_s と p_d は無次元の横荷重と周期荷重振幅である．両端単純支持はりの最低次の振動モードの運動方程式を導け．その際，解を最低次固有振動モード $\sin\pi\xi$ を用いて，$w^*=\hat{b}(\tau)\sin\pi\xi$ と近似する．ただし，はり全体に作用する等分布荷重 $p_s+p_d\cos\omega\tau$ は，固有振動モードの形状に対応させたフーリエ級数近似により，$\frac{4}{\pi}(p_s+p_d\cos\omega\tau)\sin\pi\xi$ とおける．これより，時間関数 $\hat{b}(\tau)$ に関する運動方程式が導かれる．

【解 9・14】

たわみ $w^*=\hat{b}(\tau)\sin\pi\xi$ を式(9.55)および式(9.56)に代入すると次式を得る．

$$n=-u_c^*+\frac{\pi^2}{4}\hat{b}^2$$

$$\frac{d^2\hat{b}}{d\tau^2}+\pi^2(\pi^2-u_c^*)\hat{b}+\frac{\pi^4}{4}\hat{b}^3=\frac{4}{\pi}(p_s+p_d\cos\omega\tau) \tag{9.58}$$

【例 9・15】 ＊＊＊＊＊＊＊＊＊＊＊＊＊＊＊＊＊＊＊＊＊＊＊＊＊

横荷重が作用しない場合 $(p_s=0,p_d=0)$ において，初期軸圧縮変位 u_c を受けるはりの変形問題を扱う．圧縮変位 u_c による，はり中央のたわみ w^* を求めよ．

【解 9・15】

式(9.58)で慣性力 $d^2\hat{b}/d\tau^2$ と荷重項 $p_s = p_d = 0$ とし，$\hat{b}(\tau) = \bar{b}$（$\bar{b}$ ：未知定数）とおくと，次式を得る．

$$\pi^2(\pi^2 - u_c{}^*)\bar{b} + \frac{\pi^4}{4}\bar{b}^3 = 0 \tag{9.59}$$

これより，$\bar{b} = 0$ と $\bar{b} = \pm(2/\pi)\sqrt{u_c{}^* - \pi^2}$ を得る．

$u_c{}^* < \pi^2$ では，$\bar{b} = 0$ の解のみが存在し，$u_c{}^* > \pi^2$ では，$\bar{b}$ が 0 以外にも解を持つ．この 0 でない $\bar{b}$ の解は座屈後変形 $w^* = \bar{b}\sin\pi\xi$ に対応する．

【例 9・16】　＊＊＊＊＊＊＊＊＊＊＊＊＊＊＊＊＊＊＊＊＊＊＊＊＊

静荷重 p_s の下において，はりの軸圧縮変位 $u_c{}^*$ が座屈変位 $(u_{cr}{}^* = \pi^2)$ より大となる座屈後変形状態 $(u_c{}^* > u_{cr}{}^*)$ での，運動方程式を求めよ．

なお，はりの振幅 $\hat{b}$ は $\hat{b}(\tau) = \bar{b} + \tilde{b}(\tau)$ とおいて，静的変形状態 $\bar{b}$ からの，動的変位 $\tilde{b}(\tau)$ を用いた運動方程式を求めることとする．

【解 9・16】

式(9.58)に $\hat{b} = \bar{b} + \tilde{b}(\tau)$ を代入して，$\tilde{b}(\tau)$ の項について整理すると次式となる．

$$\frac{d^2\tilde{b}}{d\tau^2} + R(\tilde{b}) = \frac{4}{\pi}p_d\cos\omega\tau\,,$$

$$R(\tilde{b}) = \omega_1{}^2\tilde{b} + \beta\tilde{b}^2 + \gamma\tilde{b}^3\,,$$

$$\omega_1{}^2 = \pi^2(\pi^2 - u_c{}^*) + \frac{3}{4}\pi^4\bar{b}^2,\quad \beta = \frac{3}{4}\pi^4\bar{b},\quad \gamma = \frac{\pi^4}{4} \tag{9.60}$$

ここで，$R(\tilde{b})$ は復元力特性を示す．なお，静的変形による解 $\bar{b}$ は次式を満足するものとする．

$$\pi^2(\pi^2 - u_c{}^*)\bar{b} + \frac{\pi^4}{4}\bar{b}^3 = \frac{4}{\pi}p_s \tag{9.61}$$

【例 9・17】　＊＊＊＊＊＊＊＊＊＊＊＊＊＊＊＊＊＊＊＊＊＊＊＊＊

(1)　静荷重 $p_s = 0$ とし，初期軸圧縮変位 $u_c{}^* = 5\pi^2/4$ の下で，静的釣合い位置 $\bar{b}$ を小さい順から $b_m (m = 1,2,3)$ として求めよ．

(2)　静的釣合い位置 b_1 を新たな原点に選んだ際の復元力特性 $R(\tilde{b})$ の概要を図示せよ．

【解 9・17】

(1)　式(9.61)から $b_1 = -1$，$b_2 = 0$，$b_3 = 1$

(2)　図 9.8 参照

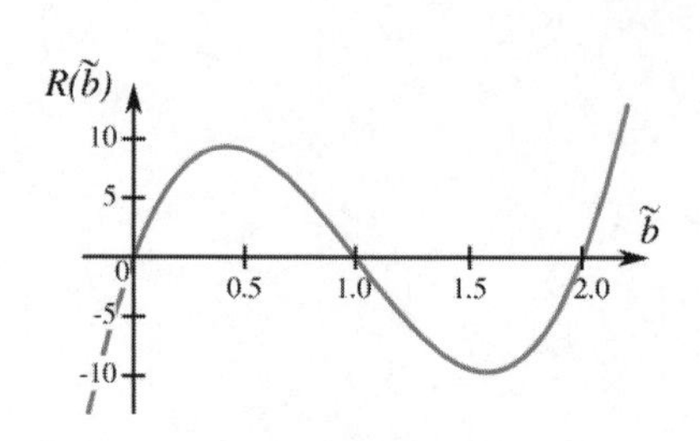

図 9.8　復元力特性

一般の振動系には，必ず減衰力が作用する．式(9.60)に速度に比例する減衰力項 $2\mu(d\tilde{b}/d\tau)$ を加えると，次式となる．

$$\frac{d^2\tilde{b}}{d\tau^2}+2\mu\frac{d\tilde{b}}{d\tau}+{\omega_1}^2\tilde{b}+\beta\tilde{b}^2+\gamma\tilde{b}^3=\frac{4}{\pi}p_d\cos\omega\tau \tag{9.62}$$

この方程式を数値積分法によって解を求める．これより，特定な振動数領域に図 9.9 に示すような一見不規則なカオス振動が発生する．

カオス振動は周期外力の振動数 ω に対して，応答が非周期的に発生し，その振幅がほぼ不規則に増減する応答である．

【9・1】Consider the dynamic system of which motion is represented by the following equation.

$$\frac{d^2u^*}{d\tau^2}-2\zeta\omega_n\frac{du^*}{d\tau}+{\omega_n}^2u^*=0 \tag{9.63}$$

(1) Assuming the solution $u^*=Ae^{\lambda t}$ of the foregoing equation, derive the characteristic equation.

(2) Based on the Routh-Hurwitz's stability criterion, the stability of response is guaranteed, if the following two conditions are satisfied to the characteristic equation $a_0\lambda^2+a_1\lambda+a_2=0$.

(a) All of the coefficients $a_m(m=0,1,2)$ have same sign.

(b) The following determinants have the positive values.

$$\Delta_1=a_1>0\,,\quad \Delta_2=\begin{vmatrix}a_1 & a_0\\ 0 & a_2\end{vmatrix}=a_1a_2>0 \tag{9.64}$$

Using the stability criterion, inspect the stability of Eq(9.63).

【9・2】両端単純支持のはりに周期軸荷重 $n_s+n_d\cos\omega\tau$ が作用する 1 自由度の無次元方程式は次式で示される．

$$\frac{d^2b}{d\tau^2}+{\omega_1}^2(1-q_d\cos\omega\tau)b=0\,,$$

$${\omega_1}^2=\pi^2(n_s+\pi^2)\,,\quad q_d=\frac{n_d}{n_s+\pi^2} \tag{9.65}$$

加振角振動数 $2\omega_1$ 近傍の主不安定領域を定めよ．

【9・3】Consider the dynamic behavior of the post-backed beam with both ends simply supported as shown in Eq. (9.62). Non dimensional nonlinear equation with single degree-of-freedom assumption is shown as follows

$$\frac{d^2\tilde{b}}{d\tau^2}+2\mu\frac{d\tilde{b}}{d\tau}+{\omega_1}^2\tilde{b}+\beta\tilde{b}^2+\gamma\tilde{b}^3=\frac{4}{\pi}p_d\cos\omega\tau\,,$$

$${\omega_1}^2=\pi^2(\pi^2-{u_c}^*)+\frac{3}{4}\pi^4\bar{b}^2,\quad \beta=\frac{3}{4}\pi^4\bar{b},\quad \gamma=\frac{\pi^4}{4} \tag{9.66}$$

where ω_1 is the non dimensional natural frequency and μ is the damping coefficient. The symbol $\bar{b}$ is the static equilibrium position. Static equilibrium position $\bar{b}$ is obtained with the following equation.

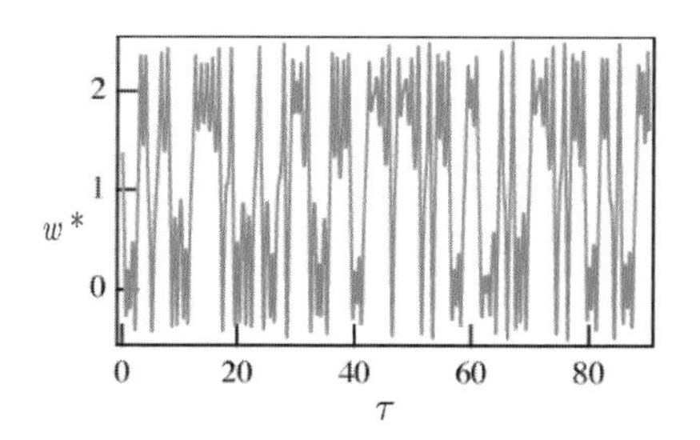

(a)　時系列波形

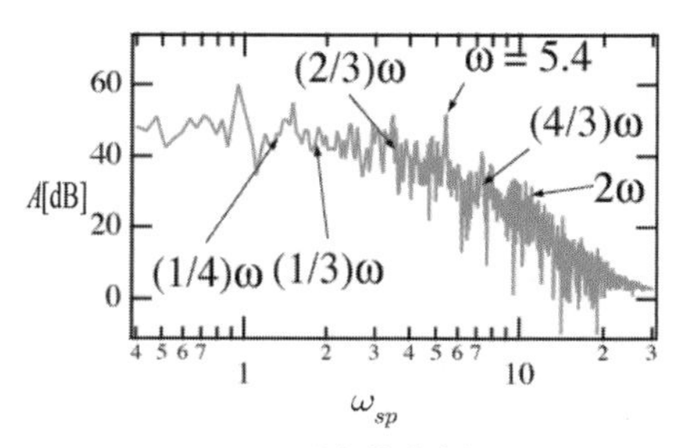

(b)　周波数分析

A:振幅スペクトル, ω_{sp}:分析周波数

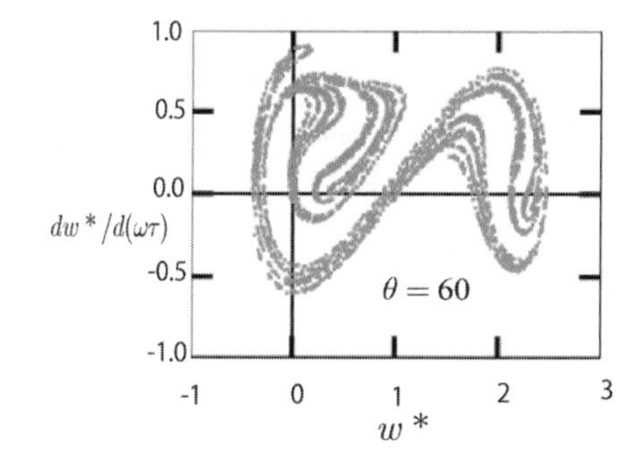

(c)　ポアンカレ写像

$\xi=1/2,\quad \omega=5.4,\quad p_d=5.0$

$\mu=0.03,\quad \omega_n=6.98,\quad p_s=0$

図 9.9　カオス振動

$$\pi^2(\pi^2 - u_c^{\ *})\overline{b} + \frac{\pi^4}{4}\overline{b}^3 = \frac{4}{\pi}p_s \tag{9.67}$$

(1) Determine the static equilibrium positions $\overline{b}_m (m = 1,2,3)$ under the static force $p_s = 0$ and the initial axial displacement $u_c^{\ *} = 2\pi^2$.

(2) Assuming $p_d = 0$ and response $\tilde{b}$ is very small $(|\tilde{b}| \ll 1)$ in Eq.(9.66), show the linearized equation.

(3) Assuming the damping coefficient taking positive value $\mu = 0.01$, inspect the stability of solution $\tilde{b}$ of the linearized equation near the static equilibrium positions $\overline{b}_m (m = 1,2,3)$.

第10章
計測および動的設計
Measurement and Dynamic Design

10・1　実問題における計測(measurement in real problems)

(1) 計測装置

・センサ(sensor)

センサの使用形態

センサを被測定物へ直接取り付けて計測する方法

基準点からの相対的な振動を計測する方法

計測する物理量

振動加速度，速度，変位．伝達関数の計測には，加振力も必要．

センサの原理の例

圧電型の加速度計のメカニズム図 10.1：入力加速度により発生する質量に慣性力を圧電素子で電気信号に変換．

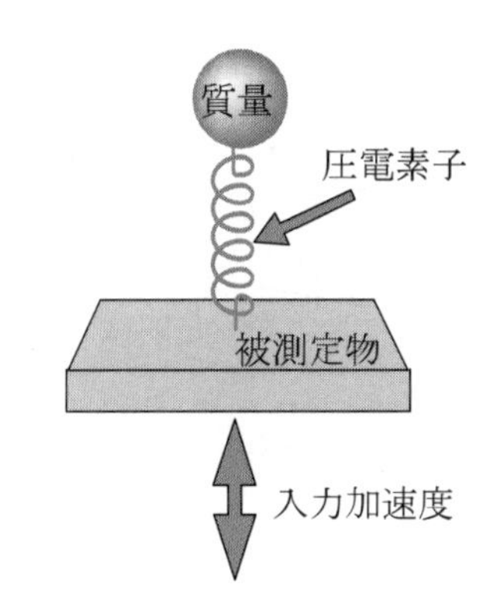

図 10.1　圧電型加速度計の1自由度モデル

・信号分析器(signal analyzer)および加振装置(exciter)

代表的な信号分析器：FFT アナライザ(FFT analyzer)，高速フーリエ変換(fast Fourier transform)により図 10.2 のような時間領域の信号 $x(t)$ を図 10.3 のように周波数領域のスペクトル $X(f)$ へ変換．

加振装置：動電型・油圧加振装置，インパクトハンマ

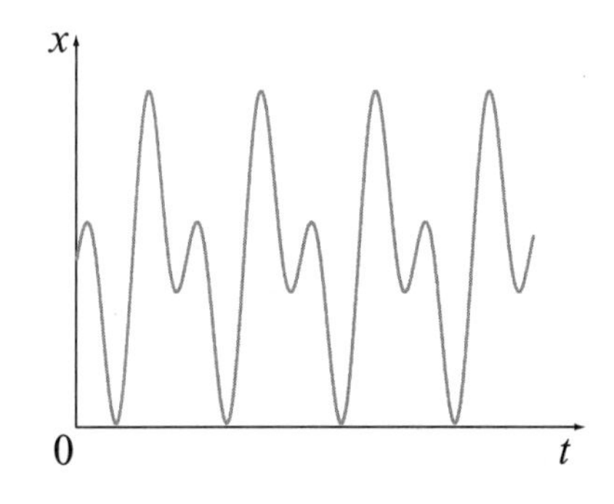

図 10.2　自由振動波形の例

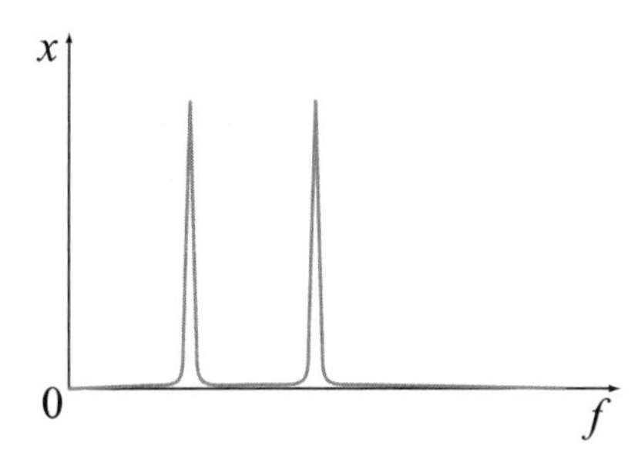

図 10.3　フーリエ変換結果の例

(2) 振動特性の測定

振動特性とは振動系の性質を表すもの．固有振動数，固有振動モード，モード減衰比は振動特性を表す重要なパラメータ．

・振動特性の測定法

自由振動波形をフーリエ変換により周波数領域に変換し，ピークを示す周波数から固有振動数を求める（簡便な方法）．

伝達関数から固有振動数，固有振動モード，モード減衰比，モード質量などを同定する（実験モード解析と呼ばれる詳細な方法）．

(3)　稼働中の振動の測定

稼動中の振動を計測する場合のポイント

1)　発生している振動の振動数，振幅，振動モードの調査
2)　加振源の振動数の調査
3)　強制振動か自励振動かの判定のためのデータ採取
4)　振動原因の特定

強制振動の場合に振動が異常に大きい場合の主な原因

a)共振　b)加振力が大きい　c)減衰が小さい

自励振動の場合には，

発生メカニズムの把握が重要(5)のモデル化が有効)

5)　モデリングや対策検討に有効なデータの採取

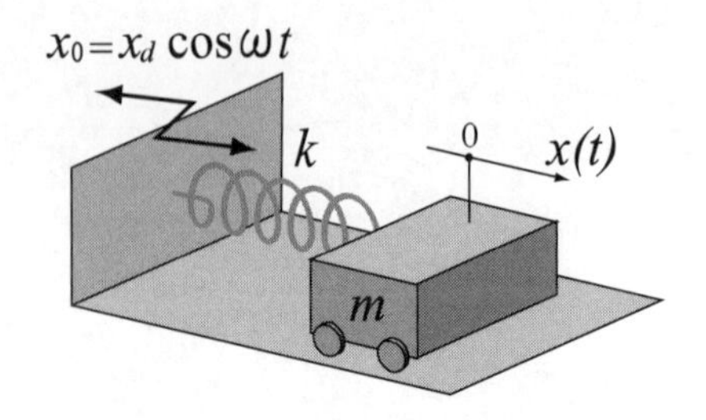

図 10.4　強制変位振動系

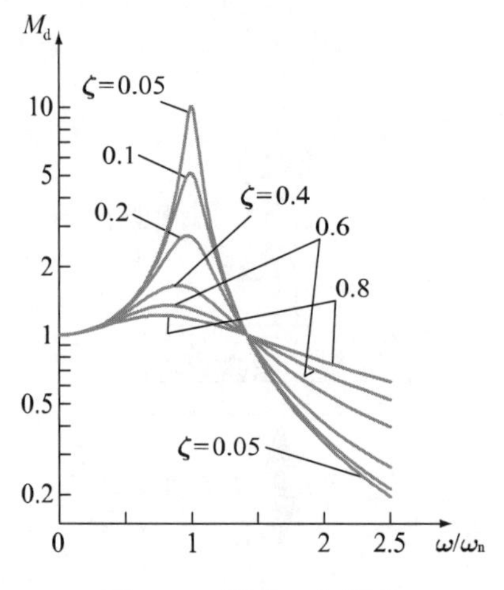

図 10.5　振動の伝達率

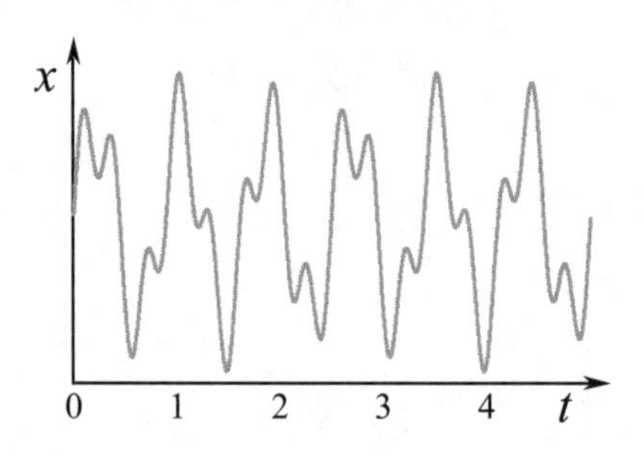

図 10.6　自由振動波形の例

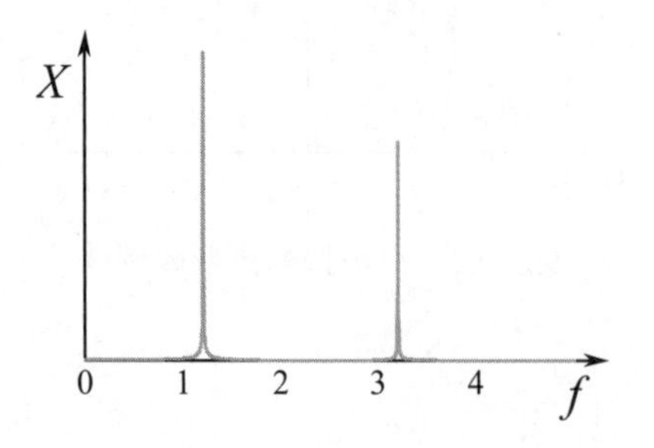

図 10.7　フーリエ変換結果の例

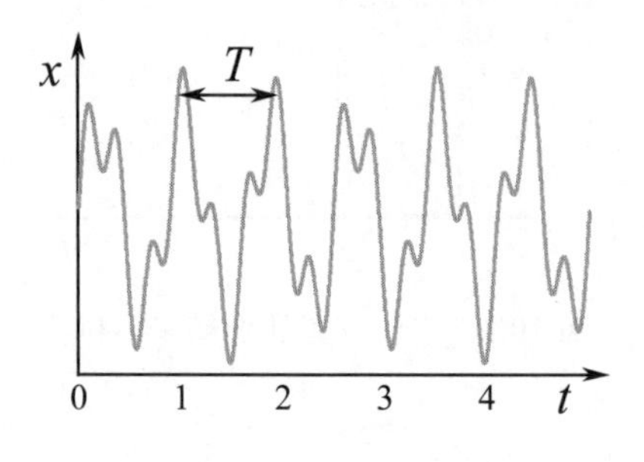

図 10.8　自由振動波形

【例 10・1】　＊＊＊＊＊＊＊＊＊＊＊＊＊＊＊＊＊＊＊＊＊＊＊＊＊＊

圧電型の加速度計を用いる場合に，取り付け方のよっては，十分な精度で計測できる周波数の範囲が狭くなる場合がある．どのような理由が考えられるか？

【解 10･1】

圧電型の加速度計では，図 10.1 のような系において，センサの取り付け部分が振動すれば，圧電素子の上にとりつけられた質量も振動する．質量の加速度に比例する慣性力が圧電素子に加わり，その力により発生する圧電素子の歪みに対応する電気信号を計測して質量の加速度を測定している．圧電素子は弾性体であるので，圧電素子と質量からなる系は，加速度を計測する方向の固有振動数を持つ．重力の影響および減衰を無視すれば，図 10.4 のような変位励振をうける 1 自由度系の強制振動と考えられるので，センサ系の運動方程式は

$$m\ddot{x}+k(x-x_0)=0 \qquad (10.1)$$

で表現できる．x の x_0 に対する比である伝達率 M_t は，ω_n を固有角振動数，ω を加振角振動数とすれば

$$M_t=\frac{1}{\left|1-\left(\dfrac{\omega}{\omega_n}\right)^2\right|} \qquad (10.2)$$

となる．加振振動数が固有振動数よりも十分小さい領域，すなわち，ω/ω_n が 1 と比べて十分小さい領域では，図 10.5 のように伝達率 M_t は 1 に近い値であり，計測場所の加速度 $\ddot{x}_0$ と質量の加速度 $\ddot{x}$ の大きさがほぼ等しい．圧電素子の歪みは慣性力 $-m\ddot{x}$ に比例するので，$\ddot{x}_0$ にほぼ比例することになり，安定した出力が得られることがわかる．しかし，センサ取り付け部分の剛性が十分でなくセンサ系の固有振動数が低下すれば，共振により応答倍率が異常に大きくなる場合や，共振点を大きく超え逆に応答倍率が非常に小さくなる場合があり，十分剛に固定した場合と比べて出力の大きさ大きく変化することになり，その結果精度が低下してしまう．

【例 10･2】　＊＊＊＊＊＊＊＊＊＊＊＊＊＊＊＊＊＊＊＊＊＊＊＊＊＊

構造物の固有振動数を測定したい．どのような方法で測定すればよいか？

【解 10･2】

簡便に計測したい場合には，対象とする系を打撃などにより自由振動させ，その波形 図 10.6 を FFT 分析装置によりフーリエ変換すれば，図 10.7 のように周波数領域に変換される．図では絶対値を示しているが，ピークを示す周波数が固有振動数となり，図より，1.2Hz，3.2Hz の固有振動数があることがわかる．また，自由振動波形が単一の振動成分であるとみなせ，かつ，減衰が比較的小さい場合には，図 10.8 のような自由振動波形の周期 T を読み取り，固有振動数 f_n と固有周期

$$f_n = \frac{1}{T}$$

から計算してもよい.

また，加振力と応答変位（速度，加速度でも可）などの間の伝達関数を求めピークを示す周波数から求めてもよい．伝達関数の求め方としては，いくつかの方法があるが，先端に力を計測するロードセルを埋め込んだ図 10.9 のようなインパクトハンマで被測定物を打撃し，力の時刻歴波形と応答変位波形を同時に測定し，FFT アナライザなどにより周波数領域での伝達関数を求める方法や，動電型図 10.10 や油圧の加振装置を用いて，正弦波やランダム波で加振し，伝達関数を求める方法などがある．

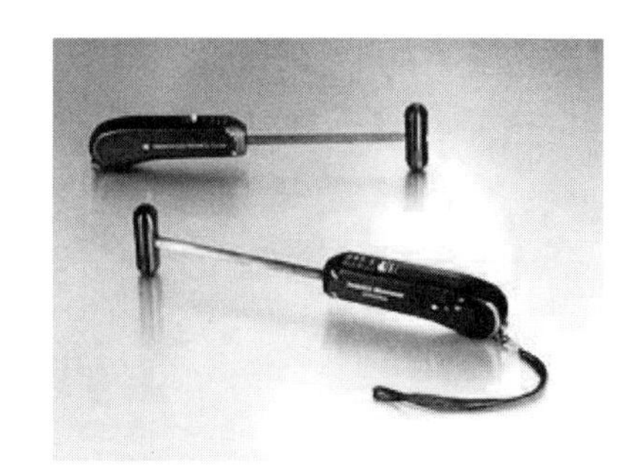

図 10.9　インパクトハンマ
（写真提供：CBC マテリアルズ株式会社）

図 10.10　加振装置の一例
（写真提供：エミック株式会社）

【例 10･3】　＊＊＊＊＊＊＊＊＊＊＊＊＊＊＊＊＊＊＊＊＊＊＊＊＊

機械の振動の絶対変位を測定したい．しかし，基礎部は大きく振動しているため非接触の変位計などで相対変位を測定するには適していない状況である．機械は十分大きい質量を有し，小さい質量を付加しても，振動の状態は変化しないものとする．

【解 10･3】

基準点となるべき基礎が大きく振動しているので，図 10.11 のように基準点からの相対的な変位を測定する方法を用いるのは難しい．そのような場合には，図 10.12 のように被測定物にセンサを直接取り付けて振動を計測する方法が用いられる．被測定物にセンサを直接取り付ける場合には，絶対変位を直接計測することは難しいが，圧電型の加速度計であれば絶対加速度，動電型の振動計であれば絶対速度を計測することができる，したがって，振動加速度を 2 度積分するか，振動速度を積分すれば絶対変位が得られる．

ただし，質量のあるセンサを非測定物に付加すれば，振動系の質量が増加するので，振動の状況が変化する場合がある．したがって，本例題のように，センサの大きさが被測定物の大きさと比べて十分小さい場合にはその影響は無視することができるが，そうでない場合にはセンサを取り付けることによって，被測定物の振動特性が変化する場合があるので注意を要する．

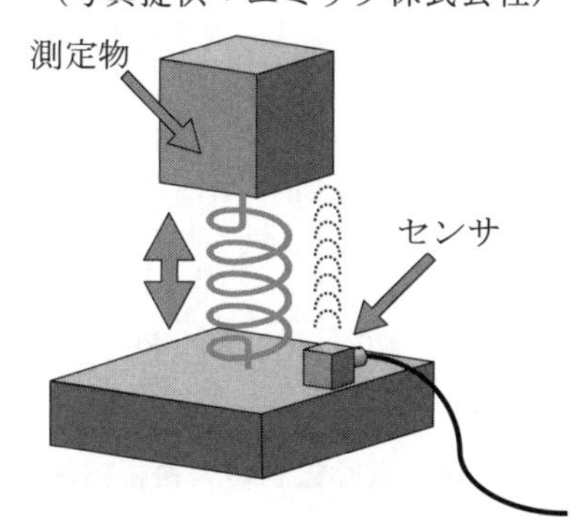

図 10.11　基準点から相対的な振動を計測する方法

【例 10･4】　＊＊＊＊＊＊＊＊＊＊＊＊＊＊＊＊＊＊＊＊＊＊＊＊＊

工場で試運転中の回転機械で，異常振動が発生した．その振動が強制振動か自励振動かを判断するにはどのようにすればよいか？

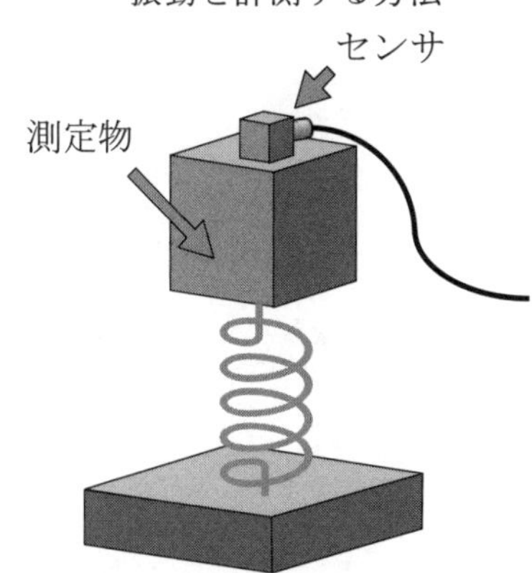

図 10.12　被測定物にセンサを直接貼り付けて計測する方法

【解 10･4】

強制振動と自励振動の本質的な違いは，強制振動が外部からの強制的な加振力によりより発生し，その振動数も外力の振動数と関連しているのに対して，自励振動の場合には，外部から振動エネルギーは吸収するものの，発生する振動の振動数は固有振動数であり，振動的な外力が存在する場合でも，一般的には外力の振動数とは異なる．また，自励振動の場合には，線形系であれば，指数関数的に成長する．したがって，強制振動か自励振動かを判定

するためのチェックポイントとしては,

a)　発生している振動数が固有振動数かどうか, 振幅の成長はどうか？

b)　発生している振動数と加振周波数の関係は？

c)　加振周波数を変化させて, 発生している振動の振動数の変化を見る.

などがある.

まず, 固有振動数がいくらであるかを把握し, 発生している振動数が固有振動数と一致しているかを把握しておくことは重要である. しかし, 強制振動の場合でも, 共振であれば振動数は固有振動数近傍であるので, 発生している振動数が固有振動数であるかどうかだけでは, 自励振動か強制振動かを判定することは難しく, 加振周波数との関係についても調べる必要がある. もし, 発生している振動の振動数と加振振動数が一致すれば強制振動の可能性が高くなる. なお, 強制振動の場合に表れる振動は, 回転機械のアンバランスによる回転数成分だけでなく, 第 7 章の非線形振動のところで示したようにその高調波や分数調波などの振動が発生する場合もある. 加振振動数との関係をより明確にする方法として, 回転数を変化させることにより加振振動数を変化させて見て振動がどのように変わるかを見る方法がよく用いられる. 強制振動であれば, 発生している振動の振動数も加振周波数の変化に比例して変化するが, 自励振動の場合には, 固有振動数で振動するので加振周波数を変化させてもあまり変化しない.

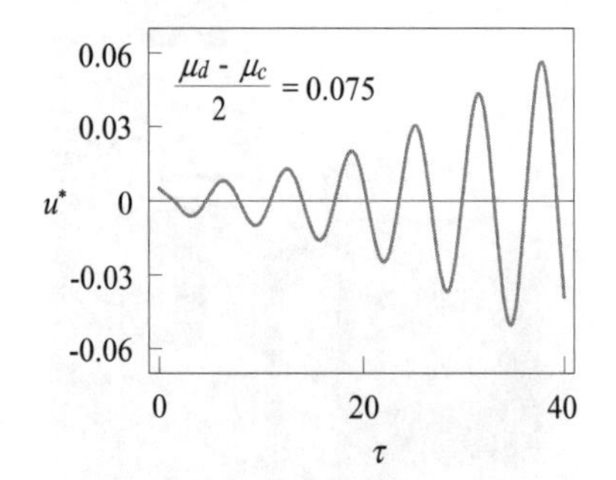

図 10.13　自励振動の発生

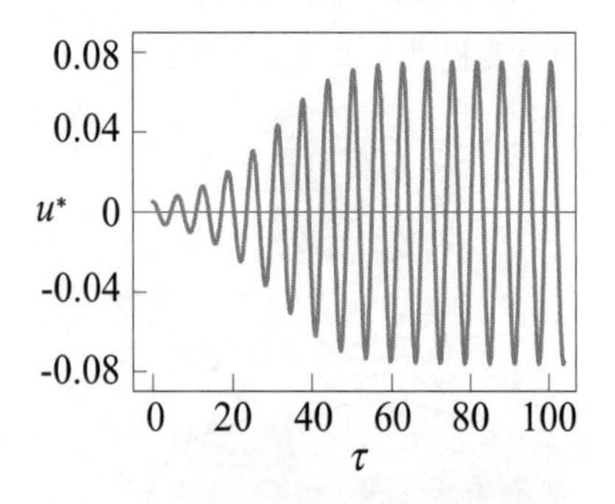

図 10.14　自励振動の大振幅応答

また, 自励振動では, 線形系であれば, 図 10.13 のように振幅が指数関数的に増加していくのでその波形を見て判定することも可能である. ただし, 実機で発生した振動の場合には系の非線形の影響などで図 10.14 のように時間経過とともに一定の振幅に落ち着くため, 自励振動であっても指数関数的に成長する波形を認識できない場合も多いので, 慎重に波形を観察する必要がある.

以上のようなことを総合して判断するのが一般的である.

【例 10·5】　＊＊＊＊＊＊＊＊＊＊＊＊＊＊＊＊＊＊＊＊＊＊＊＊＊＊

客先に収めた機械で異常振動が発生し, それが強制振動であることはわかっている. 強制振動であるとしても, いろいろな原因が考えられ, 対策はその原因のよっても異なってくる. 原因をおおまかに調べるためにチェックするべきことを示せ.

【解 10·5】

強制振動の場合には, 異常振動の原因は, (a)共振, (b)加振力が大きい, (c)減衰が小さい, のうちのどれかである場合やその組み合わせである場合が多い.

共振かどうかのチェックは, 固有振動数を計測あるいは計算によって把握し, その振動数と発生している振動の振動数の関係を調べること, あるいは, 回転機械のように加振周波数を変化させることが可能な場合には, 加振周波数を増加, 減少させた場合に振動の振幅が共振曲線を画くかどうかを調べることなどによって行なうことができる. もし, 運転回転数が共振のピークである場合には，加振周波数を増加させても減少させても共振からはずれるので応答振幅はかなり減少する．

共振している場合には，減衰比が小さければ，共振時の応答倍率が大きくなる．減衰の大きさは静止時の振動特性の実験（ハンマリングによる自由振動実験など）により求めるか，稼動中の振動で加振力の周波数を変化させることが可能であれば，その時の周波数と応答振幅の関係を示す曲線の鋭さから減衰を推定することができる．すなわち図 10.15 のようにピークの鋭さが減衰比によって異なることを利用して減衰を推定する方法（第 3 章参照）などがよく用いられる．また，図 10.15 より共振点近傍では減衰の大きさが応答振幅に大きい影響を与えることがわかる．

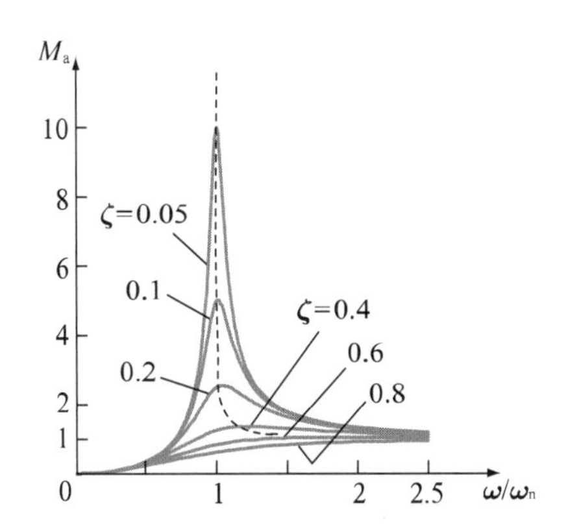

図 10.15　加速度倍率の周波数応答曲線

共振ではないのに異常に振動が大きい場合には，加振力が異常に大きいことが原因であることが多い．そのチェックの方法は問題により異なるが，図 10.16 のような回転機械のアンバランスによる振動の場合であれば，現場で試しおもりを付加した場合の振動計測などを行うことにより，現状の加振力（アンバランス）がどの程度であるかを推定することが可能であるので，その結果により加振力が異常に大きいかどうかを判定することができる．

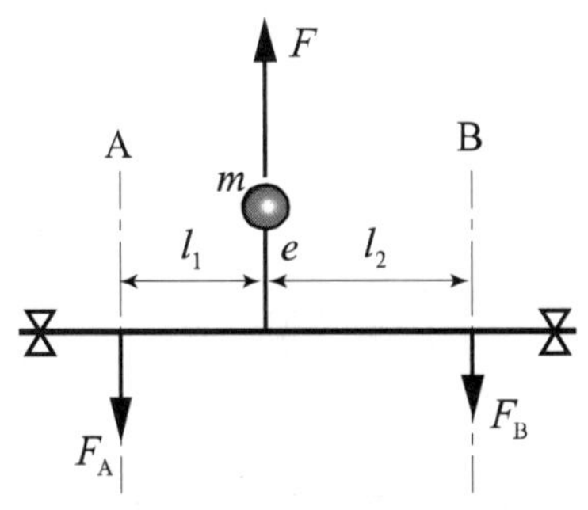

図 10.16　静不釣合いを持つロータの釣合わせ

共振していることが明らかになった場合の対策としては，まず共振を避けるように設計変更することが重要である．ただし，加振周波数が大きい範囲で変化する場合など，共振が避けられない場合には，減衰比を大きくし，共振してもあまり応答倍率が大きくならないようにすることが有効である（図 10.15 参照）．

線形系の強制振動であれば，応答振幅は加振力の振幅に比例するので，共振の有無にかかわらず，加振力の大きさを低減することは，応答振幅の低減に有効である．

以上のように，原因を明らかにすれば，効果的な対策を考えることができる．

10・2　振動解析と動的設計（vibration analysis and dynamic design）

(1)　実問題における振動解析(vibration analysis)の役割
- 設計段階で振動的に良好な構造を設計
- 製作後のトラブルを解決

(2)　モデリング(modeling)および解析手法
- 実問題に広く用いられている数値解析手法
  有限要素法(finite element method)（図 10.17 参照），境界要素法(boundary element method)，伝達マトリックス法(transfer matrix method)
- モデリングのポイント
  現象の本質にあったモデリング

(3)　強制振動解析(forced vibration analysis)と動的設計(dynamic design)
強制振動を抑制するための基本的な考え方
1)　加振力を小さくする．
2)　可能であれば共振をさける．
3)　共振が避けられない場合，あるいはランダム加振のような幅広い周波数振動の伝播を防ぐ．

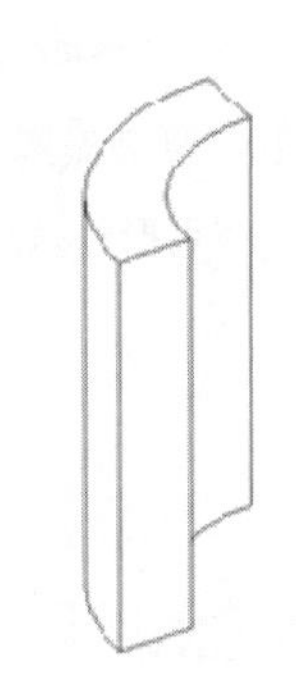
(a) 3 次元構造物

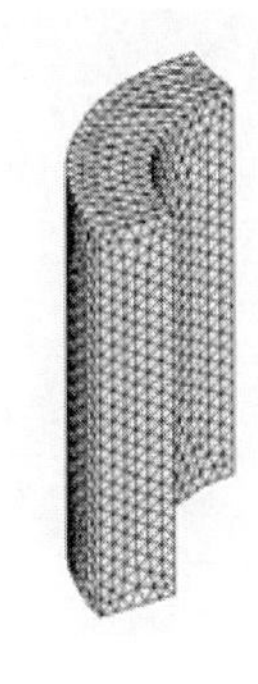
(b) 3 次元構造物の有限要素分割結果

図 10.17　有限要素法による要素分割例

図 10.18　強制振動の例

・加振力の種類

機械自身の運動に伴って発生する力（回転体のアンバランス（図 10.16）など）

接触状態の変化による加振力（路面の凹凸（図 10.18），歯車の噛み合いなど）

流体による加振力（渦や乱れ，流量や圧力変動）

電磁的な加振力

外部からの強制変位による加振力（地震，交通振動など）

・強制振動と固有振動数

共振により応答振幅が異常に大きい場合には，固有振動数と加振振動数を離すように設計変更することが有効.

要素ごとのエネルギーの分担率は，固有振動数の効率的変更に有効な情報.

・減衰と動的設計

減衰比を増加させる手段として用いられるもの

1)　減衰器(damper)など減衰の大きいものの付加.

2)　減衰が大きい材料への変更や制振材料(damping material)の付加.

3)　減衰を有する動吸振器（図 10.19）の付加.

4)　制御による減衰特性の向上（振動制御(active vibration control)).

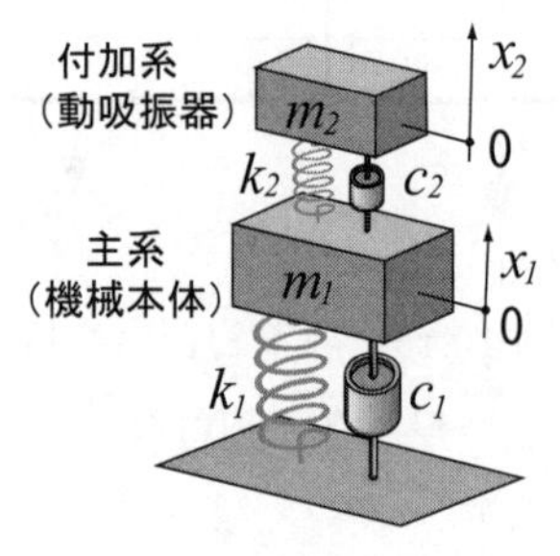

図 10.19　動吸振器モデル
（減衰振動系）

減衰を有する複雑な構造物の減衰比ζ_i ：

i 次モードの減衰比ζ_iは運動方程式に複素固有値解析を適用して得られる固有値の実部α_iと虚部β_iを用いて，$\zeta_i = -\alpha_i / \sqrt{\alpha_i^2 + \beta_i^2}$　により計算.

(4)　自励振動(self-excited vibration)と動的設計(dynamic design)

自励振動の基本的なタイプ

1)　負の減衰によるもの

2)　剛性マトリクスなどの非対称成分によるもの

3)　時間遅れによるもの

4)　係数励振によるもの

1), 2)のような自励振動については，複素固有値解析により減衰比を求めれば安定性の評価や対策の検討が可能.

【例 10·6】　＊＊＊＊＊＊＊＊＊＊＊＊＊＊＊＊＊＊＊＊＊＊＊＊＊

正弦波加振を受ける構造物に関して，異常な振動が発生しないように有限要素法を用いて動的設計を行なう場合には，強制振動解析がよく用いられるが，固有値解析もよく用いられる．強制振動であるのに固有値解析が用いられる理由を示せ.

【解 10·6】

正弦波加振を受ける構造物の強制振動において，異常振動を発生させないという観点で，まず考えなければならないのは，共振を避けることである．したがって，最終的には強制振動解析を行ない，定量的に振幅を求め振動振幅が許容範囲内であることを確認しなければならないが，設計変更の指針を明確にするには，まず，固有値解析を行ない，加振振動数と固有振動数が十分離れているかどうかを調べ，振動数が近い場合には，両者を離すように設計変更を行なうことが重要である．そのような設計変更案で応答振幅がいくらになるかという定量的な情報が必要な場合には，強制振動解析を行えばよい．強制振動解析を行なう場合においても，固有値解析結果を用いるモード解析（第4章参照）により計算することも可能である．また，加振振動数に近い固有振動数がある場合に，どのように変更すれば固有振動数と加振振動数が十分はなれるかを検討する時には，モードの歪みエネルギー分担率や運動エネルギーの分担率が大きい部分を変更することが効率的である

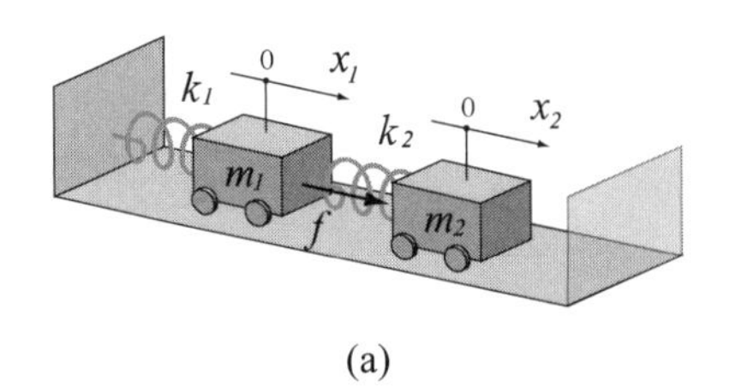

(a)

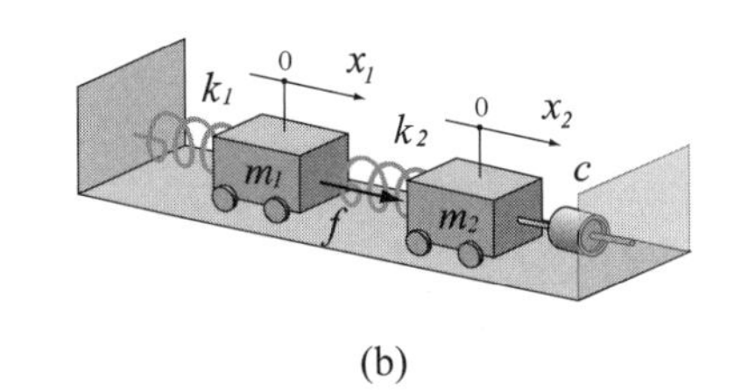

(b)

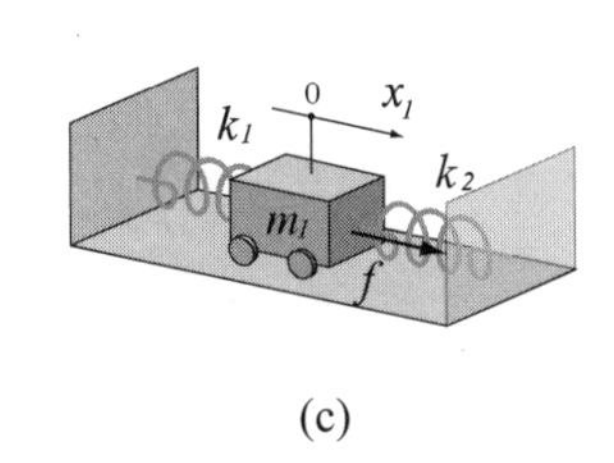

(c)

図 10.20　2 自由度振動系

【例 10・7】　＊＊＊＊＊＊＊＊＊＊＊＊＊＊＊＊＊＊＊＊＊＊＊＊

かなり広い周波数範囲での正弦波加振を受け共振を避けることができない場合に，ダンパーを付加して共振時の応答倍率が十分小さくなるようにしたい．構造部は，図 10.20 (a) のような m_1 に外力が加わる 2 自由度系と見なせる系で，共振時の応答倍率を抑えるために，図 10.20 (b) のように m_2 と固定端の間にダンパー付加する対策を考え，減衰定数が異なる 4 種類のダンパーを製作し，実機にてその効果の確認を行なった．減衰定数が小さい順に試した結果，最初の 2 つについては，減衰定数が大きいほど 2 つのモードの減衰比は大きくなったが，3 番目の場合には，振動数のあるモードは 1 つだけになったが，振動するモードの減衰は 3 番目の場合よりも小さくなってしまった．減衰定数を大きくしたにもかかわらず，減衰比が小さくなったのはなぜか？

【解 10・7】

減衰定数が小さい間は，減衰を付加してもあまりモードが変化せず，そのモードで自由振動する場合の 1 サイクル当たりの消散エネルギーが増加し，その結果減衰比も大きくなっていく．どんどん減衰定数を大きくしていけば，m_2 がよく振動するモードについては減衰が大きくなり，c がある値以上になれば，そのモードは過減衰となり振動数を持たなくなるが，残った振動するモードは，c の増加によりモード形状が徐々に変化していく．c が非常に大きくなればダンパーによる拘束は固定端に近い状態となって x_2 がほとんど動かなくなるために．消散エネルギーも小さくなり，モードの減衰比が減少していく．極端な場合として c が無限大になった場合の振動するモードの状態は，図 10.20 (c) のように m_2 を固定した場合と一致し，減衰比は無限小になる．

【例 10・8】　＊＊＊＊＊＊＊＊＊＊＊＊＊＊＊＊＊＊＊＊＊＊＊＊

4 自由度系でモデル化できる回転機械の自励振動について検討する．系が十分安定ですべてのモードの減衰比が十分大きくなるように設計するために，初期設計モデルの運動方程式を，4×4 の $\mathbf{M}$，$\mathbf{C}$，$\mathbf{K}$ で表現して複素固有値解析を行なった．その結果，$-6 \pm 50i$，$6 \pm 50i$，$-8 \pm 65i$，$-9 \pm 80i$ の 4 組の共役複素数で表現された固有値が得られた．固有値から固有角振動数と減衰比を計算し，系の安定性を評価せよ．

【解 10・8】

安定判別のみであれば，ラウス・フルビッツの安定判別法(Routh-Hurwitz's stability criterion)を用いればよいが，回転機械の設計では，減衰や発散の程度を調べ，より減衰性の高い系を設計したい場合が多く，そのようなときには複素固有値解析がよく用いられる．

固有値を実部αと虚部βにより$\lambda=\alpha\pm i\beta$と表現すると，固有角振動数ω_n，減衰比ζは

$$\omega_n=\sqrt{\alpha^2+\beta^2}\quad,\quad \zeta=-\alpha/\sqrt{\alpha^2+\beta^2}$$

で表現できるので，$\lambda=-6\pm 50i$の場合には

$$\omega_n=50.4\ \mathrm{rad/s},\quad \zeta=0.119$$

で安定であるが，$\lambda=6\pm 50i$の場合には

$$\omega_n=50.4\ \mathrm{rad/s},\quad \zeta=-0.119$$

となり，減衰比が負になり不安定であることがわかる．$\lambda=-8\pm 65i$の場合には

$$\omega_n=65.5\ \mathrm{rad/s},\quad \zeta=0.122$$

$\lambda=-9\pm 80i$の場合には

$$\omega_n=80.5\ \mathrm{rad/s},\quad \zeta=0.122$$

となり，いずれも安定なモードである．

2番目以外のモードは，固有値の実部が負で減衰比が正であることから，安定であるが，2番目のモードは固有値の実部が正で，減衰比が負となり不安定である．4つのすべてのモードの固有値の実部が正，すなわち減衰比が正で安定であれば，自励振動は発生しないが，1つでも不安定なモードが存在すれば自励振動が発生するので，この系は不安定であるといえる．ただし，2番目のモード以外では，すべて，$\zeta>0.1$であり，かなり大きい減衰比を有している．

=====　練習問題　===========================

【10・1】実機の振動計測で，加速度，速度，変位を計測するセンサーを1つずつ挙げよ．

【10・2】異常に振幅が大きい強制振動が発生した場合に考えられる一般的な原因を3つ挙げよ．

【10・3】モード減衰比を計測により推定する方法を示せ．

【10・4】異常振動の原因を調べるためには，稼動中の振動の計測と同時に振動特性の把握が重要である．振動特性として重要なものを3つ挙げよ．

【10・5】実機の設計によく用いられる数値解析で，よく用いられる数値解析法を3つ挙げよ．

【10・6】数値解析を用いて実際の問題の動的設計を行う場合に，十分な精度を確保するためや数値解析結果を正しく理解するための留意点を示せ．

【10・7】Determine the angular natural frequencies and the damping ratios of the rotor-bearing system which eigenvalues are $-3\pm 40i$ and $-6\pm 90i$.

練習問題の解答

第 1 章

【1・1】

同じブランコでも，乗っている人は膝の伸縮などをせず，他の人がブランコの鎖か人の体をつかんで揺らしてやる場合は強制振動ということができる．また，揺れている状態で，乗っている人も膝の伸縮をせず，他の人も力を加えずに揺れている場合は，自由振動ということができる．

係数励振振動と自由振動で揺れている場合は，鎖の長さ（より正確には，支点から乗っている人の重心までの距離）で決まる振動数で揺れ，強制振動の場合は，他の人が加えている力の振動数で揺れることになる．

【1・2】

質点は大きさがないものと仮定しているので，直線上を動く場合は 1 自由度，平面内を動く場合は 2 自由度，空間内を動く場合は 3 自由度になる．

【1・3】

大きさのある物体が平面内を動く場合は，平面の 2 自由度と，平面に垂直な軸まわりの回転が 1 自由度だけ加わるので，全体で 3 自由度になる．

大きさのある物体が空間内を動く場合は，空間の 3 自由度と，直交座標系 3 軸のそれぞれの軸まわりの回転が 3 自由度加わるので，全体で 6 自由度になる．

第 2 章

【2・1】

一様な棒の場合，J_Pは，重心まわりの慣性モーメントJ_Gと平行軸の定理を使って

$$J_P = J_G + mh^2 = \frac{1}{12}ml^2 + mh^2 \qquad \text{A(2.1)}$$

となる．周期を最小にするには，$T = 2\pi\sqrt{\dfrac{J_P}{mgh}}$ の根号の中を最小にすればよいので，それを h の関数として $f(h)$ とおくと

$$f(h) = \frac{J_P}{mgh} = \frac{\frac{1}{12}l^2 + h^2}{gh} = \frac{l^2 + 12h^2}{12gh} \qquad \text{A(2.2)}$$

となり，これを微分して極値を求めると

$$\frac{df(h)}{dh}=\frac{12h^2-l^2}{12gh^2}=0 \qquad \text{A(2.3)}$$

より $h=\dfrac{l}{2\sqrt{3}}=\dfrac{\sqrt{3}}{6}l$ となる．これが極小値をとることは増減表などで確認する必要がある．

【別解】

式 A(2.2)で相加平均と相乗平均との関係より

$$f(h)=\frac{l^2+12h^2}{12gh}=\frac{l^2}{12gh}+\frac{h}{g}\geq 2\sqrt{\frac{l^2}{12gh}\frac{h}{g}}=\frac{2l}{\sqrt{12g}} \qquad \text{A(2.4)}$$

と相乗平均が定数になるので， $\dfrac{l^2}{12gh}=\dfrac{h}{g}$ のとき，つまり $h=\dfrac{\sqrt{3}}{6}l$ のとき最小となる．

【2・2】

慣性モーメントおよびばねの力により受けるモーメントは例題と同じである．棒を立てた場合は，重力によるモーメントが生じる．点 O まわりのモーメントは， $mg\times l\sin\theta\approx mgl\theta$ であり，重力は θ を増加させる向きに働くので，モーメントは正となる．したがって，この系の運動方程式は，

$$ml^2\ddot{\theta}=-2kh^2\theta+mgl\theta=-(2kh^2-mgl)\theta \qquad \text{A(2.5)}$$

となり，固有角振動数は，

$$\omega_n=\sqrt{\frac{2kh^2-mgl}{ml^2}}=\frac{1}{l}\sqrt{\frac{2kh^2-mgl}{m}} \qquad \text{A(2.6)}$$

である．振動しない条件は，根号の中が 0 または負になるときであり，

$$mgl\geq 2kh^2 \qquad \text{A(2.7)}$$

となる．

【2・3】

質量 m の変位を x，点 A に質量はないが，変位を y とすると，質量 m の運動方程式は，ばねの伸びが $x-y$ であるので，

$$m\ddot{x}=-k(x-y) \qquad \text{A(2.8)}$$

点 A の質量は 0 であるので，運動方程式は

$$0\cdot\ddot{y}=-c\dot{y}-k(y-x) \qquad \text{A(2.9)}$$

となる．

式 A(2.9)より，

$$x=y+\frac{c}{k}\dot{y} \qquad \text{A(2.10)}$$

また，

$$\ddot{x}=\ddot{y}+\frac{c}{k}\dddot{y} \qquad \text{A(2.11)}$$

となるので，これらを式 A(2.8)に代入すると

$$mc\dddot{y}+mk\ddot{y}+kc\dot{y}=0 \qquad \text{A(2.12)}$$

ここで，$\dot{y}=z$とおくと

$$mc\ddot{z}+mk\dot{z}+kcz=0 \qquad \text{A(2.13)}$$

これより，$(mk)^2-4mkc^2<0$のとき，振動して，固有角振動数は，

$$\omega_d=\frac{\sqrt{4mkc^2-(mk)^2}}{2mc}=\sqrt{\frac{k}{m}-\left(\frac{k}{2c}\right)^2} \qquad \text{A(2.14)}$$

となる．

【2・4】

ばねが自然長であるときの質量m_1，m_2の位置をそれぞれx_1，x_2とする．それぞれの運動方程式は，ばねの伸びがx_2-x_1であるので，

$$m_1\ddot{x}_1=k(x_2-x_1)=-k(x_1-x_2) \qquad \text{A(2.15)}$$

$$m_2\ddot{x}_2=-k(x_2-x_1) \qquad \text{A(2.16)}$$

ここで，$x_1-x_2=y$とおき，式A(2.15)，式A(2.16)を変形すると

$$\ddot{x}_1=-\frac{k}{m_1}y \qquad \text{A(2.17)}$$

$$\ddot{x}_2=\frac{k}{m_2}y \qquad \text{A(2.18)}$$

これらより，

$$\ddot{x}_1-\ddot{x}_2=\ddot{y}=-\left(\frac{k}{m_1}+\frac{k}{m_2}\right)y \qquad \text{A(2.19)}$$

したがって，

$$\ddot{y}=-\frac{k(m_1+m_2)}{m_1m_2}y \qquad \text{A(2.20)}$$

ゆえに固有角振動数は

$$\omega_n=\sqrt{\frac{k(m_1+m_2)}{m_1m_2}} \qquad \text{A(2.21)}$$

となる．

【2・5】

The speed V just after the attachment is calculated using the law of the conservation of momentum $mv=(m+M)V$ as follows

$$V=\frac{m}{m+M}v \qquad \text{A(2.22)}$$

Here, as the initial condition $x=0$, $\dot{x}=V$ are used at $t=0$ for

$$x=A\sin\omega_n t+B\cos\omega_n t \qquad \text{A(2.23)}$$

Then,

$$x=\frac{V}{\omega_n}\sin\omega_n t \qquad \text{A(2.24)}$$

Here, $\omega_n = \sqrt{\frac{k}{(m+M)}}$ and so, the maximum compression X is calculated at

$$t = \frac{\pi}{\omega_n}$$

$$X = \frac{V}{\omega_n} = \sqrt{\frac{(m+M)}{k}} \cdot \frac{m}{m+M} v = \frac{mv}{\sqrt{k(m+M)}} \qquad \text{A(2.25)}$$

Here, the values m =1kg, M =3kg, k =10N/mm=10000N/m and v =10m/s are substituted for Eq.A(2.25),

$$x = 0.05\,\text{m} \qquad \text{A(2.26)}$$

【alternative solution】

After Eq.A(2.22), using the law of the conservation of energy the maximum compression X is calculated as follows,

$$\frac{1}{2}(m+M)V^2 = \frac{1}{2}kX^2 \qquad \text{A(2.27)}$$

And so,

$$X = \sqrt{\frac{m+M}{k}} V = \frac{mv}{\sqrt{k(m+M)}} \qquad \text{A(2.28)}$$

第3章

【3・1】

(1) $\omega / \omega_n = 0.01$ のとき，以下の値を得る．

$F_i \simeq 0\,\text{N}, \varphi_i \simeq 0\,\text{rad}, F_d \simeq 0\,\text{N}, \varphi_d \simeq \pi/2\,\text{rad}, F_r \simeq 1.0\,\text{N}, \varphi_r \simeq \pi\,\text{rad}$

$\omega \ll \omega_n$ のとき，慣性力 $-m\ddot{x}$ と減衰力 $-c\dot{x}$ は，変動外力 $f_0 \cos\omega t$ に対して十分小さく 0 とおける．復元力は $-kx \approx -f_0 \cos\omega t$ となる．よって，復元力が変動外力と主に釣合う．

(2) $\omega / \omega_n = 1.0$ のとき，以下の値を得る．

$F_i = 10\,\text{N}, \varphi_i = \pi/2\,\text{rad}, F_d = 1.0\,\text{N}, \varphi_d = \pi\,\text{rad}, F_r = 10\,\text{N}, \varphi_r = 3\pi/2\,\text{rad}$

$\omega = \omega_n$ のとき，慣性力 $-m\ddot{x} = \{f_0 / (2\zeta)\}\sin\omega t$ と,復元力 $-kx = -\{f_0 / (2\zeta)\}\sin\omega t$ は互いに釣合う．一方，減衰力 $-c\dot{x} = -f_0 \cos\omega t$ は，変動外力 $f_0 \cos\omega t$ と釣合う．

(3) $\omega / \omega_n = 100$ のとき，以下の値を得る．

$F_i \simeq 1.0\,\text{N}, \varphi_i \simeq \pi\,\text{rad}, F_d \simeq 0\,\text{N}, \varphi_d \simeq 3\pi/2\,\text{rad}, F_r \simeq 0\,\text{N}, \varphi_r \simeq 2\pi\,\text{rad}$

$\omega \gg \omega_n$ のとき，減衰力 $-c\dot{x}$ と復元力 $-kx$ は変動外力 $f_0 \cos\omega t$ に比べて十分小さく，慣性力は $-m\ddot{x} \approx -f_0 \cos\omega t$ となる．よって．慣性力が変動外力と主に釣合う．

【3・2】

(1) 過渡応答 x_h と定常応答 x_p は次のようになる．

$$x_h = e^{-\zeta\omega_n t}(C\cos\sqrt{1-\zeta^2}\,\omega_n t + S\sin\sqrt{1-\zeta^2}\,\omega_n t)$$
$$x_p = \frac{x_s}{B}\cos(\omega t - \varphi) \qquad \text{A(3.1)}$$

ただし，C と S は初期条件によって決まる定数であり，B と φ は次に示される．

$$B = \sqrt{\left\{1-\left(\frac{\omega}{\omega_n}\right)^2\right\}^2 + \left(2\zeta\frac{\omega}{\omega_n}\right)^2} \qquad \text{A(3.2)}$$
$$\cos\varphi = \frac{1-(\omega/\omega_n)^2}{B} \quad , \quad \sin\varphi = \frac{2\zeta\,\omega/\omega_n}{B}$$

したがって，

$$x = x_h + x_p$$
$$= e^{-\zeta\omega_n t}(C\cos\sqrt{1-\zeta^2}\,\omega_n t + S\sin\sqrt{1-\zeta^2}\,\omega_n t) + \frac{x_s}{B}\cos(\omega t - \varphi) \qquad \text{A(3.3)}$$

(2) 解 x_h，x_p および x の波形を図 A3.1 に示す．

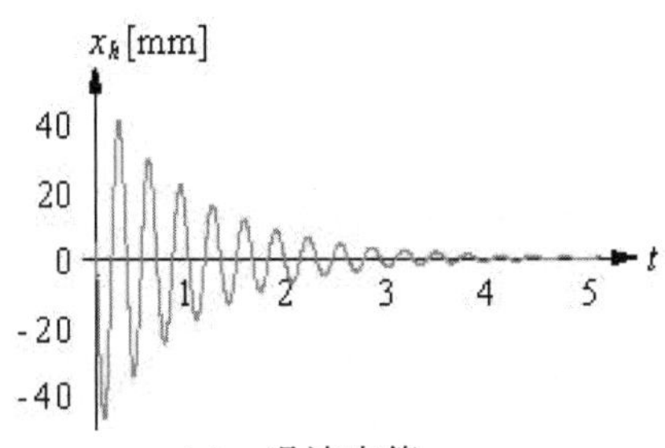

(a) 過渡応答 x_h

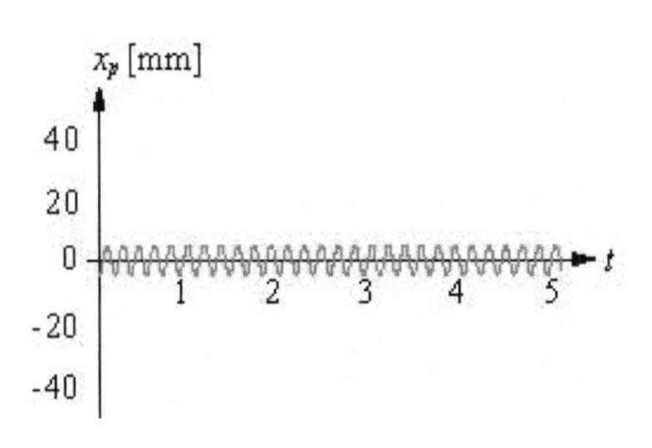

(b) 定常応答 x_p

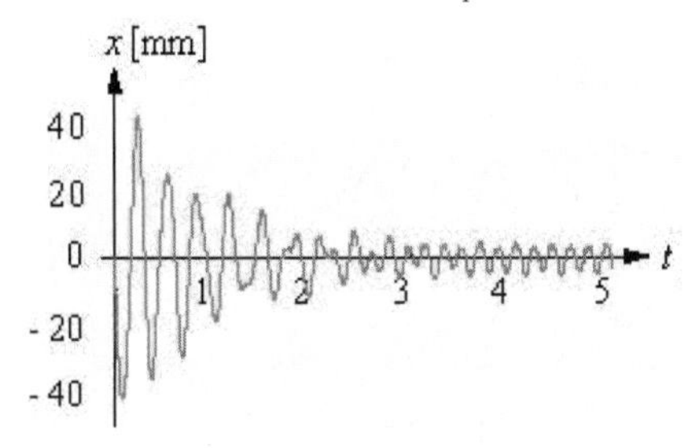

(c) 強制振動の解 x

図 A3.1 解 $x = x_h + x_p$ の波形

【3・3】

(1) 式 $m\ddot{x} + c\dot{x} + kx = kx_0 + c\dot{x}_0$ の運動方程式を相対変位 x_r で整理すると，

$$\ddot{x}_r + 2\zeta\omega_n\dot{x}_r + \omega_n^2 x_r = -\ddot{x}_0 \qquad \text{A(3.4)}$$

となる．

(2) 上式を解くと，

$$x_r = \frac{x_d}{B}\left(\frac{\omega}{\omega_n}\right)^2\cos(\omega t - \varphi) \qquad \text{A(3.5)}$$

となる．ただし，

$$B = \sqrt{\left\{1-\left(\frac{\omega}{\omega_n}\right)^2\right\}^2 + \left(2\zeta\frac{\omega}{\omega_n}\right)^2} \qquad \text{A(3.6)}$$
$$\cos\varphi = \frac{1-(\omega/\omega_n)^2}{B}, \quad \sin\varphi = \frac{2\zeta\omega/\omega_n}{B}$$

である．また，

$$R = \frac{x_d}{B}\left(\frac{\omega}{\omega_n}\right)^2 \qquad \text{A(3.7)}$$

となる．

(3) $R/x_d = \dfrac{1}{B}\left(\dfrac{\omega}{\omega_n}\right)^2 = 0.1$ より，B を代入し $\left(\dfrac{\omega}{\omega_n}\right)^2$ についての二次方程式を解くと，$\omega/\omega_n \simeq 0.3$ となる．

(4) $\omega/\omega_n = 1$ の場合は，$R/x_d = 1/2\zeta$ となる．$(\omega/\omega_n)^2 \gg 1$ の場合は，

$0<\zeta<1\ll(\omega/\omega_n)^2$ を考慮すると，$R/x_d=1$ となる．参考に，振幅比 R/x_d と ω/ω_n との関係を図 A3.2 に示す．

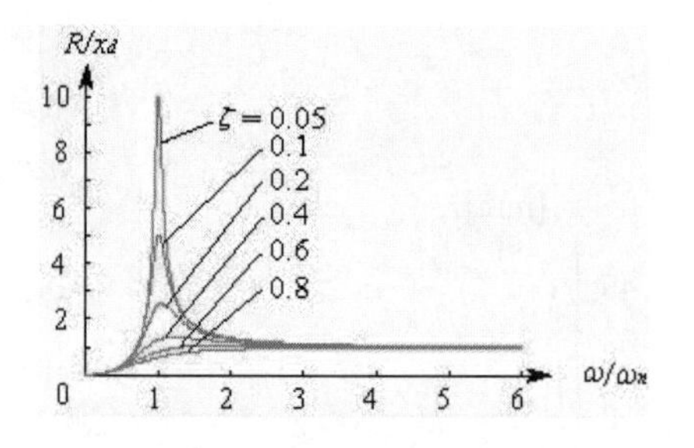

図 A3.2　振幅比 R/x_d と ω/ω_n の関係

【3・4】

(1)　運動方程式は次の通りになる．

$$-m\ddot{x}-kx+f_1\cos\omega t+f_2\cos 2\omega t=0 \qquad \text{A(3.8)}$$

上式を変換して

$$\ddot{x}+\omega_n^2 x=x_{s1}\omega_n^2\cos\omega t+x_{s2}\omega_n^2\cos 2\omega t \qquad \text{A(3.9)}$$

となる．

(2)　定常解は次のようになる．

$$x=\frac{x_{s1}}{1-\left(\dfrac{\omega}{\omega_n}\right)^2}\cos\omega t+\frac{x_{s2}}{1-\left(\dfrac{2\omega}{\omega_n}\right)^2}\cos 2\omega t \qquad \text{A(3.10)}$$

(3)　定常解の時刻歴は，定常解の $\cos\omega t$ の部分と $\cos 2\omega t$ の部分のそれぞれの時刻歴を図示して重ね合わせることで得られる．定常解の時刻歴を図 A3.3 に示す．

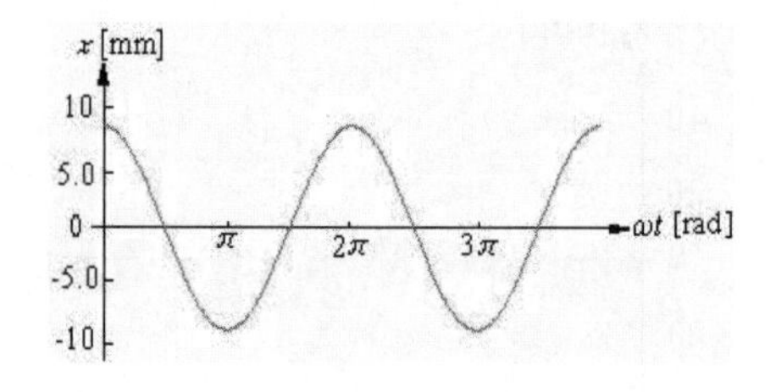

(a)　定常解の $\cos\omega t$ 部分

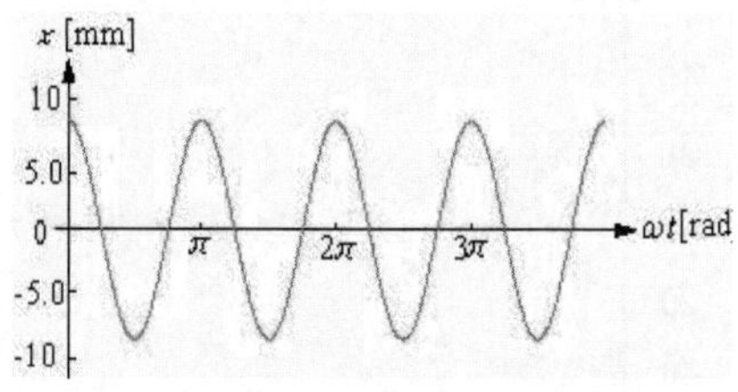

(b)　定常解の $\cos 2\omega t$ 部分

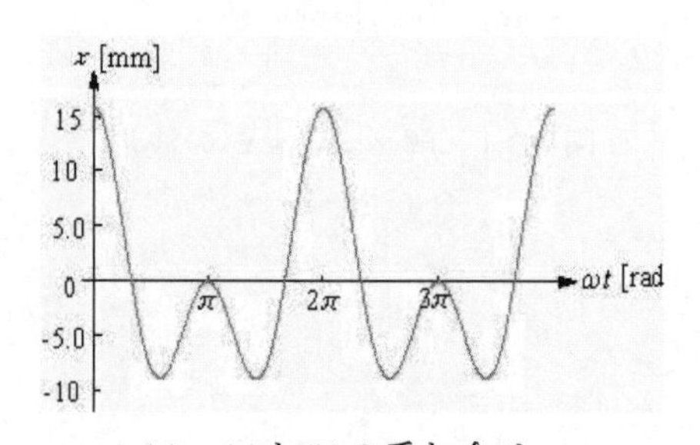

(c)　(a)と(b)の重ね合せ

図 A3.3　2 重周期変動外力による定常解の時刻歴

第 4 章

【4・1】

運動エネルギー T 及び ポテンシャルエネルギー U を求めると

$$\begin{aligned}T&=\frac{1}{2}m_1\left(\dot{x}_1^2+\dot{y}_1^2\right)+\frac{1}{2}m_2\left(\dot{x}_2^2+\dot{y}_2^2\right)\\&=\frac{1}{2}m_1(l_1\dot{\theta}_1)^2+\frac{1}{2}m_2\left\{(l_1\dot{\theta}_1)^2+(l_2\dot{\theta}_2)^2+2l_1l_2\dot{\theta}_1\dot{\theta}_2\cos(\theta_2-\theta_1)\right\}\end{aligned} \qquad \text{A(4.1)}$$

$$U=m_1gl_1(1-\cos\theta_1)+m_2g\left\{l_1(1-\cos\theta_1)+l_2(1-\cos\theta_2)\right\} \qquad \text{A(4.2)}$$

$$\begin{aligned}L&=T-U\\&=\frac{1}{2}m_1(l_1\dot{\theta}_1)^2+\frac{1}{2}m_2\left\{(l_1\dot{\theta}_1)^2+(l_2\dot{\theta}_2)^2+2l_1l_2\dot{\theta}_1\dot{\theta}_2\cos(\theta_2-\theta_1)\right\}\\&\quad-m_1gl_1(1-\cos\theta_1)-m_2g\left\{l_1(1-\cos\theta_1)+l_2(1-\cos\theta_2)\right\}\end{aligned} \qquad \text{A(4.3)}$$

これより，

$$\begin{aligned}\frac{d}{dt}\left(\frac{\partial L}{\partial\dot{\theta}_1}\right)-\frac{\partial L}{\partial\theta_1}&=(m_1+m_2)l_1^2\ddot{\theta}_1+m_2l_1l_2\ddot{\theta}_2\cos(\theta_2-\theta_1)\\&\quad-m_2l_1l_2\dot{\theta}_2^2\sin(\theta_2-\theta_1)+(m_1+m_2)l_1g\sin\theta_1=0\end{aligned} \qquad \text{A(4.4)}$$

$$\begin{aligned}\frac{d}{dt}\left(\frac{\partial L}{\partial\dot{\theta}_2}\right)-\frac{\partial L}{\partial\theta_2}&=m_2l_2^2\ddot{\theta}_2+m_2l_1l_2\ddot{\theta}_1\cos(\theta_2-\theta_1)\\&\quad+m_2l_1l_2\dot{\theta}_1^2\sin(\theta_2-\theta_1)+m_2l_2g\sin\theta_2=0\end{aligned} \qquad \text{A(4.5)}$$

ここで，θ_1,θ_2 を微小とすることにより次式を得る．

$$(m_1+m_2)l_1\ddot{\theta}_1+m_2l_2\ddot{\theta}_2+(m_1+m_2)g\theta_1=0 \qquad \text{A(4.6)}$$

$$m_2l_2\ddot{\theta}_2+m_2l_1\ddot{\theta}_1+m_2g\theta_2=0 \qquad \text{A(4.7)}$$

これは，$m_2l_2\ddot{\theta}_2-\frac{m_2}{m_1}(m_1+m_2)g\theta_1+\frac{m_2}{m_1}(m_1+m_2)g\theta_2=0$（本文中の式 4.15)で得られた結果とは異なるように見えるが，式 A(4.6)，A(4.7)を変形し，それぞれ，$\ddot{\theta}_1$，$\ddot{\theta}_2$のみの形の式にすると等しい式となる．

【4・2】

The equation of motion with respect to each mass is derived by the force approach. The displacement of the ground in the vertical direction is assumed as y.

The mass m_1 :

$$\begin{aligned}&m_1\ddot{x}_1=-k_1(x_1-y)-k_2(x_1-x_2)-c_1(\dot{x}_1-\dot{y})-c_2(\dot{x}_1-\dot{x}_2)\\&m_1\ddot{x}_1+(k_1+k_2)x_1-k_2x_2+(c_1+c_2)\dot{x}_1-c_2\dot{x}_2=k_1y+c_1\dot{y}\end{aligned} \qquad \text{A(4.8)}$$

The mass m_2 :

$$\begin{aligned}&m_2\ddot{x}_2=-k_2(x_2-x_1)-c_2(\dot{x}_2-\dot{x}_1)\\&m_2\ddot{x}_2-k_2x_1+k_2x_2-c_2\dot{x}_1+c_2\dot{x}_2=0\end{aligned} \qquad \text{A(4.9)}$$

In the matrix form, the following equation is derived.

$$\begin{bmatrix}m_1&0\\0&m_2\end{bmatrix}\begin{Bmatrix}\ddot{x}_1\\\ddot{x}_2\end{Bmatrix}+\begin{bmatrix}c_1+c_2&-c_2\\-c_2&c_2\end{bmatrix}\begin{Bmatrix}\dot{x}_1\\\dot{x}_2\end{Bmatrix}+\begin{bmatrix}k_1+k_2&-k_2\\-k_2&k_2\end{bmatrix}\begin{Bmatrix}x_1\\x_2\end{Bmatrix}=\begin{Bmatrix}c_1\dot{y}+k_1y\\0\end{Bmatrix} \qquad \text{A(4.10)}$$

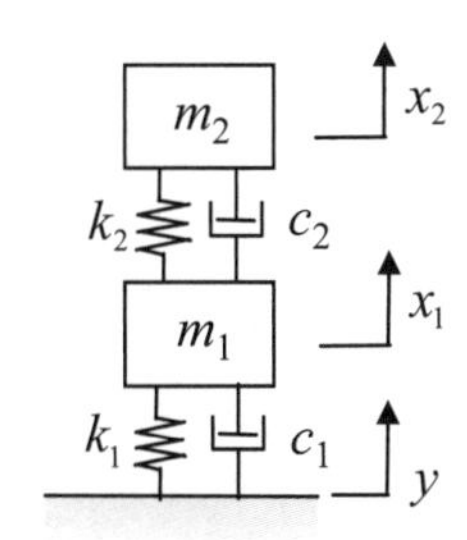

Fig. A 4.1 Two-DOF system subject to the base excitation

【4・3】

We can write

$$\begin{aligned}&u_1=x_1-y\\&u_2=x_2-y\end{aligned} \qquad \text{A(4.11)}$$

The following relationships can be derived.

$$\begin{bmatrix}c_1+c_2&-c_2\\-c_2&c_2\end{bmatrix}\begin{Bmatrix}\dot{x}_1\\\dot{x}_2\end{Bmatrix}=\begin{bmatrix}c_1+c_2&-c_2\\-c_2&c_2\end{bmatrix}\begin{Bmatrix}\dot{u}_1\\\dot{u}_2\end{Bmatrix}+\begin{Bmatrix}c_1\dot{y}\\0\end{Bmatrix} \qquad \text{A(4.12)}$$

$$\begin{bmatrix}k_1+k_2&-k_2\\-k_2&k_2\end{bmatrix}\begin{Bmatrix}x_1\\x_2\end{Bmatrix}=\begin{bmatrix}k_1+k_2&-k_2\\-k_2&k_2\end{bmatrix}\begin{Bmatrix}u_1\\u_2\end{Bmatrix}+\begin{Bmatrix}k_1y\\0\end{Bmatrix} \qquad \text{A(4.13)}$$

$$\begin{bmatrix}m_1&0\\0&m_2\end{bmatrix}\begin{Bmatrix}\ddot{x}_1\\\ddot{x}_2\end{Bmatrix}=\begin{bmatrix}m_1&0\\0&m_2\end{bmatrix}\begin{Bmatrix}\ddot{u}_1\\\ddot{u}_2\end{Bmatrix}+\begin{bmatrix}m_1&0\\0&m_2\end{bmatrix}\begin{Bmatrix}\ddot{y}\\\ddot{y}\end{Bmatrix} \qquad \text{A(4.14)}$$

Substitute Eqs.A(4.12), A(4.13) and A(4.14) into Eq.A(4.10), and the following equation is derived.

$$\begin{aligned}&\begin{bmatrix}m_1&0\\0&m_2\end{bmatrix}\begin{Bmatrix}\ddot{u}_1\\\ddot{u}_2\end{Bmatrix}+\begin{bmatrix}c_1+c_2&-c_2\\-c_2&c_2\end{bmatrix}\begin{Bmatrix}\dot{u}_1\\\dot{u}_2\end{Bmatrix}+\begin{bmatrix}k_1+k_2&-k_2\\-k_2&k_2\end{bmatrix}\begin{Bmatrix}u_1\\u_2\end{Bmatrix}\\&=-\begin{bmatrix}m_1&0\\0&m_2\end{bmatrix}\begin{Bmatrix}\ddot{y}\\\ddot{y}\end{Bmatrix}\end{aligned} \qquad \text{A(4.15)}$$

第 5 章

【5・1】

静たわみ式からはりを，1 自由度ばね系 $P = kw$ と考え，その剛性を $k = 48EI / L^3$ と置き換える．1 自由度系の固有角振動数の式から

$$\omega^2 = k / m = 48EI / mL^3 = 164.8 \qquad A(5.1)$$

$$\omega = 12.84 \text{ rad/s} \quad , \quad f = \omega / 2\pi = 2.043 \text{ Hz} \qquad A(5.2)$$

【5・2】

$$T_{\max} = \frac{\rho h \omega^2}{2a^4}\left(\frac{33}{35}\right)^2 \rho A \,, \quad U_{\max} = \frac{D}{2}\left\{36\left(\frac{22}{35}+\frac{2}{25}\right)+\frac{2016}{125}\right\} \qquad A(5.3)$$

$T_{\max} = U_{\max}$ を利用すると，

$$\omega^2 = 46.84D / (\rho h a^4) \qquad A(5.4)$$

したがって無次元振動数は，$\Omega^2 = \omega^2 a^4 \left(\rho h / D\right) = 46.84$，$\Omega = 6.844$ となる．具体的な寸法と材料定数を用いることで，ω の数値を求めることができる．

【5・3】

(1) $C = EI / \rho AL^4$ とおくと，

$$C = \left[206 \times 10^9 \times (\pi / 4)(1 - 0.9^4)\right] / \left[7800 \times \pi \times (1 - 0.9^2) \times 20^4\right] \qquad A(5.5)$$

から，$\omega^2 = (420 / 33)C$ となり，$\omega = 30.8$ rad/s となる．

(2) 先端に付加された質量による運動エネルギーの最大値は，$M = 4500$kg として，

$$T_{\max} = (1/2) M \omega^2 W^2 L \qquad A(5.6)$$

これを前問(1)の運動エネルギーに追加すると，$\omega = 29.4$ rad/s と少し低い固有角振動数となる

【5・4】

(1) 異方性板のひずみエネルギーの形は，上記のように複雑であるが，本問題では，たわみが x のみの関数であり，y に関する微分項が消えるため，はりの問題に帰着される．

このため，

$$U_{\max} = (1/2)\int_0^a \int_0^b D_x (\partial^2 W / \partial x^2) dA \qquad A(5.7)$$

と，

$$T_{\max} = (1/2)\rho h \omega^2 \int_0^a \int_0^b W^2 dA \qquad A(5.8)$$

から，無次元化された固有角振動数は

$$\Omega^2 = (\omega^2 a^4 \rho h / D_x) = 420 / 11 , \quad \Omega = (420 / 11)^{1/2} = 6.18 \text{ となる．}$$

(2) このたわみ形の式には，変数 y が入っており，ひずみエネルギーの D_k

の 項 が 0 で な く な る． し た が っ て， こ の 項 を 付 加 し て

$$\Omega^2 = (140/11)\left[1+(96/5)(D_k/D_x)(a/b)^2\right] \qquad \text{A(5.9)}$$

【5・5】

(1) 本問題は電卓でも計算可能であるが，やや複雑なためプログラムを作り計算すると，正方形平板で，1 次振動数 $(m=n=1)$ は $\Omega_1=19.74$，2 次振動数 $(m=1, n=2$ または $m=2, n=1)$ は $\Omega_2=49.35$，3 次振動数 $(m=2, n=2)$ は $\Omega_3=78.96$ である．

これに対して一方向 $(Ry=\infty)$ に $a/Rx=0.2$ の曲率がつくと，

$\Omega_1=38.49\ (m=n=1), \Omega_2=51.09\ (m=2, n=1)$，

$\Omega_3=72.32\ (m=1, n=2), \Omega_4=85.59\ (m=n=2)$

と 1 次振動数で 2 倍近い増加となる．

同様に $a/Rx=0.5$ では

$\Omega_1=84.94\ (m=n=1)$，$\Omega_2=59.39\ (m=1, n=2)$，

$\Omega_3=141.1\ (m=1, n=2), \Omega_4=114.3\ (m=n=2)$

と 1 次振動数で板の 4 倍以上の振動数となる．

(2) 同様に計算すると，2 方向 $(Rx=Ry)$ に $a/Rx=0.2$ の曲率がつくと，

$\Omega_1=68.98\ (m=n=1), \Omega_2=82.48\ (m=2, n=1$ または $m=1, n=2)$

$\Omega_3=103.0\ (m=n=2)$ と，1 次振動数で平板の 3.5 倍の増加となる．

さらに $a/Rx=0.5$ では

$\Omega_1=164.4\ (m=n=1), \Omega_2=172.4\ (m=2, n=1,$

または $m=1, n=2), \Omega_3=183.1\ (m=n=2)$ となり，球形状の曲率が固有角振動数を著しく増加させる．

(3) $Rx>0, Ry<0$ と設定すると，偏平シェルは一方向に凸，他の方向に凹の馬の鞍のような形状になる．

$Rx/Ry=-1$ と お く と， $a/Rx=0, 0.2, 0.5$ に 対 し て， と も に $\Omega_1=19.74$ となり振動数は変化しない．

(参考) 面内慣性を考慮して計算すると振動数はさらに減少して，$\Omega_1=19.66\ (a/Rx=0.2), \Omega_1=19.26\ (a/Rx=0.5)$ となり，曲率の存在にも拘わらず平板より低い振動数になる．

第 6 章

【6・1】

本文中【例 6.3】の各パラメータに添字 0，本問題に添字 1 を付けると，回転軸のばね定数 $k_1/k_0=(d_1/d_0)^4$ であるから，

$$\omega_{c1}/\omega_{c0} = \sqrt{k_1/k_0} = (d_1/d_0)^2 = (32/16)^2 = 4 \qquad \text{A(6.1)}$$

$$\therefore\ \omega_{c1} = 4\omega_{c0} = 4\times 1525 = 6100\,\text{rpm}$$

【6・2】

One can obtain the value of d_1 in the same manner as that in Solution 6.1 as follows:

$$d_1 = d_0\sqrt{\omega_{c1}/\omega_{c0}} = 16\sqrt{4000/1525} = 25.9\,\text{mm} \qquad \text{A(6.2)}$$

Arranging this value to the round number, 26 mm, one obtains

$$\omega_{c1} = (d_1/d_0)^2\omega_{c0} = 1.625^2\times 1525 = 4027\,\text{rpm} \qquad \text{A(6.3)}$$

This value takes a little bit larger value compared to the design specification 4000rpm.

【6・3】

回転軸のふれ回り振幅： $R = \dfrac{me\omega^2}{\sqrt{(k-m\omega^2)^2+(c\omega)^2}}$ A(6.4)

(本文中の式 6.7a)より

$$R = \frac{me\omega^2}{|\,k-m\omega^2\,|} = \frac{e\omega^2}{|\,\omega_c^2-\omega^2\,|} \qquad \text{A(6.5)}$$

$$\therefore\ e = \frac{|\,\omega_c^2-\omega^2\,|}{\omega^2}R = \frac{|\,1525^2-1600^2\,|}{1600^2}\times 0.3 = 0.0275\,\text{mm}$$

【6・4】

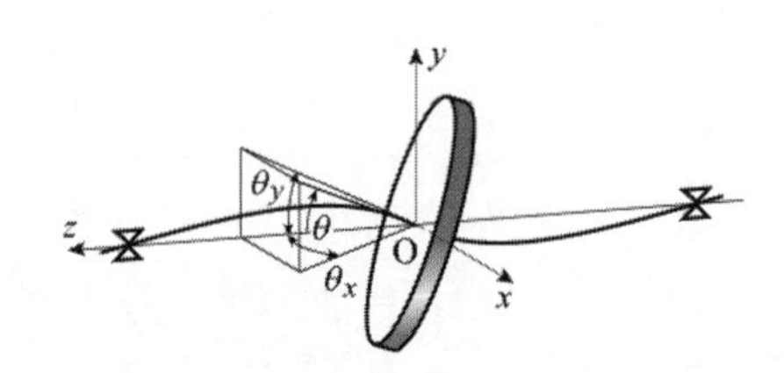

図 A6.1　傾き振動のふれ回り

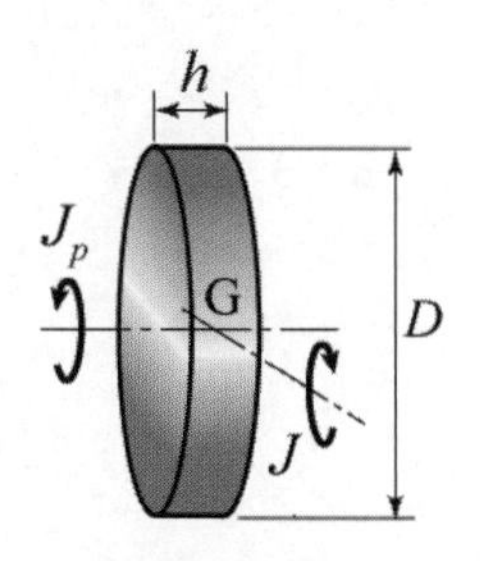

図 A6.2　円板の慣性モーメント J，J_p

図 A6.1 に示すように，円板の取り付け位置における回転軸の傾きを θ とし，θ の xz 平面への投影角を θ_x， yz 平面への投影角を θ_y とする．図 A6.2 の円板の場合，重心 G を通る直径まわりの慣性モーメントを J，極慣性モーメントを J_p とする．最初に，回転体が回転せずに$(\omega=0)$，傾き θ の面内で傾き振動する場合を考える．回転軸の傾きに対するばね定数を δ とすると，運動方程式は

$$J\ddot{\theta} + \delta\theta = 0 \qquad \text{A(6.6)}$$

式(6.6)を θ の成分 (θ_x, θ_y) で表記すると

$$J\ddot{\theta}_x + \delta\theta_x = 0,\quad J\ddot{\theta}_y + \delta\theta_y = 0 \qquad \text{A(6.7)}$$

式 A(6.7)を書き換えると，

$$\frac{d}{dt}(J\dot{\theta}_x) = -\delta\theta_x \quad ,\quad \frac{d}{dt}(J\dot{\theta}_y) = -\delta\theta_y \qquad \text{A(6.8)}$$

となる．第 1 式は「y 軸まわりの角運動量 $J\dot{\theta}_x$ の時間変化は，回転体の y 軸まわりに作用するモーメント $-\delta\theta_x$ に等しい」ことを意味し，ニュートンの第 2 法則に対応する傾き運動の法則を表している．第 2 式も同様である．

つぎに回転体が回転している場合，図 A6.3 に示すように，矢印 OA で表された角運動量$J_p\omega$が生じる．そのため，この角運動量の成分である$J_p\omega\theta_y$，$-J_p\omega\theta_x$の時間変化に相当する項をそれぞれ式 A(6.8)の第 1, 第 2 式の左辺に加えなければならない．その結果，次の運動方程式が得られる．

$$J\ddot{\theta}_x + J_p\omega\dot{\theta}_y + \delta\theta_x = 0, \quad J\ddot{\theta}_y - J_p\omega\dot{\theta}_x + \delta\theta_y = 0 \qquad \text{A(6.9)}$$

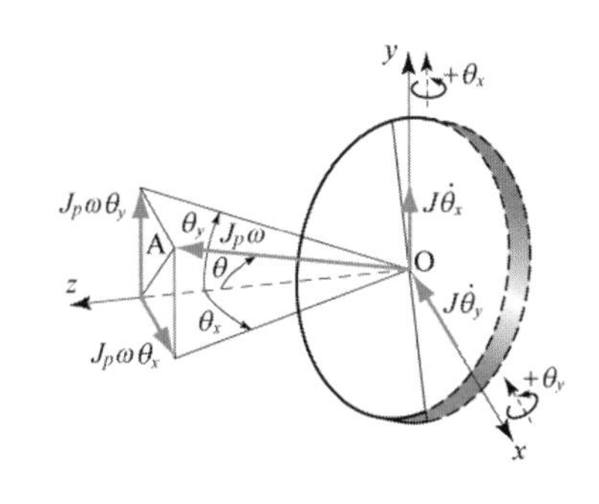

図 A6.3　角運動量$J_p\omega$の時間変化

式 A(6.9)の左辺の$J_p\omega\dot{\theta}_y$，$-J_p\omega\dot{\theta}_x$はジャイロ項(gyroscopic term)と呼ばれ，往復振動系には見られない回転軸系特有の現象が現れる原因となる．

式 A(6.9)の自由振動を考えるにはまず

$$w = \theta_x + i\theta_y \qquad \text{A(6.10)}$$

なる複素変数wを導入して，式 A(6.9)を複素数表示

$$J\ddot{w} - iJ_p\omega\dot{w} + \delta w = 0 \qquad \text{A(6.11)}$$

に書き直すと便利である．式 A(6.10)の自由振動解を

$$w = Ae^{ipt} \qquad \text{A(6.12)}$$

と仮定し，式 A(6.12)を式 A(6.11)に代入すると，振動数方程式

$$Jp^2 - J_p\omega p - \delta = 0 \qquad \text{A(6.13)}$$

が得られる．$\omega > 0$と定義すると，式 A(6.13)の解は

$$p_f = \frac{1}{2J}\{J_p\omega + \sqrt{(J_p\omega)^2 + 4J\delta}\}$$
$$p_b = \frac{1}{2J}\{J_p\omega - \sqrt{(J_p\omega)^2 + 4J\delta}\} \qquad \text{A(6.14)}$$

となり，正の値p_fと負の値p_bが得られる．これらの固有角振動数は，図 A6.4 に示すように，回転速度ωとともに変化する．従って，自由振動の一般解は

$$\theta_x = a_1\cos(p_f t + \beta_1) + a_2\cos(p_b t + \beta_2)$$
$$\theta_y = a_1\sin(p_f t + \beta_1) + a_2\sin(p_b t + \beta_2) \qquad \text{A(6.15)}$$

で表され，円板は前向きふれ回りの角速度p_f，および後ろ向きふれ回りの角速度p_bで首振り運動を行う．

$J_p > J$の場合には傾き振動の主危険速度は存在しないが，$J_p < J$の場合には危険速度ω_cが存在する．図 A6.4(b)では，主危険速度ω_cは，式 A(6.14)で表される曲線p_fと直線$p=\omega$の交点 C の横座標より

$$\omega_c = \sqrt{\frac{\delta}{J - J_p}} \qquad \text{A(6.16)}$$

で与えられる．なお，図 A6.4 に示す質量mの円板では，慣性モーメントは

$$J_p = \frac{mD^2}{8}, \quad J = \frac{m}{12}\left\{3\left(\frac{D}{2}\right)^2 + h^2\right\} \qquad \text{A(6.17)}$$

で与えられる．ここで固有角振動数は，ジャイロ作用のため回転速度ωとともに変化する．ωが増すにつれて，前向きふれ回りの角速度P_fは増加し，見かけ上，回転軸の剛性は大きくなる．逆に，ωの増加とともに，後ろ向きふれ回りの角速度$|p_b|$は減少し，見かけ上，回転軸の剛性は小さくなる．

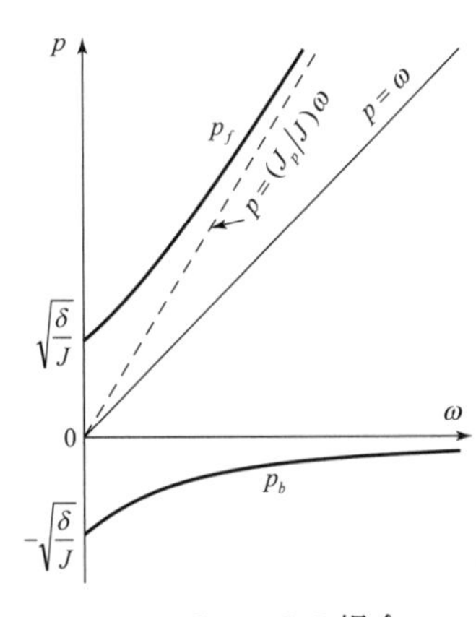

(a)　$J_p > J$の場合

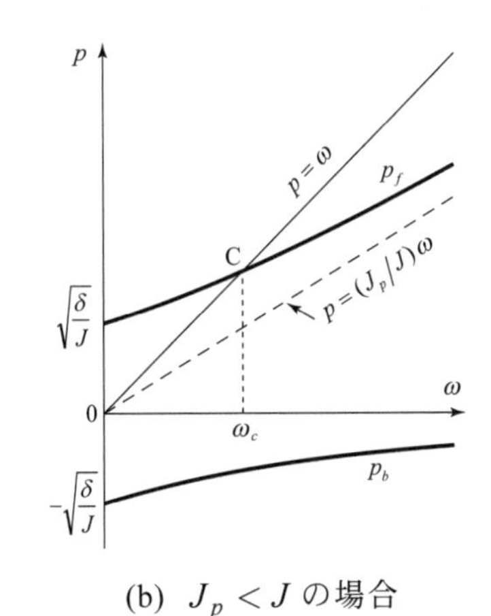

(b)　$J_p < J$の場合

図 A6.4　傾き振動の固有角振動数

【6・5】

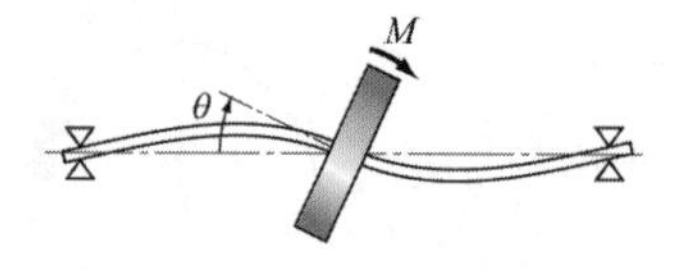

図 A6.5　モーメント M と傾き θ の関係

図 A6.5 に示すように，材料力学よりモーメント M と傾き θ の関係式は

$$M = \delta\theta \qquad \left(\delta = \frac{12EI_0}{l}\right) \qquad \text{A(6.18)}$$

で与えられる．ゆえに，

$$\delta = \frac{12EI_0}{l} = \frac{12\times(206\times10^9)\times(3.22\times10^{-9})}{0.5} = 1.592\times10^4\ \text{Nm/rad} \qquad \text{A(6.19)}$$

円板の慣性モーメントは

$$J_p = \frac{mD^2}{8} = \frac{10\times0.2^2}{8} = 5.00\times10^{-2}\ \text{kgm}^2$$
$$J = \frac{m}{12}\left\{3\left(\frac{D}{2}\right)^2 + h^2\right\} = 2.63\times10^{-2}\ \text{kgm}^2 \qquad \text{A(6.20)}$$

したがって，$\omega = 0$ での固有角振動数 p_0 は

$$p_0 = \sqrt{\frac{\delta}{J}} = \sqrt{\frac{1.592\times10^4}{2.63\times10^{-2}}} = 778\,\text{rad/s} = 7730\,\text{rpm} \qquad \text{A(6.21)}$$

つぎに，$\omega = 1000\,\text{rpm}=104.7\,\text{rad/s}$ での固有角振動数は，式 A(6.19)より

$$p_f = \frac{1}{2J}\{J_p\omega + \sqrt{(J_p\omega)^2 + 4J\delta}\} = 884\,\text{rad/s} = 8440\,\text{rpm}$$
$$p_b = \frac{1}{2J}\{J_p\omega - \sqrt{(J_p\omega)^2 + 4J\delta}\} = -685\,\text{rad/s} = -6540\,\text{rpm} \qquad \text{A(6.22)}$$

同様にして，$\omega = 2000\,\text{rpm}=209\,\text{rad/s}$ での固有角振動数は

$$p_f = 1002\,\text{rad/s} = 9570\,\text{rpm}, \quad p_b = -604\,\text{rad/s} = -5770\,\text{rpm} \qquad \text{A(6.23)}$$

となる．

【6・6】

運動方程式は，

$$J_1\ddot{\theta}_1 + K(\theta_1 - \theta_2) = T$$
$$J_2\ddot{\theta}_2 + K(\theta_2 - \theta_1) = 0 \qquad \text{A(6.24)}$$

式 A(6.24)にそれぞれ J_2，$-J_1$ を乗じて加えると，

$$J_1J_2(\ddot{\theta}_1 - \ddot{\theta}_2) + K(J_1 + J_2)(\theta_1 - \theta_2) = J_2T \qquad \text{A(6.25)}$$

$\theta_1 - \theta_2 = z$ とおくと，式 A(6.25)は

$$J_1J_2\ddot{z} + K(J_1 + J_2)z$$
$$= J_2(a_0 + a_1\cos\tfrac{1}{2}\omega t + a_2\cos\omega t + a_3\cos\tfrac{3}{2}\omega t + \ldots \qquad \text{A(6.26)}$$
$$+ b_1\sin\tfrac{1}{2}\omega t + b_2\sin\omega t + b_3\sin\tfrac{3}{2}\omega t + \ldots)$$

式 A(6.26)より，系の固有角振動数 p は

$$p = \sqrt{\frac{J_1 + J_2}{J_1J_2}K} \qquad \text{A(6.27)}$$

となる．式 A(6.26)より，この系には振動数 $(n/2)\omega$ （$n = 1, 2, 3, \ldots$）の調和外力が作用しているため，

$$p = \frac{n}{2}\omega \qquad \therefore\ \omega = \frac{2}{n}p = \frac{2}{n}\sqrt{\frac{J_1 + J_2}{J_1 J_2}K} \qquad \text{A(6.28)}$$

で与えられる危険速度で共振が起こる．

【6・7】

n=10 のとき，

$$K_{eq} = \frac{1}{\dfrac{1}{K_1}} + \frac{1}{\dfrac{1}{n^2 K_2}} = \frac{n^2 K_1 K_2}{K_1 + n^2 K_2}$$

$$= \frac{10^2 \times 6 \times 12 \times 10^8}{(6 + 10^2 \times 12) \times 10^4} = 5.97 \times 10^4 \text{ kgm/rad} \qquad \text{A(6.29)}$$

ゆえに

$$p = \sqrt{\frac{J_1 + n^2 J_2}{J_1 \cdot n^2 J_2} \cdot K_{eq}}$$

$$= \sqrt{\frac{2000 + 10^2 \times 250}{2000 \times 10^2 \times 250} \times 5.97 \times 10^4} = 5.68 \text{ rad/s} \qquad \text{A(6.30)}$$

n=20 のとき，

$$K_{eq} = \frac{20^2 \times 6 \times 12 \times 10^8}{(6 + 20^2 \times 12) \times 10^4} = 5.99 \times 10^4 \text{ kgm/rad} \qquad \text{A(6.31)}$$

ゆえに

$$p = \sqrt{\frac{2000 + 20^2 \times 250}{2000 \times 20^2 \times 250} \times 5.99 \times 10^4} = 5.53 \text{ rad/s} \qquad \text{A(6.32)}$$

以上の結果より，n=20 に変化しても等価ねじり剛性 K_{eq} の値には大きな変化はないが，固有角振動数は n=10 の場合より小さくなることがわかる．

【6・8】

図 A6.6 に示すように，回転軸方向に z 軸をとった静止座標系 $O-xyz$ とし，点Oを中心として τ だけ回転させた座標系を $O-x_1y_1z_1$ とする（x 軸と x_1 軸は同じ方向）．

$$M_x \equiv -\omega^2 \int yzdm = 0\ ,\ \ M_y \equiv \omega^2 \int zxdm = 0 \qquad \text{A(6.33)}$$

より，x 軸まわりのモーメント M_x は

$$M_x = -\omega^2 \int yz\, dm \qquad \text{A(6.34)}$$

ところで，座標間の変換式は

$$\begin{pmatrix} y \\ z \end{pmatrix} = \begin{pmatrix} \cos\tau & \sin\tau \\ -\sin\tau & \cos\tau \end{pmatrix} \begin{pmatrix} y_1 \\ z_1 \end{pmatrix} \qquad \text{A(6.35)}$$

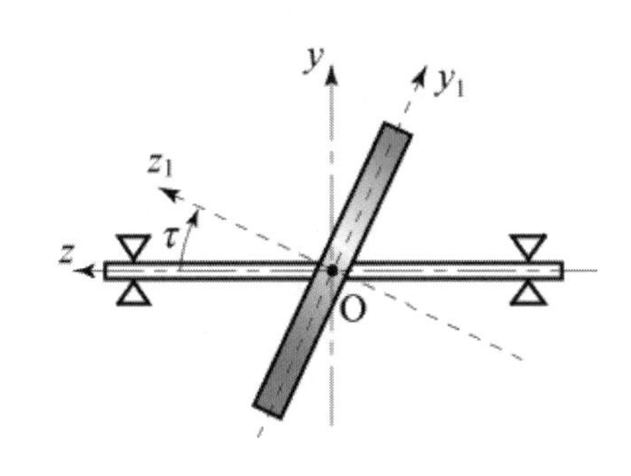

図 A6.6 ずれ角 τ をもつ剛性ロータ

式 A(6.35)を式 A(6.34)に代入すれば，次式となる．

$$M_x = -\omega^2 \int (y_1 \cos\tau + z_1 \sin\tau)(-y_1 \sin\tau + z_1 \cos\tau) dm$$
$$= -\omega^2 \sin\tau \cos\tau \int (z_1^2 - y_1^2) dm - \omega^2 (\cos^2\tau - \sin^2\tau) \int y_1 z_1 dm \qquad \text{A(6.36)}$$

ここで，y_1 軸と z_1 軸は円板の慣性主軸であるから，円板の直径まわりの慣性モーメントを J，極慣性モーメントを J_p とすると，

$$\int y_1^2 dm = J = \frac{mR^2}{4}, \int z_1^2 dm = J_p = \frac{mR^2}{2}, \int y_1 z_1 dm = 0 \qquad \text{A(6.37)}$$

ゆえに，これらの値を式 A(6.36)に代入すると

$$M_x = -\omega^2 (J_p - J) \sin\tau \cos\tau = -\frac{mR^2\omega^2 \sin 2\tau}{8} \qquad \text{A(6.38)}$$

一方，y 軸まわりのモーメント M_y は

$$M_y = \omega^2 \int zx dm = \omega^2 \int (-y_1 \sin\tau + z_1 \cos\tau) x_1 dm$$
$$= -\omega^2 \sin\tau \int x_1 y_1 dm + \omega^2 \cos\tau \int z_1 x_1 dm = 0 \qquad \text{A(6.39)}$$

モーメントの時間変動は静止座標系から見れば，回転体の回転とともにモーメント M_x は時間的に変動するため，変動荷重が軸受に作用する．そのため，この変動荷重が大きいほど軸受の摩耗が促進されることになり，この変動荷重は有害である．

【6・9】

Using to the condition of static balancing, that is, equating the sum of the centrifugal forces in the x- and y-directions to be respectively zero leads to

$$Ma\omega^2 \cos\theta + 2mr\omega^2 \cos 180^\circ + mr\omega^2 \cos 270^\circ = 0$$
$$Ma\omega^2 \sin\theta + 2mr\omega^2 \sin 180^\circ + mr\omega^2 \sin 270^\circ = 0 \qquad \text{A(6.40)}$$

Consequently, one can obtain

$$M = \sqrt{5}\frac{r}{a}m, \quad \theta = \tan^{-1}(0.5) = 26.6^\circ \qquad \text{A(6.41)}$$

【6・10】

静的釣合い条件より，

$$m_A \cos\theta_A + m_B \cos\theta_B + 6\cos 180^\circ + 3\cos 90^\circ = 0$$
$$m_A \sin\theta_A + m_B \sin\theta_B + 6\sin 180^\circ + 3\sin 90^\circ = 0 \qquad \text{A(6.42)}$$

動的釣合い条件（P 点まわりのモーメントの総和が零）より，

$$6\cos 180^\circ \times l + 3\cos 90^\circ \times 2l + m_B \cos\theta_B \times 3l = 0 \qquad \text{A(6.43)}$$
$$6\sin 180^\circ \times l + 3\sin 90^\circ \times 2l + m_B \sin\theta_B \times 3l = 0$$

式 A(6.43)より

$$m_B \cos\theta_B = 2, \quad m_B \sin\theta_B = -2 \qquad \text{A(6.44)}$$

式 A(6.42)，A(6.44)より

$$m_A \cos\theta_A = 4, \quad m_A \sin\theta_A = -1 \qquad \text{A(6.45)}$$

式 A(6.44)，A(6.45)より，つぎの結果が得られる．

$$m_A = \sqrt{(m_A\cos\theta_A)^2 + (m_A\sin\theta_A)^2} = 4.12\ \mathrm{g}$$
$$m_B = \sqrt{(m_B\cos\theta_B)^2 + (m_B\sin\theta_B)^2} = 2.83\ \mathrm{g}$$
$$\tan\theta_A = \frac{m_A\sin\theta_A}{m_A\cos\theta_A} = \frac{-1}{4} \quad \therefore\ \theta_A = -14.0^\circ \qquad \mathrm{A}(6.46)$$
$$\tan\theta_B = \frac{m_B\sin\theta_B}{m_B\cos\theta_B} = \frac{-2}{2} \quad \therefore\ \theta_B = -45.0^\circ$$

剛性ロータの釣合わせの問題は，回転速度と同じ角速度で回る回転座標系上で考えると便利である．その問題は，剛体の釣合わせの問題に帰着される．

第 7 章

【7. 1】

(1) 質量 m の質点の O 点周りの角運動量の時間的変化率 $ml^2\ddot{\theta}$ が，質点に作用する重力の O 点周りのモーメント $mgl\sin\theta$ とばねによる O 点周りの復元モーメント $-k\theta$ の和に等しいことより，質点の運動方程式は

$$ml^2\ddot{\theta} = mgl\sin\theta - k\theta$$

$$\therefore\ \ddot{\theta} + \frac{k}{ml^2}\theta - \frac{g}{l}\sin\theta = 0 \qquad \mathrm{A}(7.1)$$

となる．

(2) $\theta = \theta_s + \theta_d(t)$ と置き，$\theta_s = 0,\ |\theta_d| \ll 1$ とすれば，式 A(7.1)より

$$\frac{d^2\theta_d}{dt^2} + \frac{k}{ml^2}\left(1 - \frac{mgl}{k}\right)\theta_d = 0 \qquad \mathrm{A}(7.2)$$

となる．上式で θ_d が時間と共に成長しない条件より，

$$1 - (mgl)/k > 0 \ \Rightarrow\ k > mgl \qquad \mathrm{A}(7.3)$$

が倒立振り子が垂直に立っていられる条件となる．

(3) 式 A(7.2)で，$\sin\theta = \theta - \theta^3/6 + O(\theta^5)$ と仮定したのち

$$\theta = \Theta\theta^*,\ t = \frac{1}{\omega_n}\tau,\ \omega_n = \frac{1}{l}\sqrt{\frac{k}{m}\left(1 - \frac{mgl}{k}\right)} \qquad \mathrm{A}(7.4)$$

とおいて，式 A(7.3)を書き改めると

$$\Theta\omega_n^2\frac{d^2\theta^*}{d\tau^2} + \Theta\omega_n^2\theta^* - \frac{g}{l}\Theta^3\frac{\theta^{*3}}{6} = 0$$
$$\frac{d^2\theta^*}{d\tau^2} + \theta^* - \frac{g}{l\omega_n^2}\Theta^2\frac{\theta^{*3}}{6} = 0$$

となり

$$\varepsilon = \frac{g}{l\omega_n^2}\Theta^2 \Rightarrow \varepsilon = \frac{\Theta^2}{\dfrac{k}{mgl}-1} \quad \text{A(7.5)}$$

と定義すると

$$\frac{d^2\theta^*}{d\tau^2} + \theta^* + \varepsilon\frac{\theta^{*3}}{6} = 0 \quad \text{A(7.6)}$$

となる．

無次元化された式 A(7.6)の解析的近似解を

$$\theta^*(\tau) = a\cos\phi,\ \phi = \tau + \beta \quad \text{A(7.7)}$$

と置く．このとき a, β を時間 τ の関数であると仮定すれば，未知関数が 2 個であるから，式 A(7.6)以外にもう一つの式を任意に決めることができる．そこで

$$\dot{a}\cos\phi - a\dot{\beta}\sin\phi = 0 \quad \text{A(7.8)}$$

と置くと，式 A(7.8)と式 A(7.6)より

$$\dot{a}\sin\phi + a\dot{\beta}\cos\phi = -\frac{\varepsilon}{6}a^3\cos^3\phi \quad \text{A(7.9)}$$

となる．式 A(7.8)と式 A(7.9)より

$$\dot{a} = -\frac{1}{48}\varepsilon a^3(2\sin 2\phi + \sin 4\phi) \quad \text{A(7.10)}$$

$$\dot{\beta} = -\frac{1}{48}\varepsilon a^2(3 + 4\cos 2\phi + \cos 4\phi) \quad \text{A(7.11)}$$

が得られる．式 A(7.10)と式 A(7.11)で，ゆっくり変化する量を平均化すると

$$\dot{a} = 0, \quad \dot{\beta} = -\frac{3}{48}\varepsilon a^2 \quad \text{A(7.12)}$$

式 A(7.12)の 2 式を τ についてそれぞれ積分すると

$$a = a_0,\ \beta = -\frac{3}{48}\varepsilon a_0^2\tau + \beta_0 \quad \text{A(7.13)}$$

となり，結局

$$\theta^*(\tau) = a_0\cos\left[\left(1 - \frac{3}{48}\varepsilon a_0^2\right)\tau + \beta_0\right] \quad \text{A(7.14)}$$

となる．また初期条件式

$$\theta(0) = \Theta,\ \dot{\theta}(0) = 0 \quad \text{A(7.15)}$$

が

$$\theta^*(0) = \Theta,\ \frac{d\theta^*}{d\tau}(0) = 0 \quad \text{A(7.16)}$$

となり，式 A(7.16)を用いると式 A(7.14)の定数 a_0，β_0 は

$$a_0 = 1,\ \beta_0 = 0 \quad \text{A(7.17)}$$

となる．したがって

$$\theta^*(\tau)=\cos\left(1-\frac{3}{48}\varepsilon\right)\tau \qquad \text{A(7.18)}$$

すなわち

$$\begin{aligned}\theta(t)&=\cos\left(1-\frac{3}{48}\Theta^2\right)\sqrt{1-(mg/kl)}\sqrt{k/m}\,t\\&=\cos\left(1-\frac{3}{48}\Theta^2\right)\sqrt{\frac{k}{m}-\frac{g}{l}}\,t\end{aligned} \qquad \text{A(7.19)}$$

となる．

【7・2】

(1) 質点の座標を(z,x)と置くと，質点の運動エネルギーTおよび位置エネルギーUはそれぞれ

$$T=\frac{m}{2}\left(\dot{x}^2+\dot{z}^2\right),\ U=\frac{k}{2}\theta^2-mgl(1-\cos\theta) \qquad \text{A(7.20)}$$

と表わされる．ここで

$$z=l\cos\theta \qquad \Rightarrow \quad \dot{z}=-l\dot{\theta}\sin\theta$$
$$x=x_0+l\sin\theta \ \Rightarrow \ \dot{x}=\dot{x}_0+l\dot{\theta}\cos\theta$$

であることより

$$T=\frac{m}{2}(\dot{x}_0^2+2l\dot{x}_0\dot{\theta}\cos\theta+l^2\dot{\theta}^2) \qquad \text{A(7.21)}$$

となる．したがって質点のラグランジュアンの方程式

$$\frac{d}{dt}\left(\frac{\partial L}{\partial\dot{\theta}}\right)-\frac{\partial L}{\partial\theta}=0 \quad (L=T-U) \qquad \text{A(7.22)}$$

より

$$\ddot{\theta}+\frac{\ddot{x}_0}{l}\cos\theta+\frac{k}{ml^2}\theta-\frac{g}{l}\sin\theta=0 \qquad \text{A(7.23)}$$

を得る．式 A(7.23)に$x_0(t)=\Delta\sin Nt$を代入したのち整理すると

$$\ddot{\theta}+\frac{k}{ml^2}\theta-\frac{g}{l}\sin\theta=\frac{\Delta N^2}{l}\sin Nt\cos\theta \qquad \text{A(7.24)}$$

となる．

(2) 式 A(7.24)の$\sin\theta,\cos\theta$をθで展開して整理すると

$$\ddot{\theta}+\omega_n^2\theta+\frac{g}{6l}\left(\theta^3+\cdots\right)=\delta N^2\sin Nt\left(1-\frac{\theta^2}{2}+\cdots\right) \qquad \text{A(7.25)}$$

となる．ここで，$\omega_n^2=\sqrt{k/m-g/l}$は線形の固有角振動数，$\delta=\Delta/l$は無次元の加振振幅である．

$N\sim\omega_n$のとき，式 A(7.25)で左辺第 1 項と第 2 項が相殺，つまり$\ddot{\theta}+\omega_n^2\theta\sim 0$となることから，左辺第 3 項と右辺第 1 項とが釣合う，つまり

$$g\theta^3/6l\sim\delta N^2\sin Nt$$

となることが予想される．したがって $\left|\theta^3\right| \sim \delta$ と見積もることができ，$\theta = \delta^{\frac{1}{3}}\theta^*$ と置くことにする．

さらに無次元時間 $\tau = \omega_n t$ と置き，式 A(7.25)を無次元化すると

$$\omega_n^2 \frac{d^2 \delta^{\frac{1}{3}}\theta^*}{d\tau^2} + \omega_n^2 \delta^{\frac{1}{3}}\theta^* + \frac{g}{6l}\left\{\left(\delta^{\frac{1}{3}}\theta^*\right)^3 + \cdots\right\} = \delta N^2 \sin\frac{N}{\omega_n}\tau\left(1 - \frac{\left(\delta^{\frac{1}{3}}\theta^*\right)^2}{2} + \cdots\right)$$

となり，これを整理すると以下のようになる．

$$\frac{d^2\theta^*}{d\tau^2} + \theta^* + \varepsilon\frac{G}{6}\theta^{*3} = \varepsilon\nu^2 \sin\nu\tau + O(\varepsilon^2) \qquad \text{A(7.26)}$$

ただし $G = g/(l\omega_n^2)$，$\varepsilon = a^{\frac{2}{3}} = (\Delta/l)^{\frac{2}{3}}$，$\nu = N/\omega_n$ である．

(3) 加振振動数が線形の固有角振動数付近，つまり共振点付近の多重尺度法による解析的近似解を求めるに当って $\nu = 1 + \varepsilon\sigma$ $(\varepsilon \ll 1)$ と置くと共に

$$\theta^* = \theta_0(\tau_0, \tau_1) + \varepsilon\theta_1(\tau_0, \tau_1) + \cdots \qquad \text{A(7.27)}$$

とあらわす．ただし $\tau_0 = \tau$，$\tau_1 = \varepsilon\tau$ である．

式 A(7.27)を式 A(7.26)に代入して，ε の各べきの係数が 0 となる条件より θ_0 および θ_1 についての方程式

$$D_0{}^2\theta_0 + \theta_0 = 0 \qquad \text{A(7.28)}$$

$$D_0{}^2\theta_1 + \theta_1 = -2D_0D_1\theta_0 - \frac{G}{6}\theta_0^3 + \sin(\tau_0 + \sigma\tau_1) \qquad \text{A(7.29)}$$

が得られる．ここで簡単のため，以下では $G = 1$ として問題を解く．

式 A(7.28)の解

$$\theta_0{}^* = A(\tau_1)e^{i\tau_0} + \overline{A}(\tau_1)e^{-i\tau_0} \qquad \text{A(7.30)}$$

を式 A(7.29)の右辺に代入すると

$$D_0{}^2\theta_1 + \theta_1 = -2iD_1A\, e^{i\tau_0} - \frac{1}{6}(A^3\, e^{3i\tau_0} + 3A^2\overline{A}\, e^{i\tau_0}) + \frac{1}{2i}e^{i\sigma\tau_1}\, e^{i\tau_0} + C.C. \qquad \text{A(7.31)}$$

となる．上式の右辺で，θ_1 に永年項を生じさせる項つまり $e^{i\tau_0}$ に比例した項の係数を 0 と置くことより

$$D_1A = \frac{i}{4}|A|^2 A - \frac{1}{4}e^{i\sigma\tau_1} \qquad \text{A(7.32)}$$

で表される複素振幅 A の方程式が得られる.

次に $A=B(\tau_1)e^{i\sigma\tau_1}$ と置くと，上式から B についての方程式

$$D_1B=i\left(-\sigma+\frac{1}{4}|B|^2\right)B-\frac{1}{4} \qquad \text{A(7.33)}$$

が得られる．この式は，時間尺度 τ_1 について陽の項がないため，B の定常解つまり $D_1B=0$ とした解を求めることができる.

さらに式(7.33)で，B を極座標表示つまり $B=b(\tau_1)e^{i\varphi(\tau_1)}/2$ と置くと

$$D_1b=\frac{1}{2}\cos\varphi,\quad bD_1\varphi=\left(-\sigma+\frac{1}{16}b^2\right)b+\frac{1}{2}\sin\varphi \qquad \text{A(7.34)}$$

となる.

式 A(7.34)で $D_1b=D_1\varphi=0$ とした方程式より，定常振幅 b_s および位相 φ_s を求め，加振振動数 ν の1からの変動量を表す σ と定常振幅 b_s との関係が得られる.

すなわち式 A(7.34)の第 1 式で $D_1\varphi=0$ と置くと

$$\varphi_s=-\frac{\Pi}{2},\frac{\Pi}{2} \qquad \text{A(7.35)}$$

となる．$\varphi_s=-\Pi/2$ のとき式 A(7.34)の第 2 式で $D_1b=0$ と置くと

$$0=\left(-\sigma+\frac{1}{16}{b_s}^2\right)b_s-\frac{1}{2}\ \Rightarrow\ \sigma=\frac{1}{16}{b_s}^2-\frac{1}{2b_s} \qquad \text{A(7.36)}$$

となり，$\varphi_s=\Pi/2$ のとき式 A(7.34)の第 2 式で $D_1b=0$ と置くと

$$\sigma=\frac{1}{16}{b_s}^2+\frac{1}{2b_s} \qquad \text{A(7.37)}$$

となる.

一方，式 A(7.30)の ${\theta_0}^*$ は $\tau_1=\varepsilon\tau$ を考慮して

$${\theta_0}^*=b\cos\{(1+\varepsilon\delta)\tau+\varphi\} \qquad \text{A(7.38)}$$

と書き改められる。式 A(7.38)を式 A(7.27)に代入すると，θ^* の第 1 近似解は

$$\theta^*=b\cos(\nu\tau+\varphi)+O(\varepsilon) \qquad \text{A(7.39)}$$

とあらわされる.したがって θ の第 1 近似の定常解は

$$\theta=\left(\frac{\Delta}{\ell}\right)^{\frac{1}{3}}b_s\cos(Nt+\varphi_s) \qquad \text{A(7.40)}$$

となる.

式 A(7.40)で N つまり δ を与えると，式 A(7.35)の二つの φ_s に対して，式 A(7.36)，A(7.37)から対応する b_s が数値的に求まる.

倒立振子の実例としては，台車に取り付けられた車体の振動などが考えられる．走行時の台車の横揺れが車体の振動を引き起こし得る.

第 8 章

【8・1】

In this case n=10, then, mean value is

$$E[X]=\frac{\sum_{i=1}^{n}x_i}{n}$$

$$=\frac{-12+20+11-22-18+32-10+26+18+10}{10}$$

$$=5.5 \quad A(8.1)$$

Mean square value is

$$E\left[X^2\right]=\frac{\sum_{i=1}^{n}x_i^{\,2}}{n}$$

$$=\frac{(-12)^2+20^2+11^2+(-22)^2+(-18)^2+32^2+(-10)^2+26^2+18^2+10^2}{10}$$

$$=369.7 \quad A(8.2)$$

Variance is

$$Var\left[X\right]=E[\left(X-E[X]\right)^2]$$

$$=\frac{\sum_{i=1}^{n}\left(x_i-E[X]\right)^2}{n}$$

$$=E[X^2]-E[X]^2$$

$$=369.7-5.5^2=339.45 \quad A(8.3)$$

Then, standard deviation is

$$\sigma_X=\sqrt{Var\left[X\right]}$$

$$=\sqrt{339.45}=18.42 \quad A(8.4)$$

Coefficient of variation is

$$\nu_X=\frac{\sigma_X}{E\left[X\right]}$$

$$=\frac{18.4}{5.5}=3.35 \quad A(8.5)$$

【8・2】

平均値は, $E\left[X\right]=\int_{-\infty}^{\infty}xp(x)dx$ から

$$E\left[X\right]=\int_{-\infty}^{\infty}xp\left(x\right)dx=\int_{0}^{3}-\frac{2x^2(x-3)}{9}dx$$

$$=-\frac{2}{9}\int_{0}^{3}(x^3-3x^2)dx=-\frac{2}{9}\left[\frac{x^4}{4}-x^3\right]_0^3=-\frac{2}{9}\left(\frac{81}{4}-27\right)=1.5 \quad A(8.6)$$

自乗平均値は $E\left[X^2\right]=\int_{-\infty}^{\infty}x^2p(x)dx$ から

$$E\left[Y\right]=\frac{3-2+1-4-1+4-2-1+3+2}{10}=0.3 \quad A(8.7)$$

$$E\left[X^2\right]=\int_{-\infty}^{\infty} x^2 p(x)dx=\int_0^3 -\frac{2x^3(x-3)}{9}dx$$
$$=-\frac{2}{9}\int_0^3 (x^4-3x^3)dx$$
$$=-\frac{2}{9}\left[\frac{x^5}{5}-\frac{3x^4}{4}\right]_0^3=-\frac{2}{9}\left(\frac{243}{5}-\frac{243}{4}\right)=\frac{2}{9}\bullet\frac{243}{20}=2.7 \qquad \text{A(8.8)}$$

【8・3】

パワースペクトル密度関数は $S_X(\omega)=\frac{1}{2\pi}\int_{-\infty}^{\infty} R_X(\tau)e^{-i\omega\tau}d\tau$ から，

$$R_X(\tau)=\int_{-\infty}^{\infty} S_X(\omega)e^{i\omega\tau}d\omega$$
$$=\int_{\omega_1}^{\omega_2} S_0 e^{i\omega\tau}d\omega=\frac{S_0}{i\tau}\left[e^{i\omega\tau}\right]_{\omega_1}^{\omega_2}+\frac{S_0}{i\tau}\left[e^{i\omega\tau}\right]_{-\omega_2}^{-\omega_1}$$
$$=S_0\left(\frac{e^{i\omega_2\tau}-e^{-i\omega_2\tau}}{i\tau}-\frac{e^{i\omega_1\tau}-e^{-i\omega_1\tau}}{i\tau}\right)$$
$$=S_0\left(\frac{\sin\omega_2\tau}{\tau}-\frac{\sin\omega_1\tau}{\tau}\right) \qquad \text{A(8.9)}$$

$$S_X(\omega)=\frac{1}{2\pi}\int_{-\infty}^{\infty} R_X(\tau)e^{-i\omega\tau}d\tau$$
$$=\frac{1}{2\pi}\int_{-\infty}^{\infty} ae^{-b|\tau|}\cos c\tau e^{-i\omega\tau}d\tau$$
$$=\frac{a}{2\pi}\left(\int_{-\infty}^{0} e^{b\tau}\frac{e^{c\tau}+e^{-c\tau}}{2}e^{-i\omega\tau}d\tau+\int_0^{\infty} e^{-b\tau}\frac{e^{c\tau}+e^{-c\tau}}{2}e^{-i\omega\tau}d\tau\right)$$
$$=\frac{a}{4\pi}\left(\int_{-\infty}^{0}\left\{e^{(b+c-i\omega)\tau}+e^{(b-c-i\omega)\tau}\right\}d\tau+\int_0^{\infty}\left\{e^{(-b+c-i\omega)\tau}+e^{(-b-c-i\omega)\tau}\right\}d\tau\right)$$
$$=\frac{a}{4\pi}\left(\left[\frac{e^{(b+c-i\omega)\tau}}{b+c-i\omega}\right]_{-\infty}^{0}+\left[\frac{e^{(b-c-i\omega)\tau}}{b-c-i\omega}\right]_{-\infty}^{0}+\left[\frac{e^{(-b+c-i\omega)\tau}}{-b+c-i\omega}\right]_0^{\infty}+\left[\frac{e^{(-b-c-i\omega)\tau}}{-b-c-i\omega}\right]_0^{\infty}\right)$$
$$=\frac{a}{4\pi}\left(\frac{1}{b+c-i\omega}+\frac{1}{b-c-i\omega}-\frac{1}{-b+c-i\omega}-\frac{1}{-b-c-i\omega}\right)$$
$$=\frac{a}{4\pi}\left(\frac{1}{b+c-i\omega}+\frac{1}{b-c-i\omega}+\frac{1}{b-c+i\omega}+\frac{1}{b+c+i\omega}\right)$$
$$=\frac{a}{4\pi}\left\{\frac{2(b+c)}{(b+c)^2+\omega^2}+\frac{2(b-c)}{(b-c)^2+\omega^2}\right\}$$
$$=\frac{a}{2\pi}\left\{\frac{b+c}{(b+c)^2+\omega^2}+\frac{b-c}{(b-c)^2+\omega^2}\right\}$$

A(8.10)

【8・4】

自己相関関数は $R_X(\tau)=\int_{-\infty}^{\infty} S(\omega)_X e^{i\omega\tau}d\omega$ から

$$\begin{aligned} R_X(\tau) &= \int_{\omega_1}^{\omega_2} S_0 e^{i\omega\tau} d\omega \\ &= \frac{S_0}{i\tau}\left[e^{i\omega\tau}\right]_{\omega_1}^{\omega_2} + \frac{S_0}{i\tau}\left[e^{i\omega\tau}\right]_{-\omega_2}^{-\omega_1} \\ &= S_0\left(\frac{e^{i\omega_2\tau} - e^{-i\omega_2\tau}}{i\tau} - \frac{e^{i\omega_1\tau} - e^{-i\omega_1\tau}}{i\tau}\right) \\ &= S_0\left(\frac{\sin\omega_2\tau}{\tau} - \frac{\sin\omega_1\tau}{\tau}\right) \end{aligned} \qquad \text{A(8.11)}$$

【8・5】

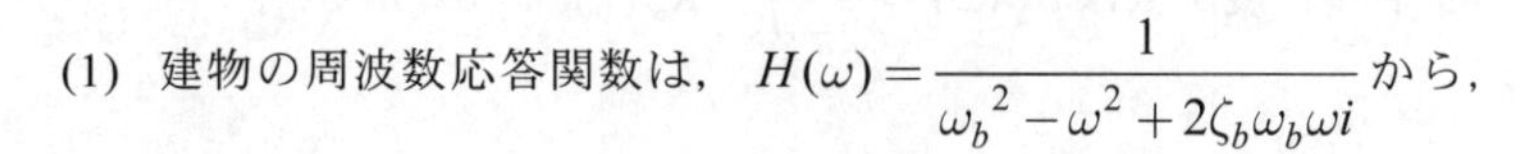

(1) 建物の周波数応答関数は， $H(\omega) = \dfrac{1}{{\omega_b}^2 - \omega^2 + 2\zeta_b\omega_b\omega i}$ から，

定常応答のパワースペクトル密度関数は, $S_X(\omega) = \left|H(\omega)\right|^2 S_f(\omega)$ から，

$$S_X(\omega) = \left|\frac{1}{{\omega_b}^2 - \omega^2 + 2\zeta_b\omega_b\omega i}\right|^2 \frac{{\omega_g}^4 + (2\zeta_g\omega_g\omega)^2}{({\omega_g}^2 - \omega^2)^2 + (2\zeta_g\omega_g\omega)^2} S_0$$

$$= \frac{1}{({\omega_b}^2 - \omega^2)^2 + (2\zeta_b\omega_b\omega)^2} \frac{{\omega_g}^4 + (2\zeta_g\omega_g\omega)^2}{({\omega_g}^2 - \omega^2)^2 + (2\zeta_g\omega_g\omega)^2} S_0 \qquad \text{A(8.12)}$$

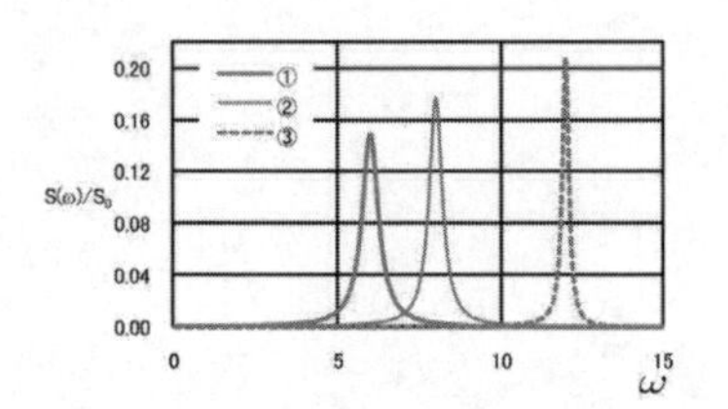

図 A8.1　練習問題【8・5】

パワースペクトル密度関数の概形を図 A8.1 に示す.

第 9 章

【9・1】

(1) $\lambda^2 - 2\zeta\omega_n\lambda + {\omega_n}^2 = 0$ 　A(9.1)

(2) Using the Routh-Hurwitz's criterion, coefficients are listed as:

$$a_0 = 1, a_1 = -2\zeta\omega_n, a_2 = {\omega_n}^2$$

According to the condition (a), all coefficients have not positive value, furthermore the condition (b) is not satisfied the positive value as $a_1a_2 = -2\zeta{\omega_n}^3$. Thus the motion of the system shows unstable.

【9・2】

主不安定領域の境界は次式で示される.

$$\omega = 2\omega_1\sqrt{1 + \frac{1}{2}q_d}\,,\quad \omega = 2\omega_1\sqrt{1 - \frac{1}{2}q_d} \qquad \text{A(9.2)}$$

【9・3】

(1) $\overline{b}_1 = -2, \overline{b}_2 = 0, \overline{b}_3 = 2$ 　A(9.3)

(2) $\dfrac{d^2\tilde{b}}{d\tau^2}+2\mu\dfrac{d\tilde{b}}{d\tau}+{\omega_1}^2\tilde{b}=0$

A(9.4)

(3) Near positions $\overline{b}_1$ and $\overline{b}_3$, the solutions $\tilde{b}$ are stabilized, near the positions $\overline{b}_2$,the solution $\tilde{b}$ shows unstable movement.

第 10 章

【10・1】

絶対加速度を計測するものとしては，圧電型加速度計，ひずみゲージ型加速度計，サーボ型加速度計などがある．絶対速度を計測するものとしては，動電型振動計がある．非接触で相対的な振動速度を計測する方法としては，レーザ・ドップラ速度計がある．レーザ・ドップラ速度計の場合には，振動モードを計測するのにも適している．非接触で相対変位を計測するものとしては，渦電流変位計（図 10.21），レーザ変位計，超音波変位計などがある．非接触で 3 次元的な変位を計測する方法としては，複数の CCD カメラの映像を画像処理して計算する方法がある．また接触式で相対変位を計測する差動変圧器を用いた方法や，上述の絶対加速度や絶対速度を積分して変位を求める方法もある．

【10・2】

大きく分類すれば，単一の振動成分の自由振動波形における振幅の減少の割合から対数減衰率を求め，それから減衰比を求める方法と，周波数応答関数から推定する方法がある．周波数応答から推定する場合には，単一のモードとして近似的に計算する方法と複数のモードの減衰比を一度に推定する方法がある．

【10・3】

強制振動の場合に，振動が異常に大きいという原因は

a. 共振

b. 加振力が大きい

c. 減衰が小さい

のうちのどれかである場合やその組み合わせであるというのが一般的である．

【10・4】

異常振動が発生した時には，まず，異常振動の状況を把握するための稼動中の振動を計測することがまず必要であるが，異常振動の原因を明らかにするためには振動特性を把握することも非常に重要である．振動特性とは，振動系の性質を表すものであり，計測項目としては，固有角振動数，固有振動モード，モード減衰比などがある．

その結果と，前述の稼動中の振動，さらに，加振源の検討，解析による検討などをあわせて原因および対策を検討することが多い．

【10・5】

代表的なものは，有限要素法，境界要素法，伝達マトリックス法である．

【10・6】

いろいろな留意点があるが，そのなかから主なものを以下に示す．

・どのような振動現象を対象とするかを明らかにしてから解析を行うこと．

・現象の本質にあったモデリングを行うこと．

・モデリングが難しい部分が含まれる場合には，可能であれば部分あるいは全体系での計測を行いモデルの精度の向上を図ること．

・境界条件を適切に与えること．

・有限要素法や数値計算だけの知識だけでなく，1 自由度系の振動などの基礎的な振動理論をよく理解した上で数値解析を行うこと．このことは，解析結果を理解するために有効であるだけでなく，簡単化したモデルで近似的に理論計算を行なっておけば数値解析の入力データなどに大きな間違いがないかどうかのチェックにも使用できる．

【10・7】

Complex eigenvalues of rotor bearing system are expressed as

$$\lambda = \alpha \pm i\beta$$

Angular natural frequencies and damping ratios are given by

$$\omega_n = \sqrt{\alpha^2 + \beta^2}$$

$$\zeta = -\alpha / \sqrt{\alpha^2 + \beta^2}$$

Then damping ratios and damping rations of the system are calculated as

$$\omega_1 = \sqrt{3^2 + 40^2} = 40.12 \text{ rad/s}$$

$$\omega_2 = \sqrt{6^2 + 90^2} = 90.20 \text{ rad/ s}$$

$$\zeta_1 = 3 / 40.12 = 0.0747$$

$$\zeta_2 = -6 / 90.20 = 0.0665$$

Subject Index

A

B

C

D

E

F

索引

あ

か

さ

た

な

JSME テキストシリーズ一覧

〔各巻〕A4判

JSME テキストシリーズ
演習　振動学

JSME Textbook Series
Problems in
Mechanical Vibration

2012年12月10日　初　版　発　行
2023年7月18日　第2版第1刷発行

著作兼発行者　一般社団法人　日本機械学会
（代表理事会長　伊藤　宏幸）

印刷者　柳　瀬　充　孝
昭和情報プロセス株式会社
東京都港区三田 5-14-3

発行所　東京都新宿区新小川町4番1号
KDX 飯田橋スクエア2階
郵便振替口座　00130-1-19018番
電話（03）4335-7610　FAX（03）4335-7618　https://www.jsme.or.jp
一般社団法人　日本機械学会

発売所　東京都千代田区神田神保町2-17
神田神保町ビル
電話（03）3512-3256　FAX（03）3512-3270
丸善出版株式会社

ISBN 978-4-88898-350-1　C 3353

本書の内容でお気づきの点は　textseries@jsme.or.jp　へお知らせください。出版後に判明した誤植等は http://shop.jsme.or.jp/html/page5.html　に掲載いたします。